水生态环境保护与绿色发展国家智库丛书

城市湖泊水环境演化及草型生态系统重构
——以无锡蠡湖为例

高　光　汤祥明　晁建颖　等　著

科学出版社

北　京

内 容 简 介

本书主要以太湖流域的典型城市湖泊——无锡的蠡湖为研究对象，通过对蠡湖自然环境、水环境、水生态系统的系统调查，结合历史资料，剖析蠡湖水环境、水生态系统的现状特征、退化过程及主要环境影响因素。同时，以蠡湖的草型生态系统重构过程为例，探讨了城市湖泊中重构草型生态系统的目标、途径、技术手段及草型生态系统的维护、管理与调控措施，以期为我国城市湖泊水环境改善及退化生态系统恢复提供有益的参考。

本书可供湖泊学、环境生物学、生态学、水利、水环境保护等相关领域的科研技术人员、政府部门有关管理人员和高等院校师生等阅读和参考。

图书在版编目（CIP）数据

城市湖泊水环境演化及草型生态系统重构：以无锡蠡湖为例/高光等著. —北京：科学出版社，2024.2
（水生态环境保护与绿色发展国家智库丛书）
ISBN 978-7-03-077890-1

Ⅰ.①城… Ⅱ.①高… Ⅲ.①湖泊–水环境–环境演化–研究–无锡②湖泊–生态系统–研究–无锡 Ⅳ.①X524

中国国家版本馆 CIP 数据核字（2023）第 253017 号

责任编辑：黄 梅 沈 旭/责任校对：郝璐璐
责任印制：张 伟/封面设计：许 瑞

科学出版社 出版
北京东黄城根北街 16 号
邮政编码：100717
http://www.sciencep.com
北京中石油彩色印刷有限责任公司 印刷
科学出版社发行 各地新华书店经销
*
2024 年 2 月第 一 版 开本：787×1092 1/16
2024 年 2 月第一次印刷 印张：14 3/4
字数：340 000
定价：149.00 元
（如有印装质量问题，我社负责调换）

《城市湖泊水环境演化及草型生态系统重构
——以无锡蠡湖为例》
作者名单

主　编：高　光　汤祥明　晁建颖

副主编：王永平　邓绪伟　林　超

工作单位	人　员
中国科学院南京地理与湖泊研究所	高光、汤祥明、邵克强、龚志军、王晓龙、董百丽、邓建明、薛庆举、于谨磊、胡洋
中国科学院水生生物研究所	邓绪伟、陈隽、饶清洋、任仁、陆文泽、饶骁
生态环境部南京环境科学研究所	晁建颖、孔明、徐斌、杨飞、韩天伦
南京水利科学研究院	王永平、于剑
中国环境科学研究院	冯朝阳、马欢
江苏江达生态环境科技有限公司	林超、李静、韩翠敏、程花、潘辉

丛 书 序

　　水是生命之源、生产之要、生态之基。水生态环境安全是国家生态环境安全的核心。水生态环境安全和生态功能提升，是水生态环境保护和生态文明建设国家目标的重要保障。当前，在推动绿色发展、促进人与自然和谐共生现代化的总体任务要求下，协同推进降碳、减污、扩绿、增长，是新时期水生态环境保护的总要求。习近平总书记指出："十四五"时期，我国生态文明建设进入了以降碳为重点战略方向、推动减污降碳协同增效、促进经济社会发展全面绿色转型、实现生态环境质量改善由量变到质变的关键时期。在《中华人民共和国国民经济和社会发展第十四个五年规划和 2035 年远景目标纲要》中也对水生态环境做了具体的战略部署，新时期对水生态环境安全提出了更高要求——推动绿色发展，促进人与自然和谐共生：推进精准、科学、依法、系统治污，协同推进减污降碳，持续改善水环境质量，提升水生态系统质量和稳定性；加强水源涵养区保护修复，加大重点河湖保护和综合治理力度，恢复水清岸绿的水生态体系。因此，加强我国高水平的水生态环境保护和系统治理，是关乎国家绿色发展全局，实现中国式现代化的基础支撑和关键保障。

　　现阶段虽然我国水生态环境治理取得了显著成效，但水生态环境保护面临的结构性、根源性、趋势性压力尚未根本缓解，水环境风险不容忽视。与国际情况对比，我国在水生态环境保护与治理方面的差距明显，已经成为建设美丽中国的突出短板。当前，我国部分地区水生态系统受损严重，水资源被过度开发。人们用水量的持续增加，以及人们对水生态系统日益升级的开发利用，导致水生态系统平衡失调。由于综合国力的迅速增长，城市化进程快速提高，水体富营养化、饮用水源地污染、地下水与近海海域污染、新污染物涌现、生态用水短缺等，危及水生态和饮用水安全。水生态系统是一个依赖水生存的多样群体，对维持全球物质循环和水分循环起着重要作用。保持、恢复良好的水生态环境已成为保护水资源、实现经济可持续发展的关键，修复受损的水生态环境是恢复水生态环境健康的有效途径。我国水生态环境面临着江河湖泊整体性污染尚未得到根本解决、治理技术缺乏创新、治理理念有待更新、区域经济发展和区域环境容量不相适应、污染控制与水质目标脱节等问题，缺乏水生态统筹的系统性技术思路和协同治理的整体性技术模式，亟须通过理念创新、模式创新和技术体系创新来提升水生态环境保护与治理的系统成效。

　　近年来，我国各级政府和民众越来越重视生态环境安全问题。习近平总书记强调"要像保护眼睛一样保护生态环境，像对待生命一样对待生态环境"，绿色发展已成为新时代发展的主流，其中水生态环境的保护与治理是绿色发展的重要组成部分。2015 年 4 月，国务院发布《水污染防治行动计划》（"水十条"），围绕水生态环境的保护与治理，由科技部、生态环境部、水利部、科学院等多部委统筹和部署，我国已经开展了多项科学研究（水体污染控制与治理国家科技重大专项、国家重点基础研究发展计划、国家重点研发计划和国家自然科学基金项目等），取得了一批重要的科研成果，产出了一批核心关键技术，并在实践过程中得以推广应用，取得了良好的效应。

这些基础性的监测数据、监测方法和治理经验，无疑为下一阶段的水生态环境保护、治理和修复提供借鉴，"水生态环境保护与绿色发展国家智库丛书"构想应运而生，成果可望为相关行业、部门和研究者，特别是水环境质量提升、水生态监测和评价、水生态修复及治理等工作提供最新的、系统的数据支撑，旨在为新时代、新背景下的水生态环境保护和绿色发展提供可靠、系统、规范的科学数据和决策依据，为后续从事相关基础研究的人员提供一套具系统性和指导性的理论和实践参考用书。

丛书将聚焦水生态环境保护和绿色发展主题，聚集领域内最权威的研究成果，内容涵盖水生态环境治理的基础理论、工程技术、应用实践和管理制度等4方面，主要内容包括但不限于机制基础研究，理论技术应用创新，多介质、协同控制与系统修复理论，前瞻、颠覆、实用、经济的低碳绿色技术、工程示范、试点与推广应用等。

水生态环境保护因其自身的复杂性，是一项长期、艰巨和系统的工程，尚有很多科学问题需要研究，这将是政府和科学工作者今后很长一段时间的共同任务。我们期望更多的科学家参与，期望更多更好的相关研究成果出版问世。

中国工程院院士

吴丰昌

2023 年 3 月 20 日

前　言

自 20 世纪 80 年代以来，随着我国经济的高速发展，水生态系统承受的压力越来越大，水体污染、富营养化、生态系统退化等已成为困扰我国许多地区社会经济可持续发展的重大水环境问题。尤其是城市湖泊，受其周边环境的制约，生态系统极为脆弱，更易受到外界环境的干扰和影响。因此，如何对退化的城市湖泊水生态系统进行恢复与重建，使其退化的服务功能得以提升、重新回到一个健康的状态，就成为湖泊管理中一个亟待解决的核心问题。

近年来，各级地方政府及相关部门，对生态文明建设和生态环境保护工作极其重视，耗费巨资，开展了一系列大规模的水环境综合整治工作，使得许多城市湖泊水体的水质、景观、水生态环境等均得到极大的改善和提升。但由于受相关技术手段及资金的制约，我国许多地方城市湖泊水生态环境保护的结构性、趋势性压力尚未得到根本消除，水生态环境保护的工作依然艰巨。"十四五"以来，国家对水生态环境保护的策略，也由过去的以水污染防治为主，逐渐向水资源、水生态、水环境等流域要素系统治理转变。湖泊水环境治理理念、科学基础、技术水平的不断进步，对城市湖泊保护与治理工作提出了更高的要求。在未来城市湖泊治理实践中也迫切需要一套科学的理论方法、可行的工程技术和适宜的管理机制，以科学引导城市湖泊水环境的改善和生态系统的恢复。

对于特定的湖泊生态系统而言，除环境中各种生态因子对湖泊生态系统的作用和影响程度的差异外，湖泊生态系统的功能还取决于系统中不同物种之间相互作用的强度、群落的稳定性程度，尤其是依赖于一些关键物种的存在。从生态学的角度来看，生态系统结构的破坏、生态系统完整性的丧失是湖泊水生态系统退化的关键和核心。大量的生态恢复实践表明：要想通过对外界环境条件的控制，实现湖泊不同稳态间的转化，从而使得退化湖泊生态系统得以恢复，首先必须确定湖泊生态系统恢复的目标或参照系统。通过深入了解湖泊生态系统所处的状态、受干扰的程度和演替方向，准确评价湖泊生态系统的退化程度，甄别影响湖泊生态系统结构和生态系统演替的关键环境因子，明晰适宜的生态恢复目标。在此基础上，针对不同退化阶段湖泊的水环境特点及生态系统变化的弹性范围，选择正确的恢复途径和调控技术方法，降低和去除导致生态系统受损的主要因素对系统的胁迫，最终实现退化湖泊水生态系统结构、功能的全面恢复。

本书基于"十三五"国家水专项课题的研究成果，聚焦于江苏无锡蠡湖草型生态系统的重构过程，对目前在城市湖泊生态系统恢复过程中所涉及的技术原理、调控途径、管理措施等进行了一些探讨，以期为我国城市湖泊水环境改善及退化生态系统修复、生态服务功能提升提供技术参考。受编者认识水平的限制，本书中的一些疏漏在所难免，敬请广大读者批评指正。

作　者

2023 年 8 月于南京

目　　录

第1章 绪 论

1.1 我国的城市湖泊

1.1.1 城市湖泊概况

我国地域辽阔、湖泊众多、分布广泛，尤其长江中下游平原地区，是我国淡水湖泊分布最为集中的区域之一[1]。特殊的地理位置和自然条件，使得流域内许多城镇依水而筑，也因水而兴。伴随着流域社会经济的快速发展和城市的扩张，其中的一些湖泊逐渐演变成为城市湖泊。

严格来说，城市湖泊并没有一个精确的定义。作为一种重要的资源和环境载体，一般而言，城市湖泊是指那些被城市建成区所包围或位于城市市郊、近郊的自然或人工的小型水体[2]。由于这些湖泊除具有面积大多不超过 30km^2、平均水深小于 6m、流域面积/集水面积的比率至少为 10∶1、流域不渗透水层覆盖率至少达到 5%等特点外[3]，还大多地处人口稠密、经济繁荣的城市，具有丰富多样的空间形态。湖泊面积、形状等所独有的特点及深厚的文化底蕴，使得这些湖泊往往成为融合了当地自然和人文景观的地物标志和景观核心，在所在城市经济社会发展过程中起着十分重要的作用。

在我国数量众多、类型各异的城市湖泊中，较为著名的有：杭州的西湖、武汉的东湖、北京的昆明湖、南京的玄武湖、济南的大明湖、昆明的滇池、无锡的蠡湖等，其湖泊概况如表 1-1 所示。

表 1-1 我国一些著名城市湖泊概况

湖泊名称	所属城市	面积/km^2	平均水深/m	容积/万 m^3
西湖	杭州	6.39	1.84	1096
东湖	武汉	33.63	2.48	7626
昆明湖	北京	2.13	1.40	459
玄武湖	南京	3.20	1.35	432
大明湖	济南	0.47	2.50	32
滇池	昆明	330.0	4.30	141900
蠡湖	无锡	9.30	1.90	1800

作为城市生态系统中一种重要的自然地理要素，城市湖泊在净化城市环境、美化城市景观、维持区域水量平衡、调节局部气候、防洪排涝、城市供水、提供生物栖息地、维持城市生态平衡等方面均起着十分重要的作用[4,5]，主要表现为：①调节城市小气候，减弱城市的热岛效应。通常，城市湖泊的周边均存在一定面积的景观绿地，这些绿地与湖泊水体一起调节着周边区域的小气候、减弱城市的热岛效应[6]。②作为城市自然水系

的一个重要组成部分，城市湖泊还具有调节城市径流、防洪排涝、补给城市地下水资源等功能[7]。③改善景观、维持城市的生态平衡。城市湖泊及湖滨带的生态绿地除有助于改善城市景观外，还可以改善城市环境、增加周边区域的生物多样性，尤其是湖滨带湿地水草繁茂，是鱼类、鸟类重要的栖息场所，有助于维持城市的生态平衡。

城市湖泊兼具自然与社会双重功能，在城市生态和微环境的营造中起着至关重要的作用，与城市的兴衰和传承密切相关。近年来，伴随着社会经济的飞速发展、城市化进程的加剧、人口的不断集聚，许多城市湖泊都不同程度地面临着岸线长度减少、湖泊面积萎缩、水体污染及流域生态系统功能退化等生态环境问题，已成为制约城市生存与发展的重要因素，受到了越来越广泛的关注。如何在城市建设和城市空间格局塑造过程中，充分尊重城市湖泊特有的自然规律，将湖泊景观有机融入城市整体景观框架中，科学有效地保护和利用城市湖泊，成为一个亟待解决的课题，对维护城市湖泊及流域生态系统的稳定、确保城市湖泊资源的可持续利用、促进社会发展均有着重要的意义。

1.1.2 城市湖泊的形态特征

湖泊的形状是由岸线所围成的几何图形，是水面在周围陆地制约下所形成的外部空间结构。湖泊的形态特征不仅是城市湖泊景观空间生成的基础，也影响着湖水的理化性质、水动力条件及水生生物的分布状况，而且曲折变化的湖泊岸线还有助于生成丰富多样的近水与亲水空间，为城市湖泊景观的塑造提供更多的可能，同时，也在一定程度上影响着城市的空间整体形态和布局。从理论上说，湖面形状的不规则性会在一定程度上扩大湖区陆面的范围，并且形状的近圆率、圆接近度和形状率等越小，所含的陆地面积就越大，相应的湖区也越窄[8, 9]。

我国城市湖泊的种类繁多、成因复杂，主要有以下几种类型：①由于地壳的运动，在断陷盆地基础上发育而形成的构造湖，如昆明的滇池。②海岸带变迁过程中，海潮和河流所携带的泥沙不断在河口附近沉积，使海湾与大海完全分离，并接纳地表水、海水逐渐淡化而形成的海成湖，如杭州的西湖。③由于河流的发育、变迁而形成的湖泊，在这些湖泊中，有一部分是由于河流挟带泥沙在泛滥平原上堆积不均匀，造成天然堤间洼地积水而形成的湖泊；还有一些是因支流水系泥沙淤塞、不能排入干流壅水而形成的湖泊；以及由于河道横向摆动、在废弃的古河道上形成的湖泊。这些湖泊主要集中在长江中下游地区，如分布在江汉平原和鄂东长江两岸的"江汉湖群"中的许多城市湖泊。④通过人工干预而形成的湖泊，如南京的玄武湖、北京的昆明湖等。不同的形成过程，加之许多城市湖泊是在天然湖泊的基础上经人工改造而成的，导致我国不同城市湖泊的形状差异极大。以湖泊形状的近圆率为例，其数值的变幅多在 0.045～0.620。一般而言，形状率等指标值较大的湖泊，大多湖面开阔、湖流通畅，有利于湖泊水平环流的形成。环形湖泊或湖泊中有岛屿分布时，由于受到地形的阻挡作用，湖泊有明显的迎风岸和背风岸，易形成较为恒定的水位差，有利于湖泊中水平环流的形成；而形状率等指标值较小的湖泊，则多表现为水面宽窄变化大、岸线曲率大、局部形状相对封闭等特点，不利于水平环流的形成，甚至还会产生一部分的死水区[10]。

与天然湖泊相比，城市湖泊受人类活动的干扰更加强烈，人类对湖泊资源的开发利用毫无疑问会引起湖泊形态的变化。一般而言，自然界中的大多数天然湖泊在波浪的作用下，塌岸的情况时有发生，使得岸线逐渐趋于简单和圆滑；而城市湖泊的湖岸大多经过人工整治，岸线相对整齐，岸线形态也多趋于固化和棱角化。伴随着城市化的急剧发展，尤其是许多城市在规划时对湖泊自然演化过程认识不足，使得城市空间的扩展往往占用了湖泊赖以稳定的流域空间，甚至有时还通过围垦湖泊的方式来满足扩大城市用地的需求，导致许多城市湖泊的岸线长度减少、自由水面面积萎缩，严重削弱了湖泊的调蓄能力及城市湖泊与周边流域间物质、能量、信息等方面的交换[10]，直接影响到城市湖泊的水环境及生态系统的稳定性。

1.1.3　城市湖泊的水环境

与大型的天然湖泊相比，城市湖泊无论是天然的还是人工的，其所具有的面积较小、水深较浅、流速较低、自净能力较低、受流域影响大、对环境干扰的恢复力较低等特点，使得城市湖泊呈现出独特的水环境特征。

对于大多数的城市湖泊而言，由于其湖岸多经过人工整治、入湖水量也多受人工调控，且处于封闭、半封闭的状态，因而湖泊中的水位多处于一种相对稳定的状态，年际及季节间的变化甚小。除一些与周边水系相通的湖泊可以通过河流补水外，城市湖泊水源的补给多来源于流域的地表径流、湖面的降水及周边区域管网中漫溢的雨水、生活污水，甚至部分的工业废水和养殖废水，导致许多城市湖泊的水质普遍较差，水体的 pH 偏高、湖水透明度偏低、有机物和氮磷营养盐的含量较高、水体富营养化严重。

以位于无锡市的蠡湖为例。作为无锡市的城市内湖，在 20 世纪五六十年代，蠡湖水体透明度高、部分湖区水体清澈见底、水质良好。1951 年中国科学院水生生物研究所的调查结果显示：蠡湖湖区中水生植被的覆盖率高达 80%，水生植物种类多样、鱼类等水产资源丰富、生态系统结构与功能稳定[11]。然而由于蠡湖水体相对封闭、水体流动较慢、换水周期长、水体自净能力较差，特别是 20 世纪 60 年代后期，蠡湖开始了大规模的围湖造田和围网养殖，使得水域面积急剧缩减、水生植被大面积消失、水生态系统趋于退化、水质也逐渐恶化。此外，由于蠡湖在很长一段时间内是周边地区的主要纳污水体，大量未经处理的生产生活污水、餐饮污水、农业面源污染、水产养殖污水等直接被排入湖中，加之受通过长广溪、曹王泾、蠡溪河等河道流入的周边区域污染物质的影响，蠡湖水体的氮、磷污染日益严重，到 20 世纪 80 年代后期，水体已严重富营养化。20 世纪 90 年代末，蠡湖的水质已下降为劣 V 类，生态环境急剧恶化。

蠡湖所面临的水环境问题，引起国家、江苏省及无锡市各级政府及有关部门的高度重视。2002 年，无锡市委、市政府开始对蠡湖及周边区域重新进行相关的规划，启动了蠡湖的水环境综合整治工作，耗费巨资对蠡湖进行了包括污水截流、生态清淤、退渔还湖、景观改造、湖岸整治和环湖林带建设等在内的一系列大规模的综合治理工程。通过多年的努力，蠡湖周边的景观得到极大的改善和提升，水质、环境条件等也均有显著的改善。中国科学院南京地理与湖泊研究所太湖湖泊生态系统研究站对蠡湖的长期监测数据显示：近 30 年来，蠡湖水质的演变大体可分为 3 个阶段。第一阶段为 20 世纪 90 年代初至 2003 年左右的水质严重恶化阶段。水体中的总氮（TN）、总磷（TP）、化学需氧量

（COD$_{Mn}$）、叶绿素 a（Chl-a）、富营养化指数（TLI）等水质指标均呈现快速上升趋势，尤其是 1997～2003 年间各项水质指标基本上均处于最差的状态。第二阶段为 2003 年至 2010 年左右的综合整治阶段。蠡湖水体中的各项水质指标均呈现出显著改善的趋势，尤其是水体中的 TN、COD$_{Mn}$、TLI 等指标，呈现出极为显著的下降趋势。第三阶段为 2010 年至今，虽然蠡湖富营养化的问题尚未得到彻底解决，水质也还呈现出一定的波动趋势，但整体上各项水质指标基本稳定，维持在地表水Ⅲ类的水平。目前蠡湖水体的透明度均值约为 0.45m，水体总氮浓度为 0.64～2.07mg/L，均值约为 1.35mg/L；总磷浓度介于 0.03～0.25mg/L，均值约为 0.14mg/L；水体中 Chl-a 浓度处于 25.48～98.50μg/L[12]。值得注意的是，近几年蠡湖水体中的部分水质指标，如 TP、COD$_{Mn}$ 等有反弹的趋势，Chl-a、TLI 也呈现出增加的趋势，应引起高度的重视。

1.1.4 城市湖泊的生态系统

与其他湖泊一样，城市湖泊也与其周边陆地生态系统不断地进行着物质、能量、信息等方面的交换，但由于城市湖泊受人类活动的影响较大，尤其是伴随着城市化进程的加快，人类对湖泊资源开发利用强度的加剧，湖泊周边的建设用地增加、湖泊面积萎缩，使得湖泊与周边环境的交流受到阻碍、湖泊调蓄功能丧失，导致这些湖泊普遍面临着水质污染、湖滨带湿地萎缩、生物生产力较高、生物多样性减少、湖泊富营养化、生态系统退化等生态环境问题，许多湖泊中除为维持景观需求所保留、恢复的一些挺水植物、浮叶植物外，开敞水域中的沉水植物大多退化、消失，水体中的初级生产者主要以浮游藻类为主，蓝藻水华也时有发生。

此外，在城市湖泊水生态系统中，作为初级消费者的螺、蚌等软体动物普遍缺乏，水体中鱼类的总体生物量过大，且主要以杂食性和浮游动物食性的鱼类为主，肉食性鱼类比例较低，导致浮游动物对浮游植物的控制作用减弱。

以蠡湖为例，20 世纪 50 年代，蠡湖水体透明度高，部分湖区清澈见底，水下光照充足，非常适合水草生长。1951 年，中国科学院水生生物研究所调查时，蠡湖的水生植被覆盖率高达 80%以上，主要优势种为芦苇、菰、渣草、狐尾藻、苦草和人工栽培的菱。在沿岸浅水区，芦苇生长茂密，菰丛生，并伴有斑块状分布的菱群落；在开阔湖面，全部为沉水植被覆盖，藻类以硅藻为主，其次为隐藻、蓝藻和绿藻等[11]。70 年代，由于围湖养殖、防洪筑堤，蠡湖（五里湖）驳岸直立、湖面缩小。中国科学院南京地理湖泊研究所调查时，部分沿岸带水生植物萎缩，天然水生植被逐渐开始消失[13]。进入 90 年代后，曾经在湖内生长茂盛的沉水植物几近灭绝。目前，蠡湖除部分湖湾中存在凤眼莲、莲子草、浮萍、紫萍、水鳖、菱、莲、荇菜等浮叶植物，以及芦苇、菰、再力花等挺水植物外，水体中仅有狐尾藻、苦草等少量的沉水植物，覆盖度不足 5%。浮游植物的主要优势门类为隐藻门的隐藻属（*Cryptomonas* sp.），其次为蓝藻门的浮丝藻属（*Planktothrix* sp.）、硅藻门的小环藻属（*Cyclotella* sp.）和直链藻属（*Aulacoseira* sp.）。

1.2　我国城市湖泊面临的主要环境问题

城市作为人类活动的核心区域,其发展毫无疑问会对处于其区域内的湖泊产生影响。伴随着流域经济的快速发展和城市化进程的加速,目前城市湖泊普遍面临着以下几方面的生态环境问题。

1.2.1　水系连通不畅、水体流动性减缓

对于湖泊而言,保持正常的湖泊水位、促进水体的更新是维持湖泊生态系统稳定的必要条件,对减轻湖泊水体的富营养化程度和改善水环境有着极为重要的意义。在快速城市化过程中,土地利用的变化一方面会改变地形条件、侵占湖面,从而导致湖泊呈现出破碎化;另一方面土地利用的变化还可能引起湖泊周边区域的水文条件发生改变,导致周边不透水区域面积增加、草地和林地等植被覆盖区域面积减少、地表径流的流速增大。此外,为了蓄泄雨洪、保持湖泊水位及维持景观,常在城市湖泊周边出入湖河流中构筑闸坝、修建堤岸,割裂了原有水系之间的联系,对湖泊原有的江湖连通格局以及生态环境造成了严重影响,降低了湖泊水体的流动性、弱化了湖泊的调蓄功能及水体的自净能力[14]。

1.2.2　水域面积萎缩、调蓄容量减少

城市湖泊的特点使得其与城市的发展和流域的人类活动息息相关,除与其他湖泊一样,存在由于毁林造地、过度垦殖等引起流域水土流失所导致的自然淤积过程的影响外,还受到城市发展过程中为解决建设用地不足而进行的大规模填湖造地活动的影响[15]。尤其是 20 世纪 60~70 年代,为解决粮食及水产品短缺的问题,许多地方都实施了大量的填湖造田和围湖造塘工程,以增加耕地面积和池塘养殖面积,导致许多城市湖泊不仅水面面积急剧萎缩,而且由于改变了湖泊流域下垫面的性质,加剧了湖泊的淤积程度,使得许多城市湖泊都不同程度地出现了水深变浅、库容量降低等问题,一些湖泊甚至在局部区域出现了沼泽化的现象。

1.2.3　水质下降、水生态系统退化

作为一个封闭、半封闭的生态系统,许多城市湖泊不仅接纳了由地表径流所携带的多种污染物质的输入,而且一些城市及流域中的工业废水、生活污水也通过各种途径输入湖泊中。尤其在一些人口密集的中心城区,雨污分流管网的建设尚不完善,雨季时大量的污水从管网中溢流出来,通过排口排入湖泊中。此外,在湖泊底泥中逐渐累积的各种污染物也会通过与上覆水的持续交换,从而大量释放进入水体中;加之城市湖泊水体的流动性较差,进入湖泊中的污染物稀释和降解能力较差,导致这些湖泊水体的自净能力普遍减弱、水体透明度下降、水质恶化[16]。

伴随着湖泊水质的变化,湖泊中水生植物、浮游植物、浮游动物、底栖动物、鱼类等水生生物的生活环境也发生了改变。严重的水体富营养化不仅影响了湖泊中主要水生

植物类群的生长和繁殖, 使得这些湖泊中的水生植被普遍退化、消失, 水体中的初级生产者被浮游植物所取代, 而且也影响了水体中食物网的结构, 使得这些湖泊中螺、蚌等软体动物普遍缺乏, 鱼类的群落结构也趋于不合理, 生态功能逐步退化。

参 考 文 献

[1] 王苏民, 窦鸿身. 中国湖泊志. 北京: 科学出版社, 1998.

[2] 金相灿, 刘鸿亮, 屠清瑛, 等. 中国湖泊富营养化. 北京: 中国环境科学出版社, 1990.

[3] Schueler T, Simpson J. Introduction: Why urban lakes are different. Watershed Protection Techniques, 2001, 3(4): 747-750.

[4] Chen Q, Huang M T, Tang X D. Eutrophication assessment of seasonal urban lakes in China Yangtze River Basin using Landsat 8-derived Forel-Ule index: A six-year (2013–2018) observation. Science of the Total Environment, 2020, 745: 135392.

[5] 谢启姣, 刘进华. 1987—2016 年武汉城市湖泊时空演变及其生态服务价值响应. 生态学报, 2020, 40(21): 7840-7850.

[6] 郑华敏. 论城市湖泊对城市的作用. 南平师专学报, 2007, 26(2): 132-135.

[7] 齐文超, 侯精明, 刘家宏, 等. 城市湖泊对地表径流致涝控制作用模拟研究. 水力发电学报, 2018, 37(9): 8-18.

[8] 叶岱夫. 城市风景湖形状对生态环境的影响. 城市环境与城市生态, 1988, (4): 27-32.

[9] 潘文斌, 黎道丰, 唐涛, 等. 湖泊岸线分形特征及其生态学意义. 生态学报, 2003, 23(12): 2728-2735.

[10] 张凤太, 王腊春, 冷辉, 等. 典型天然与人工湖泊形态特征比较分析. 中国农村水利水电, 2012, (7): 38-41.

[11] 伍献文, 王祖熊, 饶钦止, 等. 五里湖 1951 年湖泊学调查. 水生生物学集刊, 1962, 1: 63-113.

[12] 田伟, 杨周生, 邵克强, 等. 城市湖泊水环境整治对改善水质的影响: 以蠡湖近 30 年水质变化为例. 环境科学, 2020, 41(1): 183-193.

[13] 中国科学院南京地理研究所湖泊室. 江苏湖泊志. 南京: 江苏科学技术出版社, 1982.

[14] 马小雪, 张军以. 城市湖泊发展现状及对策探析. 成都工业学院学报, 2014, 17(1): 28-30.

[15] 袁旸洋, 朱辰昊, 成玉宁. 城市湖泊景观水体形态定量研究. 风景园林, 2018, 25(8): 80-85.

[16] Birch S, McCaskie J. Shallow urban lakes: A challenge for lake management. Hydrobiologia, 1999, 395: 365-378.

第2章 草型湖泊生态系统的退化与识别

2.1 草型湖泊的水环境特征

2.1.1 草型湖泊生态系统

对于湖泊而言，通常依据水体中初级生产者的类型，以及沉水植物覆盖度或沉水植物生物量与藻类生物量的比值等，将其划分为草型湖泊和藻型湖泊[1]。其中，草型湖泊生态系统是指以水生植物为主要初级生产者的湖泊生态系统。

早在"八五"期间，我国就已开展了有关草型湖泊水产养殖的国家重点攻关研究，在所发表的相关文献中，将草型湖泊描述为：以大型水生植物为主要初级生产者的湖泊。如谭乐文等[2]将具有水源充足、水质清新、水草丰富、以苦草和菹草为主要沉水植物群落和以莲、菰、芦苇为主要挺水植物群落，植被覆盖率大于 80% 等特点的江西省余干县云湖和黄家塘描述为草型湖泊。鉴于水生植物在湖泊生态系统中具有的重要作用，前期的研究均是将湖泊主要初级生产者是否为沉水植物作为划分依据。由于没有给出量化的分类方法，一些学者将湖泊水生植物覆盖率为 32.09%～96.2% 的湖泊均描述为草型湖泊[3-6]。舒金华等[1]在中国湖泊营养类型分类的研究中，提出通过比较水体中藻类和大型水生植物的生物量，或大型水生植物分布面积等方法来判定湖泊的类型，将藻类占优势的湖泊称为藻型湖泊，大型水生植物占优势的湖泊称为草型湖泊，藻类和大型水生植物大体相当的湖泊称为藻-草混合型湖泊，并据此对全国 130 余个湖泊进行了划分，但并未给出具体的定量计算方法。

国外相关研究也多以水体中藻类和大型水生植物的生物量为依据划分草型与藻型湖泊，并提出了草型与藻型湖泊可以相互转化的相关理论[7-9]。王海军[10]依据国内外的大量相关研究，以沉水植物与浮游藻类生物量的比值为依据，给出了判断湖泊类型的定量方法，即：沉水植物与浮游藻类干重比 $R \geq 100$ 的水体，定义为沉水植物占主体的草型清水稳态水体；比值 $R \leq 1$ 的水体，定义为浮游藻类占主体的藻型浊水稳态水体；其余的则定义为中间过渡类型的湖泊状态。

2.1.2 草型湖泊的水质特征

文献中虽对草型湖泊的水质特征有较多记录，但多数是个案，例如，梁彦龄和刘伙泉[11]对湖北典型草型湖泊（保安湖和西凉湖）水质特征的研究结果显示：保安湖、西凉湖水体透明度、总氮、氨氮、总磷、叶绿素 a 含量的年均值分别为 1.48m、1.50m，1.39mg/L、1.20mg/L，0.23mg/L、0.16mg/L，0.036mg/L、0.024mg/L，2.63μg/L、3.19μg/L。与藻型湖泊（以马师湖为例）0.73m 的透明度相比，草、藻型湖泊的水质特征存在显著差异。

王海军[10]于 2001～2007 年调查了长江中下游地区 46 个浅水湖泊，对草型、过渡型和藻型湖泊的水环境特征进行了归纳（表 2-1）。

表 2-1 草型、过渡型和藻型湖泊水环境特征（年均数据）[10]

统计特征	周年数据	草型生态系统	中间过渡态	藻型生态系统
Z_{SD} /m	平均值	1.46	1.15	0.51
	中位数	1.51	0.91	0.38
	最小值	0.49	0.53	0.18
	最大值	2.59	3.26	1.48
Z_{SD}/Z_m	平均值	0.72	0.47	0.27
	中位数	0.73	0.39	0.25
	最小值	0.4	0.26	0.07
	最大值	0.95	0.91	0.85
TN/（mg/L）	平均值	0.802	1.202	4.485
	中位数	0.708	1.023	3.773
	最小值	0.074	0.45	0.547
	最大值	1.41	2.526	13.69
TP/（mg/L）	平均值	0.031	0.058	0.411
	中位数	0.034	0.052	0.256
	最小值	0.005	0.014	0.033
	最大值	0.062	0.107	1.424
Chl-a/（μg/L）	平均值	3	9	70
	中位数	3	6	45
	最小值	1	2	3
	最大值	7	26	295
B_{MM}/（g/m²）	平均值	2235	289	0
	中位数	1339	208	0
	最小值	311	30	0
	最大值	9132	896	0

注：Z_{SD} 为水体透明度值，单位 m；Z_{SD}/Z_m 为水体透明度与水深比值；TN 为水体总氮浓度，单位 mg/L；TP 为水体总磷浓度，单位 mg/L；Chl-a 为水体叶绿素 a 浓度，单位 μg/L；B_{MM} 为沉水植物生物量，单位 g/m²。

上述调查数据显示：区域中草型、中间过渡态和藻型湖泊水质特征有着显著的差异。与藻型湖泊相比，草型湖泊水体透明度、总氮、总磷、叶绿素 a 含量的均值为 1.46m、0.802mg/L、0.031mg/L、3μg/L，分别是藻型湖泊的 2.86 倍、18%、7.5%、4.3%。草型湖泊中沉水植物的生物量变动范围为 311～9132g/m²，均值为 2235g/m²，而藻型湖泊中则没有沉水植物。

王英才[12]在 2006～2009 年通过对云南湖泊的调查，总结了沉水植物覆盖度与主要水质指标之间的关系。当沉水植物覆盖度小于 10%时，藻类处于优势地位，水体中总磷浓度>0.1mg/L，总氮浓度>2mg/L，透明度<1m，叶绿素 a 浓度>36μg/L，藻类密度>10⁸ cells/L；当沉水植物覆盖度达到 20%～30%时，藻类的竞争力开始处于劣势地位；当沉水植物覆盖度达到 50%～60%时，透明度便会急剧增加；当达到 70%或更多时，水体可清澈见底，状态趋于稳定，总磷浓度<0.03mg/L，总氮浓度<0.4mg/L，透明度>1.8m，叶绿素 a 浓度<10μg/L，藻类密度<10^6 cells/L；当沉水植物覆盖度超过 90%后，沉水植物种群结构开始逐渐发生变化，清水种轮藻开始出现，且种群不断增大，耐污的伊乐藻及狐尾藻开始有消退趋势。湖泊水体中总磷、总氮、透明度和藻类等随着沉水植物的覆盖度的变化见表 2-2。

表 2-2　不同类型湖泊生态系统的水环境特征[12]

湖泊生态系统类型		草型稳态	草-藻转换态	藻-草转换态	藻型稳态
总磷/（mg/L）		<0.03	0.03~0.1	0.03~0.1	>0.1
总氮/（mg/L）		<0.4	0.4~2	0.4~2	>2
透明度/m		>1.8	1~2.5	0.5~2	<1
沉水植物	覆盖度/%	>70	30~70	<40	<10
	生物量/（g/m²）	>3000	500~5000	0~500	0
叶绿素 a /（μg/L）		<10	10~25	20~36	>36
浮游植物 /（cells/L）		<10^6	10^5~10^7	10^6~10^8	>10^8

2.1.3　太湖流域城市湖泊的水环境特征

1. 太湖流域的城市湖泊

在太湖流域分布有很多的城市湖泊，本书中涉及的主要有：蠡湖、漏湖、东汦、西汦、尚湖、昆承湖、阳澄湖、金鸡湖、独墅湖、澄湖、淀山湖、同里湖、九里湖和石湖等 14 个面积大于 1 km² 的湖泊，其分布如图 2-1 所示。

图 2-1　太湖流域主要城市湖泊地理位置示意图

2. 太湖流域城市湖泊的水环境特征

2018～2019年，对太湖流域14个主要城市湖泊进行了为期12个月的野外原位监测（表2-3）。数据显示：在所调查的14个城市湖泊中，水体的透明度呈现出显著的季节差异。通常，从春季（3月份）到夏季逐渐下降，10月份后则又开始逐渐升高。夏秋季（8～10月）水体中的透明度较低，均值分别为0.28m、0.4m、0.26m（图2-2）。

表2-3 太湖流域城市湖泊概况

编号	湖泊名称	水面面积/km²	调查点位个数
1	蠡湖	9.1	10
2	滆湖	146.5	16
3	东氿	7.8	7
4	西氿	11.3	10
5	尚湖	7.7	7
6	昆承湖	18.0	15
7	阳澄湖	119.0	15
8	金鸡湖	6.8	6
9	独墅湖	9.2	9
10	澄湖	45.0	12
11	淀山湖	62.0	12
12	同里湖	2.9	3
13	九里湖	2.1	3
14	石湖	3.1	3

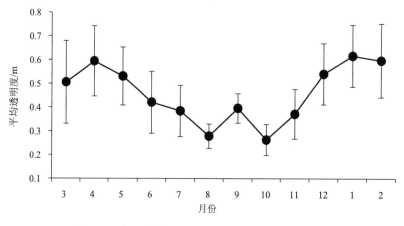

图2-2 太湖流域城市湖泊水体透明度的季节差异

水体中总氮浓度呈现出波动的趋势。9、10月水体总氮浓度较低，分别为 1.1mg/L 和1.06mg/L；1～3月浓度较高，分别为2.17mg/L、2.38mg/L 和2.06mg/L（图2-3）。

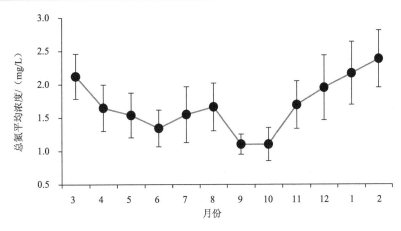

图 2-3 太湖流域城市湖泊水体中总氮浓度的季节差异

水体中氨氮浓度也呈现出类似的波动趋势。氨氮浓度的高值出现在 12 月和 1 月，分别为 0.45mg/L 和 0.49mg/L；较低的月份为 7～9 月，分别为 0.16mg/L、0.23mg/L 和 0.15mg/L（图 2-4）。

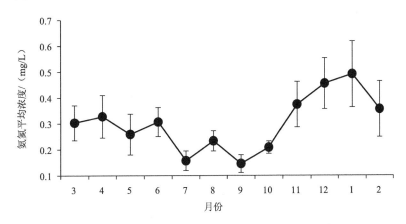

图 2-4 太湖流域城市湖泊水体中氨氮浓度的季节差异

水体中总磷浓度的季节差异也十分显著，表现为从 3 月到 7 月浓度逐渐上升，8 月至 12 月逐渐下降，12 月之后再次上升。绝大多数湖泊水体中的总磷浓度在 7 月达到峰值，平均浓度为 0.22mg/L，12 月的浓度最低，均值仅为 0.07mg/L（图 2-5）。

叶绿素是植物光合作用中的重要光合色素。在水质监测中，常将叶绿素 a 作为湖泊富营养化的指标之一。监测数据显示：水体中叶绿素 a 的浓度也呈现出显著的季节差异，几乎所有所调查湖泊的浓度高值均出现在 7～9 月，均值分别为 28.6μg/L、35.72μg/L 和 39.94μg/L。11～12 月叶绿素 a 的浓度较低，均值分别为 6.73μg/L 和 9.05μg/L（图 2-6）。

此外，调查数据显示：冬春季节（1 月、4 月），水体中的沉水植物以菹草为优势种，分布于多数湖泊；夏秋季节（7 月、10 月）则以苦草、金鱼藻和狐尾藻为优势种。在所调查的城市湖泊中，沉水植物的覆盖度均较低，其中，尚湖、东氿湖和漷湖等湖泊中难觅沉水植物踪迹（仅湖湾中偶见），在生长旺盛的夏季，生物量也不足 0.1g/m²；阳澄湖

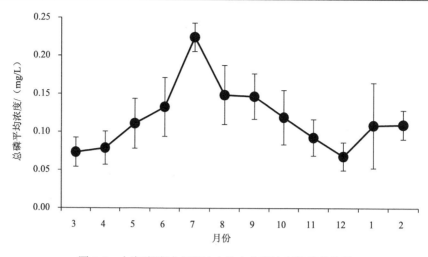

图 2-5　太湖流域城市湖泊水体中总磷浓度的季节差异

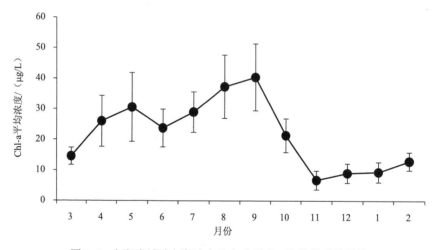

图 2-6　太湖流域城市湖泊水体中叶绿素 a 均值的季节差异

和淀山湖中，可见沉水植物的分布，但覆盖度均不超过 10%，在生长旺盛的夏季，平均生物量也仅为 6.2g/m² 和 4.2g/m²。在所调查的湖泊中，除阳澄湖发现有 6 种沉水植物外，大部分的湖泊中仅发现有 2~4 种沉水植物。总体而言，太湖流域城市湖泊中沉水植物的物种丰富度、生物量和覆盖度均较低，水生植被极度退化（表 2-4）。

表 2-4　太湖流域城市湖泊中沉水植物种类的季节变化

湖泊名称	1 月	4 月	7 月	10 月	沉水植物种数
阳澄湖	菹草	菹草+狐尾藻	苦草+竹叶眼子菜+黑藻+狐尾藻+金鱼藻	苦草+竹叶眼子菜+黑藻+狐尾藻+金鱼藻	六种
淀山湖	菹草	菹草	苦草+竹叶眼子菜+黑藻	苦草+竹叶眼子菜+黑藻	四种
昆承湖	菹草	菹草	金鱼藻+苦草+黑藻	金鱼藻+苦草+黑藻	四种
蠡湖	菹草	菹草+狐尾藻	狐尾藻+苦草	狐尾藻+苦草+黑藻	四种
澄湖	菹草	菹草	苦草+金鱼藻	苦草+金鱼藻	三种

续表

湖泊名称	1 月	4 月	7 月	10 月	沉水植物种数
东氿	菹草	菹草	苦草+金鱼藻	苦草+金鱼藻	三种
独墅湖	菹草	菹草	狐尾藻	狐尾藻	二种
金鸡湖	菹草	菹草	狐尾藻	狐尾藻	二种
九里湖	菹草	菹草	金鱼藻	金鱼藻	二种
同里湖	菹草	菹草	狐尾藻	狐尾藻	二种
漷湖	菹草	菹草	金鱼藻	金鱼藻	二种
西氿	菹草	菹草	金鱼藻	金鱼藻	二种
尚湖	菹草	菹草	金鱼藻	金鱼藻	二种
石湖	菹草	菹草	黑藻	黑藻	二种

3. 太湖流域城市湖泊的生态系统类型

基于王海军[10]提出的划分草、藻型湖泊的方法，即将沉水植物与浮游藻类的干重比值≥100 的定义为草型湖泊，比值≤1 的定义为藻型湖泊，其余的则定义为草-藻过渡型湖泊。其中沉水植物的生物量（干重）由生物量（湿重）乘以系数 0.08 获得；浮游藻类生物量（干重）则由叶绿素 a 含量乘以系数 70 获得。为使藻类生物量（干重）可与沉水植物生物量（干重）进行比较，在叶绿素 a 乘以 70 之后再乘以湖泊平均水深以获得单位面积的现存量。

$$R = \frac{M_B \times 0.08}{[\text{Chl-a}] \times 70}$$

式中，R 表示沉水植物与浮游藻类的干重比值；M_B 表示单位面积沉水植物生物量（湿重）；[Chl-a]表示与沉水植物对应区域单位面积中叶绿素 a 的量（即叶绿素 a 浓度和单位面积水的乘积）。

依据上述的公式，对所调查的太湖流域城市湖泊的生态系统类型进行了分类，计算结果见表 2-5。

表 2-5　太湖流域城市湖泊的生态系统类型

湖泊名称	R 值	湖泊类型
尚湖	0.01	
东氿	0.01	
蠡湖	0.06	
同里湖	0.09	
石湖	0.01	藻型稳态
金鸡湖	0.15	
漷湖	0.17	
独墅湖	0.23	
九里湖	0.34	

续表

湖泊名称	R 值	湖泊类型
昆承湖	1.18	
澄湖	1.91	
西氿	5.17	草-藻过渡型
淀山湖	12.38	
阳澄湖	18.46	

结果表明，上述太湖流域城市湖泊主要可以划分为两种类型，即藻型稳态湖泊和草-藻过渡型湖泊。值得注意的是，草-藻过渡型湖泊的 R 值远小于草型稳态湖泊划定的 $R \geqslant 100$，表明这些湖泊中沉水植被的退化极其严重。

2.2　太湖流域城市湖泊草型生态系统的退化与识别

2.2.1　草型湖泊生态系统的退化

大型沉水植物具有稳定底泥，减少营养盐释放，抑制藻类，为浮游甲壳动物、底栖动物和鱼类等提供栖息及繁育场所等功能[13-15]，使其在维持湖泊清水稳态中起着核心作用。由于湖泊生态系统各要素之间的相互作用极其复杂，使得草型湖泊生态系统发生演化的驱动因素也不尽相同，如营养盐、水位、气候、捕（牧）食、污染，甚至自然灾害等[16-18]。事实上，草型湖泊生态系统退化是各种因素综合作用累积的结果，如营养盐增加造成浮游植物大量生长、沉水植物消亡致生态系统结构改变等[19]。当各种环境条件（如营养盐等）达到一定的临界值时，一点微小的变化（如温度、风浪等改变）就能触发湖泊生态系统发生稳态转换，即生态系统状态发生了质变。因此，草型湖泊生态系统的退化最初可能由营养盐增加引起，伴随着营养盐增加带来的一系列级联效应（如生态系统的退化演变等），最终由清水稳态转变为浊水稳态[9,20]。根据现有的研究，草型湖泊生态系统退化的驱动因素大致可概括为化学因素、物理因素和生物因素。

化学因素是驱动草型湖泊生态系统退化的最常见因子，是目前生态修复和管理中重点控制的对象。在湖泊生态系统中，氮和磷过度输入是驱动草型湖泊生态系统退化的最重要原因[21]。虽然氮在草-藻型生态系统转换过程中具有重要作用，但由于其可从大气中得到补充，加之氮元素在湖泊中过量积累反而会增强磷的限制性作用，因此，磷往往被认为是限制生长和草型湖泊生态系统退化的主要化学驱动因子[10]。一般而言，磷能促进水体中浮游植物藻类尤其是有害藻类的过度生长，造成水体透明度降低，影响沉水植物生长；而沉水植物的消亡，会导致某些鱼类及浮游甲壳动物等的庇护场所丧失，使其种群数量下降，甚至某些关键种消失，导致浮游植物被摄食的压力减小，从而使得浮游植物生物量迅速增大，加速了草型湖泊生态系统退化的进程[16,22]。此外，在大多数的藻型稳态湖泊中，沉积物再悬浮释放的内源磷对浮游植物的生长起着重要作用，对藻型湖泊稳态的维持十分关键。而对于大多数的浅水湖泊而言，沉水植物的存在可以有效地防止沉积物再悬浮，减少内源磷释放，从而减缓浮游植物利用磷的速度[23,24]。

物理因素在草型湖泊生态系统退化中也发挥着重要作用。如地质运动、气候、水位、岸带环境以及酸碱度等物理因素的变化，也会导致草型湖泊生态系统的退化[25]。从历史角度看，湖泊的演变主要受地质构造运动、泥沙淤积和全球气候变化等影响，人类活动影响很小[26]。就长时间尺度而言，气候变化能引起湖泊水位变动、面积萎缩或扩增，如第四纪盛冰期，海平面降低导致沿江湖泊湖水外泄成为河网或洼地。至全新世中期，长江中下游地区气温上升，降水量增加，致使洪水泛滥，长江两岸湖沼发育加快[27]。Drinkwater 等的研究也认为气候变化驱动了 20 世纪 70～90 年代北太平洋一带湖泊生态系统稳态转换[28]。温度作为气候变化中最主要的指标之一，对水生态系统的影响非常显著。温度可以影响水生生物的生长、发育和分布，也能够通过各种反馈机制间接影响其赖以生存的环境。如温度上升和风力减小，减弱了非洲 Tanganyika 湖营养物质循环，导致浮游植物种类减少及鱼类生产力下降[29]；温度的异常波动还能够导致水生植物种子萌发率显著降低，造成水生植物的消退[30]；冬季温度升高，可能会提高一些植物入侵物种的存活率[31]，改变春季湖泊原有生态系统演替过程[32]。此外，水位剧烈波动也是影响草型湖泊生态系统退化的重要因素。一般而言，水位降低会导致沉水植物丰度增加，而水位过高则不利于沉水植物生存[33]。另外，有研究表明水体透明度与水深也有很大关系，在干旱的夏季，水位降低可能是湖泊由浊水状态转换为清水状态的主要原因[34]；在浅水湖泊中，人为稳定水位可能会强化这些湖泊浊水状态的稳定性[16]。在洱海的研究也证实，1977～2009 年，洱海在水位升高过程中，水体透明度降低，沉水植物种类减少，浮游植物数量增加，水位的波动影响着湖泊从清水稳态到浊水稳态的变化过程[35]。在洞庭湖的研究同样发现沉水植物的生长特征和生物量积累会随水位变化[36]。此外，在一些湖泊中，风浪及水动力变化也是草型湖泊生态系统退化的驱动因素之一[37,38]。

生物因素作为湖泊生态系统的有机组成部分，其变化将会通过一系列反馈机制影响生态系统的稳定性[39]。如鱼类种群结构的改变，可能会导致其对浮游甲壳动物的牧食加强而间接减轻了浮游植物的牧食压力；食草性鱼类会增加对沉水植物的牧食压力，进而减弱沉水植物对浮游植物的抑制。因此，在湖泊生态系统中，鱼类、浮游甲壳动物及水生植物等生物群落结构，是影响藻-草型稳态转换的主要生物因素。大量的研究显示，在富营养化藻型湖泊中，降低底栖食性鱼类生物量可以增加沉水植物生物量[40,41]；底栖食性鱼类生物量的增加是导致浅水湖泊中沉水植物消失、浮游植物增加的一个重要因素。经典的生物操纵法就是通过放养凶猛性鱼类，控制浮游食性鱼类的生物量，扩大浮游甲壳动物种群，进而利用浮游甲壳动物牧食作用来控制浮游植物生物量[42]。但在湖泊中由于浮游甲壳动物很难有效而持久地控制蓝藻水华，经典的生物操纵法在蓝藻治理上具有很大的局限性。目前通常采用的是通过控制凶猛鱼类、放养滤食性鱼（鲢、鳙）直接牧食蓝藻（非典型生物操纵法），这种方法在围隔实验中得到了良好的验证[43]。但由于围隔实验在水深、风浪条件、水体交换等方面与湖泊存在较大差异，并不能完全代表湖泊生态系统特征，且这些滤食性鱼类主要滤食大型藻类，易造成藻类小型化，反而增加了藻类生物量；另外鱼类的摄食排泄等生理活动也容易造成水体营养物质的短路循环[44,45]，因此，用滤食性鱼类来控制湖泊藻类仍存在争议。此外，一些长期观测数据表明，浮游甲壳动物摄食率变化是导致湖泊向藻型稳态转变的重要触发因子[46]。在浅水湖泊中，沉水植物通过吸收水体营养盐，减少底泥悬浮及营养盐释放，为浮游甲壳动物提供栖息场所，与浮游植物竞争光照及营养盐等，分泌化感物质抑制藻类生长等多种机制维系湖泊清水状态[47]。一些围隔实验表明，当沉水植物覆盖度达到 30%时，水体向清水稳态转换趋势明显；而当沉水植被覆盖度大于 80%时，则能稳定保持清水稳态，抑制藻类生长，即使营养盐水平较高，在短期内涌入大量藻类（藻细胞数达到 10^8cells/L 以上），藻类水华也能在一个星期之内消退，迅速转变为清水稳态[12]。另外，在沉水植物的体表的附着生物，通过遮光等作用，可使沉水植物的光合作用降低，进而引起沉水植物的死亡和种群的退化[20]。

2.2.2　草型湖泊生态系统退化程度的识别

维持草型湖泊生态系统的稳定，必须使系统中各种物理、化学和生物因素达到一定的边界范围。大量研究表明，营养盐、透明度、藻类和沉水植物生物量是衡量草型生态系统的重要特征。因而，对草型生态系统状态的识别也主要依据上述指标。

1. 湖泊生态系统稳态转化的判定

Scheffer 和 Carpenter 提出了三种稳态类型转换的 7 条标准[32]：①稳态转换的一个必要条件是生态系统要素有显著性跃迁，如果在时间序列中存在不连续跃迁或断点，说明发生了稳态转化，但仅此不能判定稳态转换的类型。②生态系统响应变量呈双峰或多峰型分布，说明发生了稳态转换，但仅凭该点也不能确定稳态转化的类型。③在不同环境条件下生态系统因子间有不同的函数关系，说明发生了稳态转换，但同样不能确定稳态转换类型。例如，在温暖期和寒冷期是否有不同的现存量-补充量关系。④在不同的起始条件下，生态系统向不同的状态演化，则可判定为不连续型稳态转换。例如，黄伟等利用微宇宙实验数据解释了浮游植物群落在不同的营养盐条件下是如何演替的[48]。⑤当环境驱动因子已知，其变化时能知道生态系统状态如何转换，则可判定为是不连续型稳态转换。⑥当环境驱动因子增加或降低时，生态系统沿不同的轨道变化，则说明是不连续型稳态转换。⑦生态系统中观测变量在不连续的时间段存在峰值，且其微小的变化使得生态系统剧烈变化，则是不连续型稳态转换。

由于在时间序列上很难区分生态系统属于突变型稳态转换还是不连续型稳态转换，因此，标准①～④是判断不连续型稳态转化的必要条件，而标准⑤～⑦是判断不连续型稳态转换的充分条件。尽管上述文献给出了划分的 7 条标准，但这些标准多是定性的，也较为粗略。事实上，对于草型生态系统退化的识别，首先需要确定稳态转换的标准，尤其是定量标准，即怎样程度的变化才算是发生了稳态转换。借助于数学统计学方面的知识，可定量判别是否发生了稳态转化。Rodionov 从均值变化、参数变化、频数组成结构变化和系统变化四个角度，总结了稳态转换的判定方法，主要有以下几种[49]：①参数检验。例如，经典的 t 检验，这种方法要求所处理的数据服从正态分布，用来检验两个样本间是否有显著性差异，拐点出现在超过给定界限值的最大 t 值处。该法的优点是有较强的理论基础，对变量的等同性及正态分布要求严格；缺点是不能检验特定时间段的变化，不能找出连续变化的局部最大值。②非参数检验。例如，Wilcoxon 秩和检验、Mann-Kendal 检验，这类方法对所处理数据的概率分布状况没有要求。Wilcoxon 秩和检验常用于温度和连续降雨的同质性检验，其优点是有较强的理论基础，缺点是数据需降维处理。Mann-Kendal 检验属于等级非参数检验，优点是理论基础强，缺点是只能进行特定段的单一拐点检验。③Bayes 分析法。Bayes 分析法是利用前一数据的分布来代替未知参数，比如稳态转换前后的均值。优点是能进行参数不确定性估计和均值预测，缺点是需要数据的数学模型，只能对片段进行单个拐点分析。④回归分析法。两时段的回归分析方法，能够以时间为变量进行序列分析。优点是能进行多拐点分析，缺点是如果拐点间数据过少则不能分析，对小的拐点不敏感。⑤主成分分析法（PCA）。PCA 法是通过线性变换，将原始数据变换为一组各维度线性无关的数据表示方法，可用于提取数据的主要特征分量，常用于高维数据的降维。PCA 法不能体现变量间的非线性关系，由于要求压缩后的变量线性无关，可能会对变量造成一定扭曲。⑥Fisher 信息法。是利用 Fisher 信息作为指示因子探测系统稳态和过渡态的界限。该方法对不同时间段的很多变量简单易用，缺点是需要细心选择输入参数及其权重，输出结果难懂，难以进行显著性检验。上述不同的方法各有其条件，在实际应用中要根据目的选用。

2. 城市湖泊草型生态系统退化的识别方法

对城市湖泊草型生态系统的退化程度进行识别时，首先应对生态系统的类型进行判定，即以沉水植物与浮游藻类的干重比值（R）为依据，将 $R \geqslant 100$ 的定义为沉水植物占主体的湖泊（草型湖泊），$R \leqslant 1$ 的定义为浮游藻类占主体的湖泊（藻型湖泊），其余的则定义为中间过渡类型的湖泊；然后再根据排序法，将环境特征值与 R 值排序，分析环境特征值与 R 值之间的关系，回归拟合分析判别环境特征突变临界点，从而得出识别因子和临界值（图 2-7）。

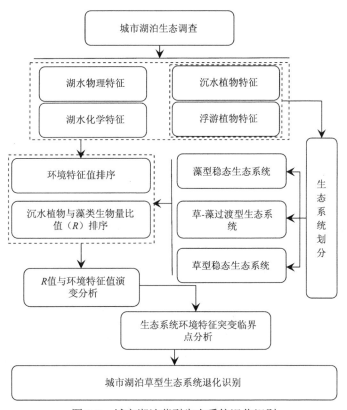

图 2-7　城市湖泊草型生态系统退化识别

3. 城市湖泊草型生态系统退化程度的识别

根据调查结果，结合长江中下游地区水生植物覆盖度较高的一个湖泊（西凉湖）和太湖胥口湾，对环境特征值和 R 值进行了分析，发现湖泊年均透明度、浊度、透明度/水深、TN、TP、NH_3-N、Chl-a、浮游甲壳动物多样性指数、浮游甲壳动物对藻类的牧食能力和底栖动物物种数等，满足 Scheffer 和 Carpenter 提出的稳态类型转换判别标准[32]，可作为城市湖泊草型生态系统退化的识别因子。

在城市湖泊中，透明度与 R 值之间的关系十分密切（图 2-8）。拟合分析发现，在 $R \leqslant 1$，即湖泊处于藻型稳态时，湖泊的年均透明度值呈现剧烈波动、紊乱状态（0.2～0.9m）；当 $1 < R \leqslant 5$ 时，随着湖泊生态系统中沉水植物生物量增加，湖泊透明度反而下降，呈现出草–藻过渡生态系统突变的一个标志；当 $R > 5$ 时，随着沉水植物生物量的增加，透明度显著上升，湖泊呈现向草型稳态演化的趋势。

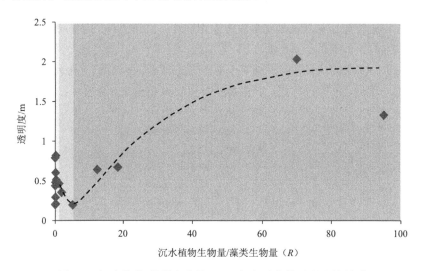

图 2-8　沉水植物/藻类生物量（R）与湖泊水体透明度的关系

浅灰区域：$0 < R \leqslant 1$，中灰区域：$1 < R \leqslant 5$，深灰区域：$5 < R \leqslant 100$

透明度/水深的比值可以反映水底可利用光照的情况，是识别沉水植被退化的重要指标。在图 2-9 中，当 $R \leqslant 1$ 时，透明度/水深的比值波动较大，没有明显的规律性；当 $R > 1$ 时，随着透明度/水深比值的增加，沉水植物生物量增加。表明提高水下光照度对许多混浊态浅水湖泊水生植物的生长、分布和恢复是至关重要的。

湖泊水体中的营养盐（TN、TP 和 NH_3-N）随着 R 值的变化十分明显（图 2-10、图 2-11 和图 2-12），表现为在藻型稳态生态系统中（$R \leqslant 1$），水体营养盐浓度呈现剧烈波动；随着沉水植物生物量的增加（$1 < R \leqslant 5$），水体中的营养盐浓度呈现出非常显著的上升趋势；而当沉水植物生物量继续增加（$R > 5$），水体中的营养盐浓度则随 R 值的增加而显著的下降。

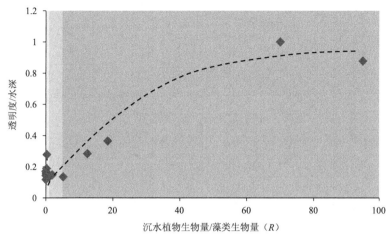

图 2-9　沉水植物/藻类生物量（R）与湖泊透明度/水深的关系
浅灰区域：0<R≤1，中灰区域：1<R≤5，深灰区域：5<R≤100

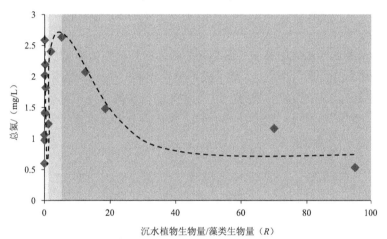

图 2-10　沉水植物/藻类生物量（R）与湖泊水体总氮的关系
浅灰区域：0<R≤1，中灰区域：1<R≤5，深灰区域：5<R≤100

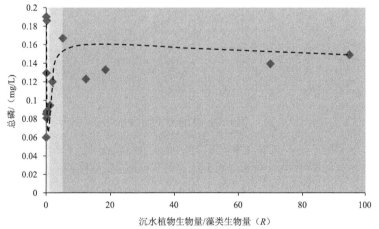

图 2-11　沉水植物/藻类生物量（R）与湖泊水体总磷的关系
浅灰区域：0<R≤1，中灰区域：1<R≤5，深灰区域：5<R≤100

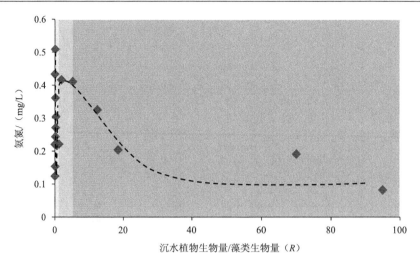

图 2-12　沉水植物/藻类生物量（R）与湖泊水体年均氨氮关系

浅灰区域：0<R≤1，中灰区域：1<R≤5，深灰区域：5<R≤100

水体中叶绿素 a 与 R 值的关系（图 2-13）显示：在典型的藻型稳态湖泊中（R≤1），水体中的叶绿素 a 浓度波动剧烈，大部分湖泊呈现出高叶绿素 a 浓度的特征；当 R>1 时，叶绿素 a 浓度虽也呈现出增加的趋势，但当 R>2 后，湖泊水体中叶绿素 a 却未呈现出显著的增加趋势。此现象表明，城市湖泊草型生态系统退化的 R 值突变临界点可能在 1<R≤2 范围内。

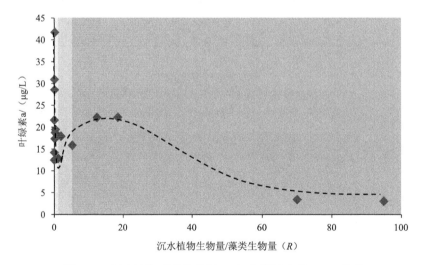

图 2-13　沉水植物/藻类生物量（R）与湖泊水体 Chl-a 关系

浅灰区域：0<R≤1，中灰区域：1<R≤5，深灰区域：5<R≤100

对湖泊生态系中理化因子的分析，也发现水体浊度随 R 值的变动规律与水体中营养盐的变化规律基本一致。即在典型的藻型稳态湖泊中（R≤1），水体浊度的波动范围大；在 1<R≤5 区间，随沉水植物生物量的增加，浊度也呈现出上升的趋势；但 R>5 后，随着沉水植物生物量的增加，水体浊度显著下降（图 2-14）。

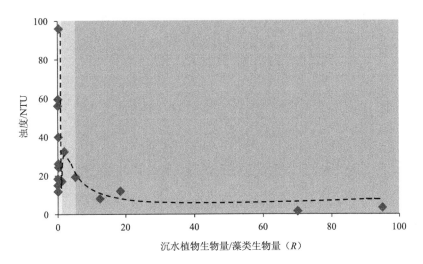

图 2-14　沉水植物/藻类生物量（R）与湖泊水体浊度的关系

浅灰区域：0<R≤1, 中灰区域：1<R≤5, 深灰区域：5<R≤100

从图 2-15 和图 2-16 可知，当 R>1 时，浮游甲壳动物多样性指数增加，浮游甲壳动物对浮游植物的牧食能力提高；当 R>5 时，底栖动物中的耐污种数目减少，底栖动物物种数量呈现出下降的趋势。

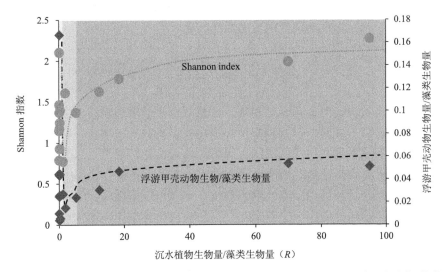

图 2-15　沉水植物/藻类生物量（R）与浮游甲壳动物多样性指数及浮游甲壳动物/藻类
生物量的关系

浅灰区域：0<R≤1, 中灰区域：1<R≤5, 深灰区域：5<R≤100

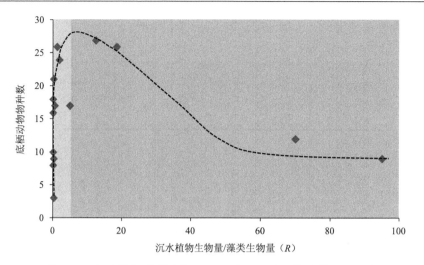

图 2-16　沉水植物/藻类生物量（R）与底栖动物物种数量的关系

中灰区域：$1<R\leqslant5$，深灰区域：$5<R\leqslant100$

上述研究结果表明：透明度、浊度、TN、TP、NH_3-N、Chl-a、浮游甲壳动物多样性指数、浮游甲壳动物牧食能力和底栖动物丰度等参数可作为湖泊草型生态系统退化的识别因子。当 $R\leqslant1$ 时（藻型稳态），湖泊水体中各类理化因子和生物指标波动剧烈；当 $1<R\leqslant5$ 时（草藻过渡型），湖泊水体中的各项理化因子呈现出逐渐恶化的趋势，浮游甲壳动物多样性及对浮游植物的牧食效率、底栖动物物种数量显著增加，这或许是识别草型生态系统退化的重要阈值范围；当 $R>5$ 时，随着湖泊中沉水植物生物量的增加，水体各项理化因子、生物指标逐渐向健康生态系统转化。

2.3　影响草型生态系统退化的主要环境因素

湖泊营养富集所引起的富营养化和水下光照减少会显著影响湖泊生态系统的结构和功能[50-53]、沉水植物多样性[54]以及物质循环过程[55]。同时，水体富营养化也会使湖泊从沉水植物占优势的清水稳态向浮游植物占优势的浊水稳态转变[56]。作为浅水湖泊主要的初级生产者，沉水植物在维持湖泊清水稳态过程中起着十分重要的作用[51]。它们可以通过多种相互作用来维持和提高湖泊水生态环境，形成正反馈循环：①可以有效地消减风浪所导致的底泥再悬浮，提高水体透明度[57]；②可以给浮游甲壳动物提供庇护所，减少其被鱼类捕食的概率，增强其对浮游植物的"下行效应"；③可以和浮游植物竞争水中的光和营养，从而抑制藻类生长；④释放化感物质抑制藻类大量增殖[58]。任何影响清水稳态正反馈维持的因素都可能会引起沉水植被衰退，如水体氮、磷等营养物质的过度输入，尤其是氨氮的直接毒害作用[59]；浮游植物、附着生物和水体悬浮物的遮蔽作用导致的水下光照可利用性减少[60,61]；浅水湖泊风浪扰动和水位变化[62-64]以及有毒藻类大量繁殖产生的藻类毒素对沉水植物的毒害作用[65-67]。

由沉水植被衰退所导致的清水态向浊水态转变具有明显的突变特征和迟滞效应[51,68]：

虽然清水态和浊水态的转换发生在相对较短的时间内，但系统要恢复到原先的清水态，则必须将外界的干扰程度削减到远低于突变前的水平。同时，在草型生态系统退化过程中，还会伴随着一系列生态系统组分的改变，包括沉水植物生物量和多样性降低[54]；浮游植物和附着生物大量增殖，水体透明度降低[60]；生态系统中食物网关系简化，食物链变短[69]；底栖动物生物量和群落丰富度降低[70]。因此，深入了解草型生态系统的退化过程及关键影响因素，对理解湖泊生态系统结构和功能的维持及沉水植被衰退和演替的机制有着十分重要的意义。

2.3.1　水下光环境

绝大多数植物的生存、繁殖都依赖其光合作用产生的碳水化合物。因此，良好的光照条件不仅是沉水植物赖以生存的前提，同时也是限制沉水植物分布深度的主要环境因子[71]。沉水植物一般都分布在湖岸带水深 0～4m 的区域，只有极少数耐低光的物种可以分布到 6m 以上的深水区域[72]。研究证实：理论上只有当湖泊底部光照强度达到表面光强的 1%～3%时，底部的沉水植物才能正常生长。但在自然状态下，沉水植物正常生长所需的光照阈值远大于理论值，约为湖泊表面光强的 10%～20%。这主要是因为在自然湖泊中的沉水植物不仅要维持自身的生长，而且还要为适应外界的各种胁迫积累足够的碳水化合物，为其表型可塑性提供能量[73]及补充投入在后代繁殖上的碳水化合物消耗[74]。另一方面，沉水植物如长期生活在水下低光环境中，为应对低光胁迫，其光补偿点常常较低。光补偿点的差异决定了沉水植物的最大分布水深、光合作用产量以及种间竞争力，因此，水下光照强度的改变，往往会影响沉水植物群落结构及其演替方向。例如在北温带的贫营养湖泊中，当光强度低于 1800J/cm² 时，被子植物就无法正常生长，它们往往生长在湖泊内较浅的区域；而轮藻等大型藻类则可以在 1200J/cm² 的光照强度下生存[75]。在一些光照条件良好的贫营养湖泊（如云南抚仙湖），轮藻甚至可以生长在 20m 的深水区域中。此外，较强的光照甚至可以打破菹草石芽的休眠，而苦草、黑藻等营养繁殖体在其萌发、生长发育的过程中，若水下光强小于入射光的 5%，则光合作用不能正常进行，从而形成白化苗。

Su 等在沉水植物性状对水体透明度的反馈调节机制研究中发现：沉水植物和水体透明度之间存在正反馈，具体表现为"沉水植物越多，水体透明度越高"[76]。此外，不同单优群落和水体透明度之间的正反馈强度存在种间异质性。小型沉水植物群落的正反馈强度更高，对水体透明度有着更强的调节作用（图 2-17）。在不同的单优群落中，水体透明度、叶绿素 a 浓度、光衰减系数和溶解氧等参数都存在显著的差异，表明植株的高度或许是这种正反馈调节的潜在机制。因此，在制定湖泊管理政策时，要建设和维持生态系统的弹性，不应该只聚焦于植物丰度，还应关注植物性状对生态系统结构和功能的影响。

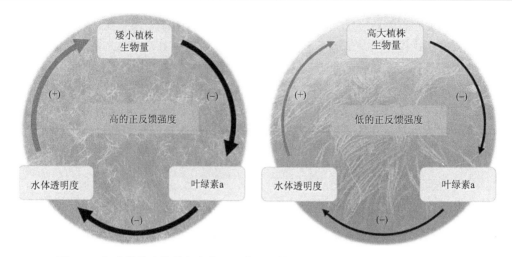

图 2-17　沉水植物生物量与水体透明度之间的正反馈调节机制（引自文献[76]）

2.3.2　营养盐水平

　　水体富营养化严重影响了沉水植物的群落结构和功能[77]，降低其多样性、生物量和分布面积[54]。随着水体氮、磷等营养元素的大量富集，浮游植物、附着生物大量增殖，降低水体透明度和水下光照可利用性，最终导致沉水植被的衰退[61]。以武汉东湖为例，20世纪60年代，东湖水生植被面积占全湖面积的83%，水生植物种类有83种[78]。随着东湖周边区域人口增长和工农业发展，大量生活污水和工业废水排入东湖，导致水体富营养化加剧。20世纪90年代，水生植被覆盖率降至3%左右，水生植物种类降至58种[79]；2004年，水生植物分布面积仅占全湖的0.48%，水生植物种类仅发现19种[80]。与此同时，水生植物的群落结构也发生了显著改变，对水体营养盐较为敏感的微齿眼子菜逐渐消亡；而耐污种，如金鱼藻和狐尾藻则逐渐成为优势物种。对丹麦Fure湖100年的水生植物监测也证实，随着湖泊富营养化程度的加深，水生植物物种由37种降至13种；但随着湖泊治理的进行，水质逐渐恢复，水生植物的物种也逐渐增加到25种[54]。云南洱海沉水植被的历史演替也呈现出类似的趋势，随着水体富营养程度的加剧，沉水植被覆盖率从40%下降到仅8%左右[81]。

　　水体中过高的营养盐浓度，尤其是氨氮浓度，还会对植物造成直接的毒害作用。如碳氮代谢及酚类代谢紊乱、组织内抗氧化酶系统崩溃、碳水化合物含量下降等，直接影响沉水植物的生长及克隆繁殖[59,82-86]。针对氨氮胁迫对沉水植物生理代谢影响的研究发现，高浓度氨氮通过影响沉水植物体内抗氧化系统以及碳氮代谢平衡来抑制其生长和扩散[84]。对长江中下游湖泊中苦草种群的氨氮耐受阈值研究也证实，水体中氨氮浓度大于0.56mg/L时，苦草的生物量急剧减少[59]。一些室内实验也发现，当水体中的氨氮浓度大于0.5mg/L时，苦草及幼苗出现严重的碳氮代谢紊乱，且苦草幼苗遭受更严重的氨氮胁迫。同时，苦草重要的无性繁殖器官葡匐茎生物量减少，严重影响了其克隆生长，抑制了苦草向更大的区域扩散[86]。

　　尽管许多研究发现营养富集导致藻类大量繁殖，从而使浅水湖泊从沉水植物占优势的清水态转变为浮游植物占优势的浊水态，但湖泊富营养化如何通过改变化学计量结构来使生态系统处于非稳定状态仍不清楚。Su 等基于长江中下游 97 个浅水湖泊的调查[76]，通过测量沉水植物地上部分氮和磷含量来研究它们的化学计量内稳性，通过分析底泥氮磷含量和植物体内氮磷含量的关系，发现沉水植物具有较强的磷内稳性而非氮内稳性。高磷内稳性物种包括微齿眼子菜、苦草和竹叶眼子菜；而低磷内稳性物种包括金鱼藻、狐尾藻和黑藻。当水中总磷浓度大于 0.06mg/L 时，低磷内稳性种类占优势的群落平均生物量快速降低；而当水中总磷浓度大于 0.08mg/L 时，高磷内稳性种类占优势的群落生物量快速降低（图 2-18）。即高磷内稳性物种占优势的沉水植物群落发生稳态转换的临界磷浓度较高（0.08mg/L），低磷内稳性物种占优势的沉水植物群落发生稳态转换的临界磷浓度较低（0.06mg/L）。随着富营养化的发展，低磷内稳性植物先行崩溃，可作为湖泊从清水到浊水的早期预警信号。但低磷内稳性植物具有较快的恢复能力，可作为生态修复的先锋物种[77]。

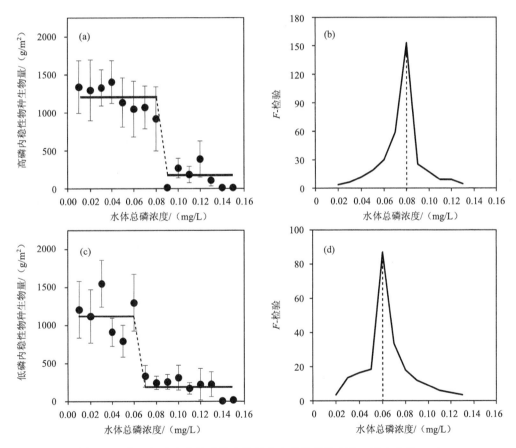

图 2-18　高、低磷内稳性群落生物量随水体总磷的变化（引自文献[77]）

　　沉水植物在生长过程中既可以从水中吸收氮、磷等营养物质，也可以从湖泊底泥中吸收这些物质。虽然沉水植物的生长不易受底泥营养条件的制约，但底泥的营养状态仍可以决定沉水植物生活型[87]、形态特征、分布格局和群落结构[87]。例如，在贫营养的湖泊中，生物量密度较高的底栖型植物占优势；而在富营养的湖泊中，生物量密度较低的冠层型植物占优势。此外，在贫营养的湖泊中，沉水植物的根/茎比较高，这可能是植物适应贫营养环境的一个基本特征[88,89]。而在富营养化湖泊中，由于底泥具有厌氧、营养盐和有机质含量较高及过量有毒物质积累等特性，会对沉水植物的生长及生理代谢产生直接的毒害作用导致其衰退[90]。一方面，富营养化湖泊底泥往往处于缺氧状态，导致沉水植物根系缺氧腐烂；另一方面，底泥中大量有机污染物的分解需要消耗氧气，会进一步影响沉水植物根系的呼吸作用，进而抑制沉水植物地上部分的生物量累积，甚至导致植物腐烂死亡[91]。例如，底泥中存在大量还原态硫化物，可使处于良好光照条件下的茨藻生长速率下降75%左右，且这些硫化物可被沉水植物吸收进一步毒害并抑制其生长。

2.3.3　水动力条件

湖泊中水位通过影响底部光照、温度、溶解氧等物理化学条件，进而影响着沉水植物群落组成、群落生产力及分布面积等[92-94]。一般而言，浅水湖泊长期高水位运行会导致水下光照不足，引起沉水植物群落的衰退[81]。湖泊在高水位运行时，底部的光照减弱，影响沉水植物的光合作用及碳水化合物的合成，进而对沉水植物群落生物量及最大分布深度产生影响[75,87,95]。Korschgen 等发现，高水位导致的水下光照减少，会使苦草冬芽数量及质量下降[95]。尤其在沉水植物群落发展的初期，湖泊高水位运行对沉水植物的发展更加不利。

风浪可以对植物体产生机械损伤，也可以冲走植物种子及繁殖体，使其无法定植在底泥中，从而影响沉水植物的生长及繁殖。另外，风浪会不断扰动浅水湖泊底泥，使底泥再悬浮，增加水体悬浮颗粒，降低水体透明度，抑制沉水植物的生长[62]。风浪扰动导致水体透明度下降，引起沉水植物衰退的案例十分普遍，尤其在浅水湖泊中。例如，荷兰的 Breukelevee 湖，风浪引起的底泥再悬浮使得水下光照减少，沉水植物难以生长，而在围网建成后，风浪引起的干扰减小，水体透明度升高，植物的生长也随之得以改善[96]。

2.3.4　蓝藻水华

富营养化湖泊中，水体营养物大量富集，导致蓝藻水华频发。一方面，由于大量藻类的遮蔽作用降低了水下光照的可利用性，导致沉水植物的种群生长经常受到弱光胁迫，甚至影响水生态系统的结构和功能[51-53]；另一方面，藻类水华通过向周围水体释放大量藻毒素，影响沉水植物生长、繁殖以及机体抗氧化系统，从而抑制沉水植物的扩张。在与自然环境相似的浓度下，藻毒素 Microcystin-RR（MC-RR）、anatoxin-a 和 Microcystin-LR（MC-LR）都可被沉水植物吸收，引起植物的抗氧化反应，如提高超氧化物歧化酶、过氧化物酶和过氧化氢酶的活性，增加谷胱甘肽 S-转移酶、谷胱甘肽和丙二醛的含量。此外，这些毒素还可触发植物防御反应，诱导植物激素脱落酸含量增加，这些生理毒害作用直接影响沉水植物的生长，抑制其根茎的扩张[65-67,97]。此外，MC-LR 作为全球淡水生态系统中分布最广的一类毒素，还可影响沉水植物的种子萌发。研究表明：8μg/L 和 16μg/L 的 MC-LR 处理组中的沉水植物种子萌发速率只有对照组的 44%和 11%，并且即使是 1μg/L 的 MC-LR 处理，都可显著降低沉水植物的光合作用速率、叶绿素 a 含量和生长速率[98]。但不产微囊藻毒素的藻株对沉水植物生长和正常生理过程无胁迫作用[99]。

参 考 文 献

[1] 舒金华, 黄文钰, 吴延根. 中国湖泊营养类型的分类研究. 湖泊科学, 1996, 8(3): 193-200.

[2] 谭乐文, 吴思平. 草型浅水湖泊增放河蟹技术. 淡水渔业, 1994, 24(2): 33-34.

[3] 朱清顺, 徐德昆. 浅水草型湖泊除草技术的实验. 湖泊科学, 1994, 6(2): 171-176.

[4] 苏泽古, 张堂林, 蔡庆华, 等. 保安湖水生植被的演变与渔业利用的研究. 北京: 科学出版社, 1995: 147-159.

[5] 杨品红, 桑明强. 东湖生态渔业技术研究总结. 内陆水产, 1996, 21(9): 5-7.

[6] 尚士友, 杜健民, 李旭英, 等. 草型富营养化湖泊生态恢复工程技术的研究——内蒙古乌梁素海生态恢复工程试验研究. 生态学杂志, 2003, 22(6): 57-62.

[7] Scheffer M. Multiplicity of stable states in freshwater systems. Hydrobiologia, 1990, 200: 475-486.

[8] Scheffer M, Szabo S, Gragnani A, et al. Floating plant dominance as a stable state. Proceedings of the National Academy of Sciences of the United States of America, 2003, 100(7): 4040-4045.

[9] Bachmann R W, Horsburgh C A, Hoyer M V, et al. Relations between trophic state indicators and plant biomass in Florida lakes. Hydrobiologia, 2002, 470(1): 219-234.

[10] 王海军. 长江中下游中小型湖泊预测湖沼学研究. 武汉: 中国科学院水生生物研究所, 2007.

[11] 梁彦龄, 刘伙泉. 保安水生植被的演变与渔业利用的研究. 北京: 科学出版社, 1995: 147-159.

[12] 王英才. 湖泊生态系统稳态转换过程及阶段划分研究. 武汉: 中国科学院水生生物研究所, 2010.

[13] 杨清心. 东太湖水生植被的生态功能及调节机制. 湖泊科学, 1998, 10(1): 67-72.

[14] 李纯洁. 常见水生植物对城市河道水质净化影响试验研究. 水资源开发与管理, 2020, 18(9): 28-33.

[15] 朱元钦, 袁龙义. 水生植物在湖泊生态修复中的作用. 湖北农业科学, 2021, 60(5): 13-17.

[16] Van Geest G J, Coops H, Scheffer M, et al. Long transients near the ghost of a stable state in eutrophic shallow lakes with fluctuating water levels. Ecosystems, 2007, 10(1): 37-47.

[17] Zhang Y L, Liu X H, Qin B Q, et al. Aquatic vegetation in response to increased eutrophication and degraded light climate in Eastern Lake Taihu: Implications for lake ecological restoration. Scientific Reports, 2016, 6(1): 23867.

[18] 邓文文, 王荣, 刘正文, 等. 模型揭示的浅水湖泊稳态转换影响因素分析. 地球科学进展, 2021, 36(1): 83-94.

[19] Scheffer M, Jeppesen E. Alternative stable states//Jeppesen E, Søndergaard M, Søndergaard M, et al. Structuring Role of Subbmerged Macrophytes in Lakes. New York: Springer-Verlag, 1998.

[20] 秦伯强, 宋玉芝, 高光. 附着生物在浅水富营养化湖泊藻-草型生态系统转化过程中的作用. 中国科学C辑: 生命科学, 2006, 36(3): 283-288.

[21] 刘正文, 张修峰, 陈非洲, 等. 浅水湖泊底栖—敞水生境耦合对富营养化的响应与稳态转换机理: 对湖泊修复的启示. 湖泊科学, 2020, 32(1): 1-10.

[22] Diovisalvi N, Bohn V Y, Piccolo M C, et al. Shallow lakes from the Central Plains of Argentina: An overview and worldwide comparative analysis of their basic limnological features. Hydrobiologia, 2015, 752: 5-20.

[23] Le Bagousse-Pinguet Y, Liancourt P, Gross N, et al. Indirect facilitation promotes macrophyte survival

and growth in freshwater ecosystems threatened by eutrophication. Journal of Ecology, 2012, 100(2): 530-538.

[24] Jensen M, Liu Z W, Zhang X F, et al. The effect of biomanipulation on phosphorus exchange between sediment and water in shallow, tropical Huizhou West Lake, China. Limnologica, 2017, 63: 65-73.

[25] 董一凡, 郑文秀, 张晨雪, 等. 中国湖泊生态系统突变时空差异. 湖泊科学, 2021, 33(4): 992-1003.

[26] 史小丽, 秦伯强. 长江中下游地区湖泊的演化及生态特性. 宁波大学学报(理工版), 2007, 20(2): 221-226.

[27] 杨达源, 李徐生, 张振克. 长江中下游湖泊的成因与演化. 湖泊科学, 2000, 12(3): 226-232.

[28] Drinkwater K F, Harding G C, Mann K H, et al. Temperature as a possible factor in the increased abundance of American lobster, *Homarus americanus*, during the 1980s and early 1990s. Fisheries Oceanography, 1996, 5(3-4): 176-193.

[29] O'Reilly C M, Alin S R, Plisnier P D, et al. Climate change decreases aquatic ecosystem productivity of Lake Tanganyika, Africa. Nature, 2003, 424: 766-768.

[30] Li Z Q, He L, Zhang H, et al. Climate warming and heat waves affect reproductive strategies and interactions between submerged macrophytes. Global Change Biology, 2017, 23(1): 108-116.

[31] Hussner A, Lösch R. Alien aquatic plants in a thermally abnormal river and their assembly to neophyte-dominated macrophyte stands (River Erft, Northrhine-Westphalia). Limnologica, 2005, 35(1-2): 18-30.

[32] Scheffer M, Carpenter S R. Catastrophic regime shifts in ecosystems: Linking theory to observation. Trends in Ecology and Evolution, 2003, 18(12): 648-656.

[33] Yu J L, Liu Z W, Li K Y, et al. Restoration of shallow lakes in subtropical and tropical China: Response of nutrients and water clarity to biomanipulation by fish removal and submerged plant transplantation. Water, 2016, 8(10): 438.

[34] Roozen F C J M, Van Geest G J, Ibelings B W, et al. Lake age and water level affect the turbidity of floodplain lakes along the lower Rhine. Freshwater Biology, 2003, 48(3): 519-531.

[35] 吴功果, 倪乐意, 曹特, 等. 洱海水生植物与浮游植物的历史变化及影响因素. 水生生物学报, 2013, 37(5): 912-914+915-917+918.

[36] 刘向东, 侯志勇, 谢永宏, 等. 水位对洞庭湖湿地 4 种典型沉水植物的影响. 湖泊科学, 2021, 33(1): 181-191.

[37] 秦伯强. 湖泊生态恢复的基本原理与实现. 生态学报, 2007, 27(11): 4848-4858.

[38] 郝贝贝, 吴昊平, 刘文治, 等. 巢湖湖滨带植被特征及其退化原因分析研究. 环境科学与管理, 2013, 38(6): 59-65.

[39] Lammens E H R R, van Nes E H, Meijer M L, et al. Effects of commercial fishery on the bream population and the expansion of Chara aspera in Lake Veluwe. Ecological Modelling, 2004, 177(3-4): 233-244.

[40] Hansson L A, Annadotter H, Bergman E, et al. Biomanipulation as an application of food-chain theory: Constraints, synthesis, and recommendations for temperate lakes. Ecosystems, 1998, 1(6): 558-574.

[41] Noordhuis R, van Zuidam B G, Peeters E T H M, et al. Further improvements in water quality of the Dutch Borderlakes: Two types of clear states at different nutrient levels. Aquatic Ecology, 2016, 50(3): 521-539.

[42] Williams A E, Moss B, Eaton J. Fish induced macrophyte loss in shallow lakes: Top-down and bottom-up processes in mesocosm experiments. Freshwat. Biol., 2002, 47(11): 2216-2232.

[43] Xie P, Liu J. Practical success of biomanipulation using filter-feeding fish to control cyanobacteria blooms: A synthesis of decades of research and application in a subtropical hypereutrophic lake. The Scientific World Journal, 2001, 1: 337-356.

[44] 李宝林, 王玉亭, 张路增. 以浮游植物评价达赉湖水质污染及营养水平. 水生生物学报, 1993, 17(1): 27-34.

[45] 蒋礼. 养鱼池 "水呼吸" 耗氧速率的研究. 西南民族学院学报(自然科学版), 1997, 23(2): 40-43.

[46] Hargeby A, Blindow I, Hansson L A. Shifts between clear and turbid states in a shallow lake: Multi-causal stress from climate, nutrients and biotic interactions. Archiv Fur Hydrobiologie, 2004, 161(4): 433-454.

[47] van Nes E H, Scheffer M, van den Berg M S, et al. Dominance of charophytes in eutrophic shallow lakes-when should we expect it to be an alternative stable state? Aquatic Botany, 2002, 72(3-4): 275-296.

[48] 黄伟, 朱旭宇, 曾江宁, 等. 氮磷比对东海浮游植物群落生长影响的微宇宙实验. 环境科学, 2012, 33(6): 1832-1838.

[49] Rodionov S N. A brief overview of the regime shift detection methods. In Large-Scale Disturbances (Regime Shifts) and Recovery in Aquatic Ecosystems: Challenges for Management toward Sustainability. UNESCO-ROSTE/BAS Workshop on Regime Shifts, Varna, Bulgaria, 2005: 14-24.

[50] Sardans J, Rivas-Ubach A, Peñuelas J. The elemental stoichiometry of aquatic and terrestrial ecosystems and its relationships with organismic lifestyle and ecosystem structure and function: A review and perspectives. Biogeochemistry, 2012, 111(1): 1-39.

[51] Scheffer M, Carpenter S, Foley J A, et al. Catastrophic shifts in ecosystems. Nature, 2001, 413: 591-596.

[52] Sterner R W, Elser J J, Fee E J, et al. The light-nutrient ratio in lakes: The balance of energy and materials affects ecosystem structure and process. The American Naturalist, 1997, 150(6): 663-684.

[53] Zhang Y L, Qin B Q, Shi K, et al. Radiation dimming and decreasing water clarity fuel underwater darkening in lakes. Science Bulletin, 2020, 65(19): 1675-1684.

[54] Sand-Jensen K, Pedersen N L, Thorsgaard I, et al. 100 years of vegetation decline and recovery in Lake Fure, Denmark. Journal of Ecology, 2008, 96(2): 260-271.

[55] Li X, Cui B, Yang Q, et al. Detritus quality controls macrophyte decomposition under different nutrient concentrations in a eutrophic shallow lake, North China. PLoS One, 2012, 7(7): e42042.

[56] Scheffer M, Hosper S H, Meijer M L, et al. Alternative equilibria in shallow lakes. Trends in Ecology and Evolution, 1993, 8(8): 275-279.

[57] Madsen J D, Chambers P A, James W F, et al. The interaction between water movement, sediment dynamics and submersed macrophytes. Hydrobiologia, 2001, 444(1): 71-84.

[58] van Donk E, van de Bund W J. Impact of submerged macrophytes including charophytes on phyto- and zooplankton communities: Allelopathy versus other mechanisms. Aquat. Bot., 2002, 72(3-4): 261-274.

[59] Cao T, Xie P, Ni L Y, et al. The role of NH_4^+ toxicity in the decline of the submersed macrophyte Vallisneria natans in lakes of the Yangtze River Basin, China. Marine and Freshwater Research, 2007, 58(6): 581-587.

[60] Phillips G L, Eminson D, Moss B. A mechanism to account for macrophyte decline in progressively eutrophicated freshwaters. Aquat. Bot., 1978, 4: 103-126.

[61] Yu Q, Wang H Z, Li Y, et al. Effects of high nitrogen concentrations on the growth of submersed macrophytes at moderate phosphorus concentrations. Water Res., 2015, 83: 385-395.

[62] Doyle R D. Effects of waves on the early growth of Vallisneria americana. Freshwat. Biol., 2001, 46(3): 389-397.

[63] Harwell M C, Havens K E. Experimental studies on the recovery potential of submerged aquatic vegetation after flooding and desiccation in a large subtropical lake. Aquat. Bot., 2003, 77(2): 135-151.

[64] Kowalczewski A, Ozimek T. Further long-term changes in the submerged macrophyte vegetation of the eutrophic Lake Mikolajskie (North Poland). Aquat. Bot., 1993, 46(3-4): 341-345.

[65] Jiang J L, Gu X Y, Song R, et al. Microcystin-LR induced oxidative stress and ultrastructural alterations in mesophyll cells of submerged macrophyte Vallisneria natans (Lour.) Hara. J. Hazard. Mater., 2011, 190(1-3): 188-196.

[66] Li Q, Gu P, Zhang C, et al. Combined toxic effects of anatoxin-a and microcystin-LR on submerged macrophytes and biofilms. J. Hazard. Mater., 2020, 389: 122053.

[67] Yin L Y, Huang J Q, Li D H, et al. Microcystin-RR uptake and its effects on the growth of submerged macrophyte Vallisneria natans(Lour.)Hara. Environ. Toxicol., 2005, 20(3): 308-313.

[68] Scheffer M, van Nes E H. Shallow lakes theory revisited: Various alternative regimes driven by climate, nutrients, depth and lake size. Hydrobiologia, 2007, 584(1): 455-466.

[69] Jeppesen E, Søndergaard M, Søndergaard M, et al. The Structuring Role of Submerged Macrophytes in Lakes. New York: Springer-Verlag, 1998.

[70] Bronmark C, Vermaat J E. Complex Fish-snail-epiphyton Interactions and Their Effects on Submerged Freshwater Macrophytes//Jeppesen E, Sondergaard M, Sondergaard M, et al. Structuring Role of Submerged Macrophytes in Lakes. New York: Springer-Verlag, 1998: 47-68.

[71] Squires M M, Lesack L F W, Huebert D. The influence of water transparency on the distribution and abundance of macrophytes among lakes of the Mackenzie Delta, Western Canadian Arctic. Freshwat. Biol., 2002, 47(11): 2123-2135.

[72] Middelboe A L, Markager S. Depth limits and minimum light requirements of freshwater macrophytes. Freshwat. Biol., 1997, 37(3): 553-568.

[73] Huber H, Chen X, Hendriks M, et al. Plasticity as a plastic response: How submergence-induced leaf elongation in Rumex palustris depends on light and nutrient availability in its early life stage. New Phytol., 2012, 194(2): 572-582.

[74] Goldsborough W J, Kemp W M. Light responses of a submersed macrophyte: implications for survival in turbid tidal waters. Ecology, 1988, 69(6): 1775-1786.

[75] Chambers P A, Kaiff J. Depth distribution and biomass of submersed aquatic macrophyte communities in relation to secchi depth. Can. J. Fish. Aquat. Sci., 1985, 42(4): 701-709.

[76] Su H J, Chen J, Wu Y, et al. Morphological traits of submerged macrophytes reveal specific positive feedbacks to water clarity in freshwater ecosystems. Sci. Total. Environ., 2019, 684: 578-586.

[77] Su H J, Wu Y, Xia W L, et al. Stoichiometric mechanisms of regime shifts in freshwater ecosystem. Water Res., 2019, 149: 302-310.

[78] 刘建康. 东湖生态学研究(二). 北京: 科学出版社, 1995: 167-200.

[79] 吴振斌. 水生植物与水体生态修复. 北京: 科学出版社, 2011.

[80] 钟爱文, 宋鑫, 张静, 等. 2014 年武汉东湖水生植物多样性及其分布特征. 环境科学研究, 2017, 30(3): 398-405.

[81] 符辉, 袁桂香, 曹特, 等. 洱海近 50a 来沉水植被演替及其主要驱动要素. 湖泊科学, 2013, 25(6): 854-861.

[82] Cao T, Xie P, Li Z Q, et al. Physiological stress of high NH_4^+ concentration in water column on the submersed macrophyte *Vallisneria natans* L. Bull. Environ. Contam. Toxicol., 2009, 82: 296-299.

[83] Cao T, Ni L Y, Xie P, et al. Effects of moderate ammonium enrichment on three submersed macrophytes under contrasting light availability. Freshwat. Biol., 2011, 56(8): 1620-1629.

[84] Nimptsch J, Pflugmacher S. Ammonia triggers the promotion of oxidative stress in the aquatic macrophyte Myriophyllum mattogrossense. Chemosphere, 2007, 66(4): 708-714.

[85] Smolders A J P, den Hartog C, van Gestel C B L, et al. The effects of ammonium on growth, accumulation of free amino acids and nutritional status of young phosphorus deficient Stratiotes aloides plants. Aquat. Bot., 1996, 53(1-2): 85-96.

[86] Rao Q Y, Deng X W, Su H J, et al. Effects of high ammonium enrichment in water column on the clonal growth of submerged macrophyte Vallisneria natans. Environmental Science and Pollution Research, 2018, 25(32): 32735-32746.

[87] Chambers P A. Light and nutrients in the control of aquatic plant community structure. II. in situ observations. J. Ecol., 1987, 75(3): 621-628.

[88] Chen J F, Hu X, Cao T, et al. Root-foraging behavior ensures the integrated growth of Vallisneria natans in heterogeneous sediments. Environmental Science and Pollution Research, 2017, 24(9): 8108-8119.

[89] Xie Y H, An S Q, Wu B F. Resource allocation in the submerged plant Vallisneria natans related to sediment type, rather than water-column nutrients. Freshwat. Biol., 2005, 50(3): 391-402.

[90] Irfanullah H M, Moss B. Factors influencing the return of submerged plants to a clear-water, shallow temperate lake. Aquat. Bot., 2004, 80(3): 177-191.

[91] Holmer M, Frederiksen M S, Møllegaard H. Sulfur accumulation in eelgrass (*Zostera marina*) and effect of sulfur on eelgrass growth. Aquat. Bot., 2005, 81(4): 367-379.

[92] Moore D R J, Keddy P A. Effects of a water-depth gradient on the germination of lakeshore plants. Canadian Journal of Botany, 1988, 66(3): 548-552.

[93] Nishihiro J, Miyawaki S, Fujiwara N, et al. Regeneration failure of lakeshore plants under an artificially altered water regime. Ecol. Res., 2004, 19(6): 613-623.

[94] Wilcox D A, Meeker J E, Hudson P L, et al. Hydrologic variability and the application of index of biotic integrity metrics to wetlands: A Great Lakes evaluation. Wetlands, 2002, 22(3): 588-615.

[95] Korschgen C E, Green W L, Kenow K P. Effects of irradiance on growth and winter bud production by Vallisneria americana and consequences to its abundance and distribution. Aquat. Bot., 1997, 58(1): 1-9.

[96] Scheffer M. Ecology of Shallow Lakes. London: Chapman and Hall, 1997.

[97] Ha M H, Pflugmacher S. Time-dependent alterations in growth, photosynthetic pigments and enzymatic defense systems of submerged Ceratophyllum demersum during exposure to the cyanobacterial neurotoxin anatoxin-a. Aquat. Toxicol., 2013, 138-139: 26-34.

[98] Rojo C, Segura M, Cortés F, et al. Allelopathic effects of microcystin-LR on the germination, growth and metabolism of five charophyte species and a submerged angiosperm. Aquat. Toxicol., 2013, 144-145: 1-10.

[99] Amorim C A, Ulisses C, Moura A N. Biometric and physiological responses of Egeria densa Planch. cultivated with toxic and non-toxic strains of Microcystis. Aquat. Toxicol., 2017, 191: 201-208.

第3章　城市湖泊草型生态系统的重构

3.1　草型生态系统重构的目标与原则

3.1.1　草型生态系统重构的目标

大型水生维管束植物不仅能够固着和稳定沉积物、降低水体中悬浮颗粒物浓度、促进水体营养盐沉降和减少沉积物营养盐释放，而且具有滞留和削减污染物、释放氧气、抑制浮游植物生长、为浮游动物及各种鱼类提供栖息场所等多种生态功能，在维系湖泊健康的生态系统的结构和功能中占据重要的地位[1]。因此，草型生态系统重构在浅水富营养化湖泊治理中的重要性越来越受到国内外的重视。

国际恢复生态学会认为成功恢复的生态系统至少有 9 个方面的特征[2]：①有受损前或参照系统的物种，并形成了相应的群落结构；②最大程度地恢复了土著种类；③出现了维持生态稳定所必需的功能群；④物理环境可以保障维持系统稳定或沿着既定恢复轨迹发展的关键物种的繁殖；⑤发育的各阶段功能正常；⑥系统适宜地整合到区域环境之中，与周围环境存在生物和非生物的作用与交流；⑦区域环境中对系统健康和完整性构成威胁的因素已根除或其降低到了最低；⑧对区域环境中存在的周期性胁迫有足够的恢复力；⑨系统能像受损前或参照系统一样自我维持，能在目前环境条件下持续下去，当然系统的多样性、结构和功能可能因环境胁迫而有所波动。

因此，城市湖泊草型生态系统重构的核心目标是恢复湖泊草型生态系统的结构和功能。通过历史资料收集和类比调查，以人类活动干扰较少时期或类似湖泊的水环境及生态系统特征为参考，确定目标湖泊水质和水生生物群落结构的恢复目标。

在草型生态系统重构的过程中，需重视土著生物的应用，以恢复原有的水生植物群落结构为主，构建具有较强的自我维持及稳定的生态系统，所恢复的草型生态系统能够适应目标水域的水文、水质条件；同时，还需关注目标水域水质的达标情况及生物多样性的保护，这不仅是当前实施水环境综合整治的一个重要考核指标，而且水生植物的数量和覆盖度等指标也是生态修复工程成功实施的直观反映。

3.1.2　草型生态系统重构的原则

1. 生态功能与湖泊功能紧密结合

在保证城市湖泊基本功能的前提下，综合考虑湖泊水生态、水环境、水资源、景观等方面的需求，合理确定重构方案，使湖泊资源的可持续利用与生态系统健康紧密结合。城市湖泊是城市建成区范围内的湖泊，大都具有深厚的文化底蕴，融合了当地的自然和人文景观，对城市文化风貌、城市景观格局、生态环境以及城市空间结构的塑造有极大影响，因此人们常把城市湖泊比喻成城市的明珠或眼睛。

城市湖泊的基本功能首先是给城市带来良好的生态效应。作为城市生态系统中一种重要的自然地理要素，城市湖泊在净化环境、美化风景、维持城市生态平衡等方面具有重要作用，主要体现在：①调节小气候，减弱城市热岛效应。湖泊水体以及周边大面积的绿地、生态景观，有助于调节周边区域的小气候，营造城市环境的舒适性，减弱城市热岛效应。②提高空气质量，减少噪声污染。城市湖泊岸堤周围的生态绿地有助于减缓工业生产带来的环境压力，改善环境。③有利于城市的防洪排涝、蓄水防旱。城市湖泊是城市自然水系的一部分，也是城市水利枢纽的一部分，具有调节城市径流、防洪排涝及蓄水防旱功能。

其次，城市湖泊对增强城市的人文景观作用显著。城市湖泊是城市山水格局的重要组成部分[3]，如西湖在周围群山的映衬下造就了杭州"水光潋滟，山色空蒙"的城市风貌。由于城市湖泊在城市中通常具有较大的水域空间，大面积的水面为城市提供了一个空间平台和视线焦点，从而形成城市中以水域为中心的放射型城市公共开放空间。其所具有的自然山水景观情趣、历史文化内涵，加之丰富多样的空间形态，使得城市湖泊往往成为其所在城市的地物标志和景观核心。

2. 系统性与经济性

对城市湖泊进行草型生态系统重构，需根据湖泊的地貌、湖盆形态、水系、水文、周边区域经济发展等特点，以自然修复为主、人工修复为辅，注重实用性与经济性相结合的原则。

系统性原则指依靠大自然的自我修复能力，并辅以适当的人工强化措施，恢复水生态系统。在实现这一目标的过程中，不仅要综合考虑城市湖泊的基本功能，而且要根据城市湖泊的地形地貌、湖盆形态、水文水动力条件、周边土地利用性质和经济发展特点等，制定一套完善的标准，基于湖泊本身的自然特征和功能需求进行系统的治理。

经济性原则是指在草型生态系统的重构过程之中，要尽量与经济、社会发展同步，因地制宜、节能高效，同时，还应有一定的物力、人力和财力的保证。合理统筹前期建设与后期管护，尽可能降低前期建设成本和后期的养护费用，以实现所重构草型生态系统的可持续性发展。

3. 科学性与适应性

城市湖泊在进行草型生态系统重构时，涉及整个水生态系统[1]。因此，除需要了解湖泊自身的形态、理化环境和水文水动力条件等基本属性外，还需对水生态系统的结构功能、群落演替规律、生态系统稳定性、生态可塑性及生态系统的稳态转化等生态属性有所了解。在此基础上，综合考虑湖泊水深、水位变幅、透明度、水体流动性、风浪、沉积物、岸带形态、生态系统结构等诸多因素，以保障修复方案的科学合理性、技术措施的有效性，并能适应不同城市湖泊的环境特征。

同时，还应坚持因地制宜、分类施策，视其退化、破坏情况，分别采取保护、自然恢复、辅助修复和生态重塑的办法，即对现状良好的草型生态系统，可采取避免人为扰动、消除生态胁迫等措施进行保护；对退化或损害较轻的草型生态系统，充分发挥生态系统自然恢复力进行自我修复；对退化或损害较严重的草型生态系统，在依靠自身恢复的同时，辅助以必要的人工措施，予以修复；对损害和破坏严重、已丧失自我恢复能力的草型生态系统，则进行系统的重构。

4. 生态安全

在进行草型生态系统的重构时，应采用环境友好型材料和环保工艺，减少对湖泊环境和生态系统的破坏。在方案制定和施工过程中，应将自然原则放在首位，充分保护、营造适宜的生境条件，如保留不规则岸线、营造生态护坡、湖底深浅交错、创造合适的水文条件与换水周期等。同时，在进行水生生物种的筛选时，应优先选择本地的土著物种，避免引入外来物种，以保障草型生态系统的快速重建与稳定。此外，在施工过程中尽量减少对周边环境的影响，如采用生态工法进行清淤、条带状清淤，减少对原有水生生物种质库的破坏和悬浮物的产生量，合理处理施工所产生的废水和垃圾等废弃物。

5. 人工修复与自然修复相结合

在草型湖泊生态系统重构过程中，应坚持保护优先、自然恢复为主、人工修复为辅的基本原则，根据目标湖泊所存在的生态环境问题，通过采用必要的工程措施，营造适宜的水生生物生长繁育生境条件，从而引导生态系统进行自然恢复，构建稳定的草型生态系统。

3.2　生境改善技术

3.2.1　水下光照条件改善与透明度提升

1. 湖泊沉水植物恢复目标区域的选择

绝大多数植物的生存、繁殖都依赖其光合作用产生的碳水化合物，沉水植物由于全部植株都生活在水下，可接受的光照强度受水体透明度、藻类、悬浮颗粒物及溶解性有机物质等的影响。因此，良好的水下光照条件不仅是沉水植物赖以生存的前提，也是沉水植被恢复的首要条件。通过对目标湖泊水下光照条件、水深、透明度等关键参数的调查，建立水深、透明度等关键因素与沉水植被生存的半定量关系，构建浅水湖泊沉水植物恢复目标区域确定的方法，以解决湖泊生态修复过程中不能科学、合理地确定在哪恢复沉水植物、采用什么样的工艺恢复沉水植物等技术难题，以提高沉水植被恢复过程中沉水植物的成活率。

1）目标湖泊基本状况评估

调查目标湖泊中沉水植物的主要分布区域、种类、生物量等；了解目标湖泊及流域中常见的沉水植物土著种，为沉水植被恢复中物种的筛选提供参考；了解目标湖泊中沉水植物季节演替、水位变动幅度及调控机制；掌握目标湖泊流域污染源及入湖河流的基本情况；评估目标湖泊中生态系统的退化状况。

2）目标湖泊水下光环境条件的调查与监测

根据目标湖泊的形态、环境状况，确定监测点位、监测指标、监测频率等。一般监测点位应覆盖目标湖泊的主要水面及湖湾，监测指标主要包括采样点的水深、透明度、不同深度的光照强度等参数，监测频率原则上应覆盖全年四个季节。

3）测定各采样点沉水植物种群的光补偿深度

（1）实测各点位不同水深处的光照强度。根据湖泊的水深及拟恢复区域的实际需求，通常按 0.1m 的递减梯度设置监测层位，测定不同水深处的光合有效辐射（PAR）强度。需测定 3 个以上深度的光合有效辐射强度（至少包括水体表面、水体中部及底部），以满足光衰减系数的拟合需求。

（2）以实测数据为基础，建立每个点位不同水深处的光合有效辐射与水深的关系模型，求出每个点位的光合有效辐射的衰减系数 K_d。

所使用的模型通式为

$$I_h = I_0 e^{-K_d h}$$

$$K_d = -\frac{1}{h}\ln\frac{I_h}{I_0}$$

式中，I_h 为水深为 h 时的光照强度，lx；I_0 为水面下 0m 处光合有效辐射，μmol/（m²·s）；h 为测量点距水面的深度，m；K_d 为水体光合有效辐射的衰减系数。

（3）将水体光合有效辐射的衰减系数（K_d）代入下式，得到该点位沉水植物种群光补偿深度 H_C。

$$H_C = \frac{\ln I_0 - \ln I_H}{K}$$

式中，H_C 为沉水植物种群光补偿深度，cm；I_H 为沉水植物光补偿深度 H 对应的光照强度，lx。

（4）为了便于计算某一时期内的平均值，可对各采样点的透明度（SD）与沉水植物种群光补偿深度（H_C）进行曲线拟合，然后根据实测透明度的数值求出沉水植物种群光补偿深度。拟合模型的通式为

$$H_C = A \times SD + B$$

式中，SD 为透明度，cm；H_C 为沉水植物种群光补偿深度，cm；A 和 B 为常数。

4）评估体系构建

（1）评价指标的确定。主要考虑沉水植物种群的水下光补偿深度，将沉水植物光补偿深度与水体深度的比值定义为 Q_i。

$$Q_i = H_C / H$$

式中，Q_i 为沉水植物恢复适宜度指数；H_C 为沉水植物种群光补偿深度，cm；H 为测定点水深，m。

（2）评估标准的确定。参照国内外已有的标准及文献，所选定的评估标准见表 3-1。

表 3-1　沉水植物恢复的评估标准

指标	优	中	差
Q_i	≥1	0.75～1	≤0.75

5）恢复区分类

分区评估目标湖泊沉水植被恢复的适宜程度，制作沉水植被恢复适宜区专题图，确定恢复区域。

（1）利用地理信息系统的空间插值分析，对沉水植物恢复适宜度指数进行空间插值，使其覆盖到水域中未测定区域，并以表 3-1 中的评估标准为依据，对指标的值进行再分类，制作矢量的专题图。

（2）沉水植物种群恢复区域的确定。利用 ArcGIS 的空间分析模块，将各专题图进行叠加，得到 3 种类型分区。以表 3-1 中的评估标准为依据，将 $Q_i \geq 1$ 的区域定义为沉水植物恢复的"适宜区"，可优选恢复；$0.75 < Q_i < 1$ 的区域定义为沉水植物恢复的"过渡区"，只有通过适当的工程措施（如生态围隔、鱼类调控、透明度提升等技术）才能恢复沉水植物；$Q_i \leq 0.75$ 的区域定义为"暂不适宜区"。

2. 蚌类立体模块化投放提升水体的透明度

作为水生态系统的一个重要组成部分，水体中滤食性水生动物的种类多、分布广、食性杂。它们通过对水环境中营养物质的摄取，可有效降低水体中营养物质的含量，去除悬浮藻类和有机颗粒物，显著提升水体的透明度[4]，对维持水生态系统平衡具有重要的作用。

蚌类是典型的滤食性水生动物，通过进食过滤水中的藻类、浮游生物和颗粒有机物。目前利用蚌类等滤食性水生生物来净化水质、改善水体透明度的方法已经得到广泛的验证和认可。但传统的采用挂网方式利用蚌类的模式，不仅使蚌等脱离了在底泥中生存的环境，还限制了其活动空间，使得系统中蚌类的死亡率较高。且蚌类死亡后，由于不能及时取出，尸体腐烂易造成二次污染，大大降低了水质改善的效果。因此，采用模块化立体移动式的蚌类投放方式，可有效改善蚌的生存环境，提高其存活率，且方便定期检查蚌类存活和生长情况。

蚌类立体模块化投放装置由框架、箱笼、浮球、滑轨和柔性绳等几部分组成，其结构如图 3-1 所示。其中框架由横向支撑、竖向支撑的硬质材料制作而成，形成若干层上、下相连的箱笼框架结构；在每层的箱笼框架结构中，于其中左、右两侧的横向支撑上安装滑轨，用于在箱笼框架结构内装入箱笼；箱笼的形状为长方体或者立方体，箱笼四周的四个侧面和顶面均为透水性网格面制作而成，箱笼底面为硬质板材，在箱笼的左、右两侧面上安装与箱笼框架结构中的滑轨相配套的滑条或滑轮；在框架的最上层横向支撑的端部安装浮球，装有箱笼的框架放置于水域中，采用柔性绳固定。每个框架中可安装 2～4 层箱笼框架结构，组装成一个立体式蚌类水质净化装置单体。每层箱笼框架结构之间留有 10～20cm 的空隙，框架最上层横向支撑的两端均向外伸长，端部安装浮球。箱笼的单边尺寸在 0.5～1.2m。箱笼为蚌笼，若干蚌笼组成箱笼组合模块；在蚌笼内部投放一定密度的蚌类，投放品种主要为三角帆蚌等易存活、易获取品种。箱笼的顶面为可活动开启结构，由挂钩作为开启箱笼顶部活动面的开关。采用柔性绳连接框架，柔性绳的两端固定于岸边或湖中固定装置。框架单体独立使用，或者若干个框架单体装置组合使用。

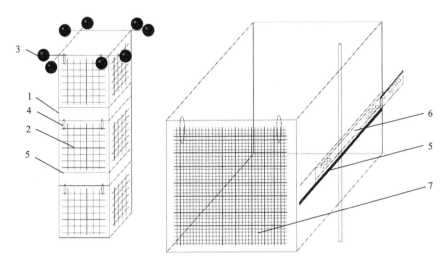

图 3-1　蚌类立体模块化投放装置示意图

1-框架；2-箱笼；3-浮球；4-挂钩；5-横向支撑；6-滑轨；7-箱笼网格

3. 沉水植物恢复的水下光补偿

影响水体透明度的因素较多，包括水体中的悬浮颗粒物、浮游藻类、溶解性有机物质等，而沉水植被的恢复对水体的透明度有着较高的要求。在工程实践中，有时提升水体透明度的技术难度较高，无法满足沉水植被恢复的需求。此时，如果能通过一定的技术手段将水面太阳光照导入水下，增加湖底沉水植物可获得的光照强度，则可以有效地提高沉水植物的存活率，尤其是冬春季水草萌发期和沉水植物恢复初期的存活率，从而促进了沉水植物恢复和水环境的改善。

通过光纤导光管将水面太阳光导入水下的光补偿系统（图 3-2），包括浮体、支架、阳光跟踪采集器、固定缆绳、导光光纤、水下防水光纤灯、水下防水光纤灯架、升降螺杆。浮体底部设置多组固定缆绳，浮体通过固定缆绳固定在水体表面；浮体上设置有阳光跟踪采集器，阳光跟踪采集器通过支架与浮体固定连接，阳光跟踪采集器通过聚光透镜采集自然光；阳光跟踪采集器的一侧设有升降螺杆，升降螺杆穿过浮体垂直伸入浮体下部的水体内，升降螺杆底部固定连接有水下防水光纤灯架，水下防水光纤灯架上安装有若干水下防水光纤灯，水下防水光纤灯位于沉水植物的上方，升降螺杆沿浮体垂直上下移动，同时带动水下防水光纤灯上下移动，对沉水植物释放光照；阳光跟踪采集器的信号输出端与导光光纤的一端连接；导光光纤沿升降螺杆的方向设置并伸入水体内，另一端与水下防水光纤灯连接，用于将阳光跟踪采集器采集到的自然光传导至水下防水光纤灯。水下防水光纤灯距离沉水植物的高度为 10~50cm。固定缆绳沿浮体底部四周均匀布置4～6根，固定缆绳的底部设有锚桩或固定配重块，锚桩或固定配重块固定在沉积物上，以固定浮体。

水下光补偿系统的使用方法如下：①在水体透明度低或水深较深的湖区，通过沉水植物抛撒或者种子播撒的方式，对沉水植物进行定植；②水生植物定植或者萌发之后，对水下光照强度进行连续监测；③当沉水植物水草叶片深度的水下光照强度不足水面光照强度 5%时，将浮体移动至沉水植物上方，并通过固定缆绳固定，调节阳光跟踪采集器角度，使聚光透镜与光照垂直，最大程度采集阳光；④通过升降螺杆上下调节水下防水光纤灯位置，并打开水下防水光纤灯，对沉水植物释放光照。

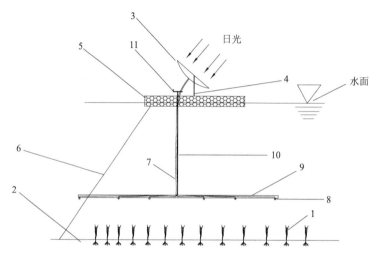

图 3-2   沉水植物恢复的水下日光补偿装置示意图

1-沉水植物；2-沉积物；3-阳光跟踪采集器；4-支架；5-浮体；6-固定缆绳；7-导光光纤；8-水下防水光纤灯；
9-水下防水光纤灯架；10-升降螺杆；11-升降螺杆转盘

4. 利用底基生态纤维草对沉积物再悬浮的控制

在湖泊外源污染得到有效控制的前提下，沉积物内源污染释放是湖泊富营养化的重要成因之一。浅水湖泊中风浪的扰动，不仅导致沉积物再悬浮，使得水体浑浊、透明度下降，影响沉水植物存活，而且水底涌浪对沉水植物根系的破坏作用也较大，降低了沉水植物的成活率。因此，在沉水植被的恢复过程中采取适宜的技术手段稳定水下流场、防止底泥再悬浮，对沉水植被恢复具有极其重要的意义。

底基生态纤维草系统由沉积物覆盖基网、沉水植物繁殖体和底基生态纤维草三个部分组成。其中沉积物覆盖基网由网框、双层网和沉水植物繁殖体网兜构成。网框为框体，双层网分别固定覆盖在网框的上、下两侧，与网框围合成闭合的结构；沉水植物繁殖体网兜固定在网框内、双层网之间；沉水植物繁殖体与沉水植物繁殖体网兜数量相等，并一一对应。沉水植物繁殖体被固定在相应的沉水植物繁殖体网兜中繁殖生长，为水草断肢、种子或者幼苗；底基生态纤维草由人工水草和顶部浮体构成，人工水草的底端固定在双层网的上层，顶部浮体连接在人工水草的上端，系统置于水中时，人工水草可竖立于水中（图3-3）。

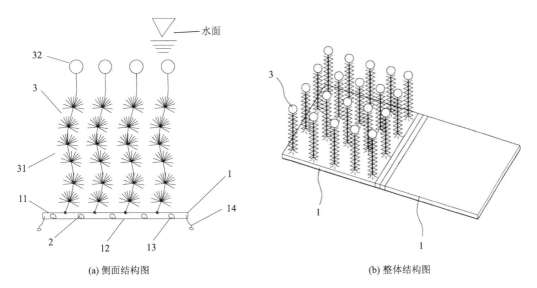

(a) 侧面结构图　　　　　　　　　　　　(b) 整体结构图

图 3-3　底基生态纤维草再悬浮控制技术示意图

1-沉积物覆盖基网；2-沉水植物繁殖体；3-底基生态纤维草；11-网框；12-双层网；13-沉水植物繁殖体网兜；
14-配重；31-人工水草；32-顶部浮体

底基生态纤维草系统模拟沉水植物对水动力扰动的消减原理，可有效控制湖底沉积物的再悬浮。首先，底基生态纤维草可稳定水流，降低风浪对沉积物的扰动；其次，沉积物覆盖基网可固定沉积物营养盐，抑制沉积物营养盐的释放；同时，生态纤维草上生长的大量附着生物，可吸附水体中的悬浮颗粒物、净化水质，为浮游动植物提供良好的庇护场所；此外，沉积物覆盖基网内预置的沉水植物繁殖体可以在适宜的条件下萌发生长。通过上述四个方面的协同作用，可以在不隔断修复湖区与外界联系的情况下，有效降低浅水湖泊沉积物的再悬浮、削减水体悬浮物和氮磷浓度、改善水下光照条件、控制水体浮游藻类、提升水体透明度，为沉水植被的恢复提供充足的水下光照和良好的生境条件。

5. 城市湖泊直立护岸生态化改造

由于城市湖泊岸边多为直立式护岸，一般为干砌石和浆砌石重力式挡墙、混凝土挡墙。这种护岸工程生态效应差，透水性和自净能力低，不利于湖泊岸带的生态净化。同时，由于受湖泊水质较差和水位变幅较大影响，也不利于沿岸沉水植物直接恢复。城市湖泊直立护岸深度可调式沉水植物浮床装置，可以将沉水植物种植在可调节深度的沉水浮床内，根据水位和水质变化调节浮床深度来满足沉水植物生长所需的光照条件，实现城市湖泊直立护岸的沉水植物恢复和水质净化。

城市湖泊直立护岸深度可调式沉水植物浮床装置，由 1 套沉水植物浮床和 1 套（2个）浮床支架组成。①沉水植物浮床由金属框架、钢丝网、填料、升降螺母、沉水植物组成。金属框架是用钢筋焊制而成的长方体框架，钢筋组成长方体的 12 条边；金属框架的前后左右及下方用钢丝网包裹，并固定在金属框架上，钢丝网孔径为 5～10mm，用于固定填料；钢丝网内填充固体填料，填料一般选取煤渣、陶粒、火山石、碎石之中的一种或几种的混合物，填料粒径应大于上述钢丝网粒径的 50%；沉水植物选择狐尾藻、苦草、黑藻、微齿眼子菜等生物量大、净化能力强、易于成活、生命周期长的土著物种；升降螺母通过焊接固定在金属框架同一侧，上下各 2 个，螺母水平间距为浮床长度的 50%，螺母与浮床支架上的手动升降螺杆配合使用，控制浮床升降。②浮床支架由固定锚桩、固定支架、手动升降螺杆和升降螺杆手柄组成。固定锚桩共有 4 根，分别为上固定锚桩 2 根和下固定锚桩 2 根，固定锚桩的一端通过水泥固定于直立式护岸内，另一端通过螺纹的螺栓和固定螺母配套使用，或者通过焊接的方式与固定支架连接，用于固定支架，单根锚桩的长度为 50～80cm；固定支架为长方形金属制品，由左右固定边和上下固定边组成，其左右固定边在与固定锚桩对应的位置开孔，通过固定锚桩垂直竖立在直立护岸的岸边，固定支架左右边距应为 40～60cm，上固定支架中心穿孔，用于放置升降螺杆；手动升降螺杆自上而下垂直穿过上固定支架、沉水植物浮床金属框架上的上下两个升降螺母，并抵在下固定支架上；手动升降螺杆顶端固定一个手柄，通过水平转动手柄带动升降螺杆，传动至升降螺母，调节浮床深度。每一个沉水植物浮床配 2 个浮床支架（图 3-4）。

使用沉水浮床时，根据水体透明度调节浮床深度以达到沉水植物最佳的光照条件。在浮床上的沉水植物种植初期，浮床深度调节至水体透明度的 1～2 倍，保证沉水植物成活；当沉水植物成活后，浮床深度调节至水体透明度的 1.5～2.5 倍，保证沉水植物正常生长的同时，发挥沉水植物叶片和根系等最佳的水质净化作用。

城市湖泊直立护岸深度可调式沉水植物浮床装置通过固定锚桩对沉水植物浮床进行固定，可以在一定程度上抵抗湖水动力的影响，扩大了浮床的适用范围；通过控制浮床深度，调节沉水植物的生长，使沉水植物一直处于光补偿点以上，保证其正常生长；沉水植物在可调深度的浮床上生长，可以发挥沉水植物对水质的净化效果；浮床内填充填料，可以发挥填料对污染物的吸附与去除效果，增强水质自净能力；浮床沉水植物还可以作为工程湖区沉水植物的种源库，当湖泊水质条件满足沉水植物生长后，浮床上的沉水植物可以自行在附近沉积物上繁殖。

3.2.2　沉积物的固化改良

1. 局部高磷污染底泥的固化

湖泊内源磷释放的控制对缓解湖泊富营养化十分重要，底泥钝化原位修复技术是一种新型的湖泊底泥内源污染原位控制技术，通过在沉积物表面添加钝化剂材料，从物理上给沉积物和水体之间添加了覆盖层以减少沉积物中磷的释放，也可根据材料本身的吸附性和化学特性降低上覆水和沉积物中的磷含量[5-6]。凹凸棒土（简称"凹土"）作为天然环保材料，具有较高的吸附性能，镧铝共改性热处理凹土（LA@TCAP）还能够增加沉积物固化和吸附能力，在湖泊沉积物内源释放控制中有着广泛的应用前景。

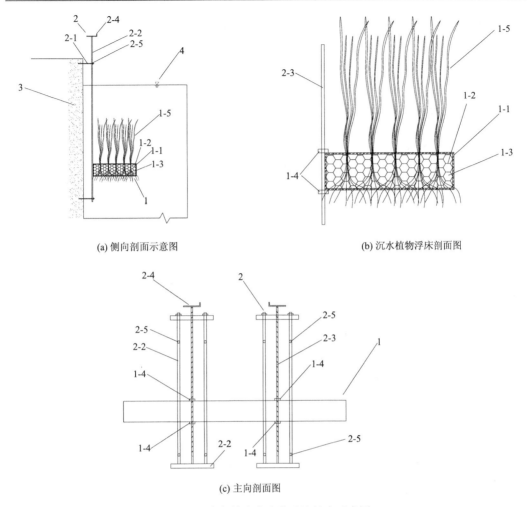

(a) 侧向剖面示意图　　　　　　　　　(b) 沉水植物浮床剖面图

(c) 主向剖面图

图 3-4　直立护岸生态化改造技术示意图

1-沉水植物浮床，1-1-浮床金属框架、1-2-钢丝网、1-3-填料、1-4-升降螺母、1-5-沉水植物；2-浮床支架、2-1-固定锚桩、2-2-固定支架、2-3-手动升降螺杆、2-4-升降螺杆手柄、2-5-支架固定螺母；3-直立式护岸；4-河湖水面

1）镧铝共改性热处理凹土沉积物固化材料特性

在 25mL 不同浓度的 $AlCl_3 \cdot 6H_2O$ 和 $LaCl_3$ 中加入一定量的颗粒状热处理凹土。在 160r/min 下振荡 4h，静置 16h，用去离子水洗涤直到检测不到 Cl^-。最后，将制备好的吸附剂恒重干燥后保存使用。

（1）SEM-EDS 分析。扫描电镜与 X 射线能量色散谱仪结合，可同时对样品的表面微区形貌、组织结构和化学元素进行同步分析研究。样品的处理方法及测试条件：添加少量样品至无水乙醇中，利用超声仪分散样品，利用滴管取少量样品，滴于硅片上，于常温下风干，再将样品置于真空环境中喷上 Pt 进行镀膜导电处理后，在扫描电子显微镜和 X 射线能量色散谱仪上进行测试。

（2）X 射线衍射分析。X 射线衍射（XRD）物相分析基于 X 射线通过纳米多晶样品产生的不同衍射角的位置和衍射线的强度，通过测定以分析样品中各组分的结晶情况、晶体所属的晶相、晶体的结构以及各元素在该晶体中的价态和成键状态等，根据峰位对物质进行定性分析，判断样品纯度和成分。样品的处理方法及测试条件：将待测样品研磨过筛至无明显颗粒的面粉状，取 1g 样品进行压片，在 X 射线衍射仪上进行测试分析。

（3）吸附等温线和动力学特性。①吸附动力学实验：以镧铝共改性热处理凹土为吸附剂，以葡萄糖-6-磷酸（以下简称"G6P"）为吸附质，进行吸附动力学实验，溶液中磷的初始浓度为 200μmol/L，准确称取（40.00±0.02）mg 镧铝共改性热处理凹土于 50mL 离心管中，各加入 20mL 磷溶液，调节 pH 至 7。将离心管放入恒温振荡培养箱中，恒温 25℃转速 200r/min，分别振荡 1～120min 取出离心管，用冷冻离心机 4000r/min 离心 10min，上清液经由 0.45μm 滤膜过滤后用钼蓝比色法测定磷浓度。每组做两组平行试验，最终结果为两组试验平均值。②吸附等温线：以镧铝共改性热处理凹土为吸附剂，以 G6P 为吸附质，进行吸附动力学实验，配制系列浓度的 G6P 溶液，使得溶液中磷的浓度梯度为 2～200μg/L，准确称取（40.00±0.02）mg 镧铝共改性热处理凹土于 50mL 离心管中，各加入 20mL 磷溶液摇匀，调节 pH 至 7。将离心管放入恒温振荡培养箱中，恒温 25℃转速 200r/min，振荡 24h 后取出离心管，用冷冻离心机 4000r/min 离心 10min，上清液经由 0.45μm 滤膜过滤后用钼蓝比色法测定磷浓度。

2）改性材料的吸附特性

（1）材料的表征。根据 XRD 的结果（图 3-5），该材料主要由白云石、方解石和石英组成，其中白云石与石英占主要成分。整个材料呈颗粒状，分布无特定规律，吸附 G6P 前材料表面孔隙较大，表面粗糙较不均匀，吸附后材料表面相对平滑，结构紧凑，从 EDS 可以看出（图 3-6），吸附 G6P 后材料的磷含量显著上升，因此可以证明 G6P 被固定在此材料上，且材料中存在 Mg、Al、K、Fe、La 等元素，因为这些元素的不稳定性使得材料具有良好的交换吸附性能。

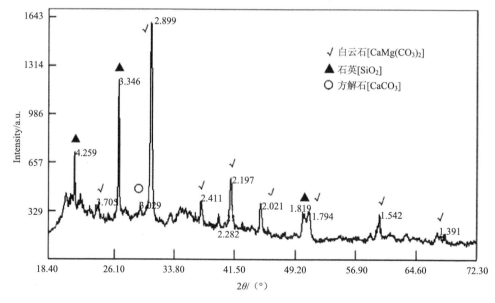

图 3-5　XRD 图谱

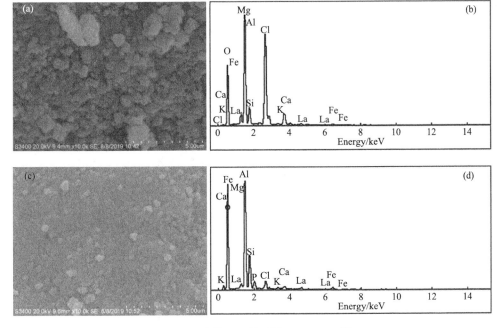

图 3-6　吸附 G6P 前后的 SEM-EDS 图

（2）镧铝共改性热处理凹土对有机磷的吸附特性的影响。

①吸附等温线。为描述不同 G6P 浓度下材料对磷的吸附量，采用 Langmuir 和 Freundlich 两种常用的吸附模型对实验数据进行拟合，方程如下：

$$\text{Langmuir:}\quad Q = K_L Q_m C_e / (1 + K_L C_e)$$

$$\text{Freundlich:}\quad Q = K_F C_e^{1/n}$$

式中，Q 为磷化合物在吸附剂上的平衡吸附量，mg/g；Q_m 为最大吸附容量，mg/g；C_e 为溶液中磷的平衡浓度，mg/L；K_L 和 K_F 为平衡吸附参数，可以表明吸附的容量；n 为一个常数，其中 $1/n$ 的大小可以表示吸附强度及吸附剂对吸附质的固定能力，当 $0.1 < 1/n < 0.5$ 时说明吸附剂对吸附质容易发生吸附，当 $1/n > 2$ 时则说明反应不易发生。

材料对 G6P 的吸附量随着溶液浓度的升高而增大，相较于 Freundlich 模型（$R^2 = 0.909$），材料对水体中有机磷的等温吸附更符合 Langmuir 模型（$R^2 = 0.993$），说明其对溶液中磷化合物的吸附以单分子层吸附为主，材料对 G6P 的最大吸附量为 2.456mg/g（图 3-7）。同时研究表明，化学吸附一般是通过单分子层吸附的形式，说明材料对磷化合物的吸附是以化学吸附为主，这种吸附可能是由于材料中的 La、Al、Fe 等金属成分与溶液中的磷酸盐结合，发生沉淀后被再次固定于材料表面。

②吸附动力学。LA@TACP 对 G6P 的吸附动力学曲线如图 3-8 所示，分别采用了准一级和准二级动力学模型对吸附过程进行拟合，方程如下：

准一级动力学方程：

$$\ln(Q_e - Q)_t = \ln Q_e - k_1 t$$

准二级动力学方程：

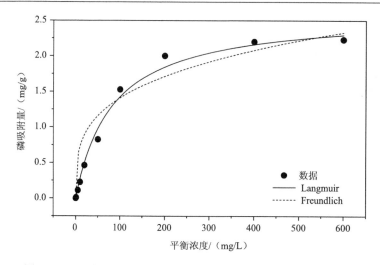

图 3-7　G6P 在镧铝共改性热处理凹土上的等温吸附模型拟合曲线

$$t/Q_t = 1/\left(k_2 Q_e^2\right) + t/Q_e$$

式中，Q_t 和 Q_e 分别代表吸附剂在 t（min）时刻和平衡时刻的磷吸附量，mg/g；k_1 和 k_2 分别为两个模型的吸附速率常数，min^{-1}。其中，常数 k_2 可用来计算在 $t \to 0$ 时吸附的初始速率 $h[\text{mg/(g·min)}]$。

图 3-8 是 G6P 在镧铝共改性热处理凹土上的吸附动力学模型和等温吸附模型拟合曲线。从图中可以看出，相较于准一级动力学方程，准二级动力学方程可以更好地模拟镧铝共改性热处理凹土对溶液有机磷的吸附过程。从吸附曲线趋势来看，钝化剂对溶液中有机磷的吸附可分为两个阶段。起始时为快速吸附阶段，在极短的时间内迅速达到一定的吸附量，随后为缓慢吸附阶段，在较长的时间内，吸附量的增加远小于前一阶段。前

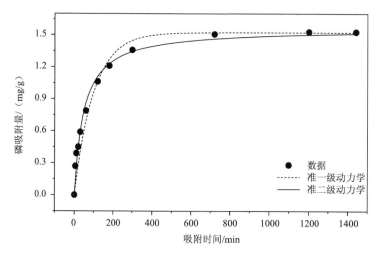

图 3-8　G6P 在镧铝共改性热处理凹土上的吸附动力学模型拟合曲线

30min 吸附量迅速升高到 0.59mg/g，之后缓慢升高直至平衡。在快速吸附阶段，材料中含有的活性羟基 La-OH 与磷酸根发生配体交换反应，将 P 固定在材料表面，使材料表面的活性羟基 La-OH 成为主要的吸附位点。

3）镧铝共改性热处理凹土添加对上覆水磷含量和 pH 的影响

（1）上覆水磷浓度变化。

钝化剂添加后上覆水 TP 和 SRP 浓度随时间变化及去除率如图 3-9 所示。培养实验开始前，原始上覆水中 TP 初始浓度 0.072mg/L，培养 30 天后 TP 浓度达到 0.083mg/L，上升 15.28%，经过 90 天的培养后 TP 浓度上升到 0.091mg/L，含量增加了 36.11%，增加速度逐渐缓慢，说明在未添加钝化剂覆盖材料的情况下，已受到污染的沉积物会作为磷源不断向上覆水中释放磷。利用循环加热泵对沉积物样品进行 25℃的恒温水浴培养，以模拟夏季水体水温条件，这样的水温条件有利于微生物的生命代谢活动，促进有机质矿化和厌氧转化的过程，消耗氧气，使得沉积物表面呈厌氧状态，促进了磷的释放。添加钝化剂的处理组中 TP 浓度明显低于空白对照，培养 7 天后处理组中上覆水 TP 浓度为 0.027mg/L，相较空白组减少 62.5%，培养 90 天后浓度上升到 0.039mg/L，相对培养 7 天时上升 44.4%。

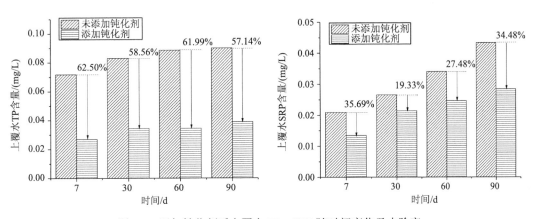

图 3-9　添加钝化剂后上覆水 TP、SRP 随时间变化及去除率

培养实验开始前，上覆水 SRP 初始浓度为 0.021mg/L，空白对照组培养 30 天后 SRP 浓度达到 0.026mg/L，增加了 23.81%，经过 90 天的培养后 SRP 浓度上升到 0.043mg/L，含量增加了 104.76%，未添加钝化剂的上覆水中 SRP 在培养周期内稳步提高，说明在未添加钝化剂覆盖材料的情况下，已受到污染的沉积物会作为磷的源不断向上覆水中释放磷；而添加钝化剂后，经过 90 天的培养，SRP 浓度较未添加处理组低了 34.48%。结果表明，添加钝化剂的处理组中 TP 和 SRP 浓度与同期空白对照组相比均有较明显的下降。

（2）pH 的变化。

pH 是湖泊生态环境评价中一个重要的衡量指标，也能够对沉积物中氮磷营养元素的释放产生影响。相较于酸、碱性条件，中性条件更有利于沉积物中的氮磷释放进入上覆水中。

添加钝化剂后，上覆水中 pH 变化情况如表 3-2 和图 3-10 所示。由图表中数据可以看出未添加钝化剂覆盖的空白组 pH 平均为 7.60，空白组上覆水 pH 随培养时间的增加基本呈略微下降趋势，水体碱性逐渐降低，OH⁻离子逐渐减少。产生上述现象原因可能在于沉积物中氮磷随着时间不断向上释放，水体中的 P 主要以 HPO_4^{2-} 的形态存在，水中的 OH^- 可与磷酸根离子发生置换反应，消耗 OH^-，生成水溶性磷化合物，导致水体碱性降低，同时沉积物中的有机物分解导致 CO_2 的分压力升高，从而 pH 降低。添加钝化剂覆盖的实验组 pH 平均为 7.73，实验组上覆水 pH 平均高于空白组，随时间有略微下降趋势，原因在于钝化剂中含有的羟基镧化合物与磷酸根发生反应消耗 H^+，故相对空白组 pH 较高。

表 3-2　上覆水 pH 随时间变化

培养时间/d	未添加钝化剂上覆水 pH	添加钝化剂上覆水 pH
1	7.82	7.62
3	7.84	7.85
7	7.65	7.99
15	7.35	7.81
30	7.56	7.74
60	7.48	7.53
90	7.52	7.58

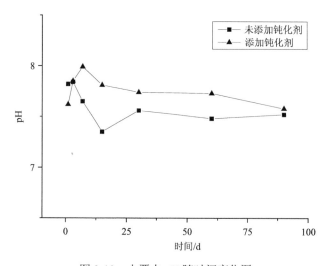

图 3-10　上覆水 pH 随时间变化图

4）对间隙水有效磷通量变化的影响

LA@TCAP 的钝化对沉积物-上覆水中生物有效磷浓度垂直分布的影响如图 3-11 所示。可以发现，与 0 天时相比，上覆水生物有效磷的浓度在钝化 7 天和 90 天后分别下降了 91.58% 和 99.96%。同时沉积物间隙水中的生物有效磷浓度随着时间的延长显著降低，到 90 天时，沉积物间隙水中（0～–115.90 mm）生物有效磷的平均浓度仅为 0 天时的

17.69%，表明 LA@TCAP 的钝化能够有效降低沉积物内源磷的浓度及释放通量。此外，从图 3-11 中可以发现，钝化第 7 天时，沉积物深层间隙水中（−90～−50 mm）的生物有效磷浓度略微增加，这种效应可能与深层沉积物氧化还原电位的下降有关，LA@TCAP 的覆盖可能会造成氧化还原电位的下降，从而导致铁氧化物的还原溶解以及内源磷向上覆水中的进一步释放。但随着钝化时间的增长（90 天），深层沉积物中生物有效磷浓度显著降低。因此，LA@TCAP 的覆盖不仅对表层沉积物中的生物有效磷有固定作用，更可以降低深层沉积物中生物有效磷的释放风险。

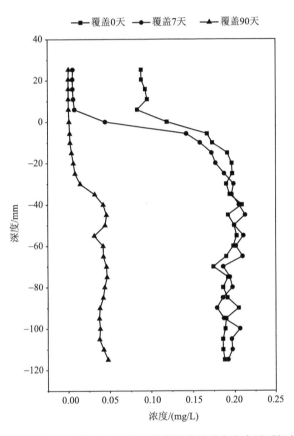

图 3-11　钝化剂覆盖前后沉积物有效磷浓度的垂向分布随时间的变化

2. 沉水植物人工草皮的培育及移栽

富营养化水体沉水植物修复工程中，沉水植物在高有机质和氨氮的半流体状态底泥中不能过夏，同时低透明度水体环境下植物成活率低。通过沉水植物人工草皮培育及移栽，不仅可以提高沉水植物的成活率，还能覆盖沉积物和抑制沉积物氮磷释放，进而达到改善水质、构建草型生态系统的目的。

沉水植物人工草皮的培育及移栽（图 3-12）的实施步骤如下。①人工草皮基质制备：将富纤维素材料、可控缓释肥、纤维保水材料配比后，加水和沉水植物种子形成匀浆，装入定型培育袋内，经压板机、成型机制成预定形状和尺寸的浆毯，成为含有沉水植物种子、富含肥料、并以定型培育袋外包的毯状草皮基质；草籽为单一种或几种水生植物的混合种。定型培育袋包括上层纱布和下层纱布，成型的毯状草皮基质通过上层纱布和下层纱布用缝边线连接在一起，压制成型的浆毯有黏性，并且上下两侧均包裹有缝边线连接的纱布层，在水中不易变形，运输过程中不会出现草皮基质脱落。②草皮培育池构建：构建培育池，池体下部和池壁需做好防渗处理，池底铺设一定厚度的松软河泥，作为毯状草皮基质中草籽发芽扎根的育苗基质。池体长宽尺寸根据生产规模而定。③人工草皮基质铺设：将毯状草皮基质放入培育池内的河泥层上，向池体内缓慢注入 30～50cm 深的清水，开始培育草皮基质内的沉水植物；随着水草植株的生长，需要适当增加水深，水深保持在水草植株高度 3 倍左右。④草皮培育：待草皮基质内草籽萌发，水草平均株高达到 10cm 时，对水草进行间苗；将草皮从水中取出，即为沉水植物人工草皮成品；在草皮四角用铁丝分别绑定配重石块，配重石块使草皮能自行下沉至水底；如果待恢复水体水质较差，且水深较深时，可以适当延长草皮培养时间至水草株高至 30cm 左右，并降低水草密度。⑤人工草皮的移植：沉水植物人工草皮成品运输时需将多块草皮打卷或者垂直罗列，以保持草皮水分；将草皮运输至需要进行水生植物恢复的水体，按照工程设计所需的植株密度，将草皮连同配重石笼平铺、草苗面向上置于水体指定位置。人工草皮在需要进行水生植物恢复的水体中的覆盖面积达到 10%～50%，保证区内水草形成一定生物量。⑥后期管理：定期观测水草的生长情况，直至人工草皮上的水草长出新的根系，扎入底泥中，并向周围水体扩散繁殖，形成稳定的沉水植物群落。

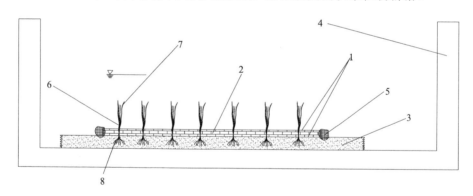

图 3-12　沉水植被人工草皮

1-定型纱网；2-沉水植物人工草皮培育层；3-河泥层；4-培育池；5-配重石块；6-水草植株；7-水草叶片；8-水草根系

3.2.3　水位及水动力的调控

1. 水位抬升对 4 种沉水植物的生长及光合特性的影响

水位的高低及其变动范围、频率、发生时间、持续时长和规律性等是影响湖泊水生植被的核心因子。水位变动有短期、年内季节性和年际变动 3 种，对湖泊水生植被有不同的影响机理。水位短期变动通过对水体中的悬浮物、透明度、光衰减系数等的影响而对水生植被产生作用；周期性的年内季节性和年际水位变动可对水生植被的生态适宜性产生影响，并进而改变其时空分布；长期的高水位和低水位以及非周期性的水位季节变动，会破坏水生植被长期以来对水位周期性变化所产生的适应性，从而影响植被的正常生长、繁衍和演替[7]。植被的极端深度和物种多样性是水位调控的核心表征指标，可通过经验数据分析法、生态模型法和参照法等方法来确定湖泊的适宜水位变动范围和时间，从而为湖泊水位调控提供理论基础。

通过现场实验的方法模拟水位抬升，研究水位抬升对 4 种沉水植物的生长和光合荧光特性的影响。实验处理是先保持 1m 水位 30 天，待水生植物生长稳定后，然后迅速抬高水池水位，之后一直保持至 70 天。模拟了 3 种水位抬升方式，即相对低水位（T1，抬升 0.4m）、相对中水位（T2，抬升 0.8m）、相对高水位（T3，抬升 1.2m），并设置空白对照（T0，水位保持不变）。结果表明，水位的抬高促进了狐尾藻和竹叶眼子菜的生长，其光合作用效率也显著提高；黑藻在相对中水位抬升条件下长势最好，处理组生物量为 0.21g，且光合作用效率高于其他水位黑藻实验组；水位抬升 1.2m 抑制了苦草生长，生物量下降 38%，光合效率降低，叶片捕光能力下降 15%。因此，以狐尾藻、竹叶眼子菜为代表的冠层型植物从形态学响应和光合作用能力上更适合蠡湖水位较高的情况，可以作为蠡湖沉水植被恢复的推荐物种，也为基于沉水植物恢复的蠡湖水位调控提供了技术支持[8,9]。

1）水位抬升与光强变化的响应关系

通过对 4 个处理的实验水池进行光照强度测定，实验结果表明，在不同的水深梯度下光照差异显著（$P < 0.001$，图 3-13）。随着水深的增加，光照强度显著减小。比较 4 条曲线可以发现，基本呈指数分布，斜率差异不显著，说明不同水位抬升方式的实验组光衰减差异不显著。水池表面、水下 0.5m 处、水下 1.0m 处、水下 1.5m 处、水下 2.0m 处的平均光照强度分别为 30624lx、8316lx、4976lx、2733lx、1105lx。水面光强的 27%、16%、9%、3% 能到达 0.5m、1.0m、1.5m、2.0m 深度。

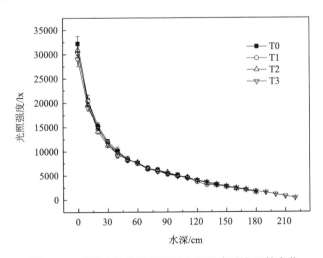

图 3-13　不同水位抬升幅度下光照强度随水深的变化

2）不同水位抬升幅度下沉水植物的生长状况

水位抬升显著影响 4 种植物的生长（株高、相对伸长率、生物量、相对生长率），但是不同的水位抬升幅度对 4 种植物有不同的影响。

随着水位抬升幅度的增加，4 种植物的株高显著增加（图 3-14），尤其是相对低水位抬升和相对中水位抬升，表明在相对低水位和相对中水位条件下，4 种沉水植物都通过增加株高来响应水位抬升。狐尾藻和竹叶眼子菜的相对伸长率显著高于黑藻和苦草（$P <$ 0.05，图 3-15），说明水位抬升条件下，狐尾藻和竹叶眼子菜表现为快速生长，相对伸长率分别为 0.04～0.05cm/d 和 0.05～0.07cm/d。在水位抬升条件下，黑藻和苦草表现为缓慢生长，相对伸长率分别为 0.01～0.04cm/d 和 0.01～0.03cm/d，表明冠层型植物的形态可塑性优于直立型和莲座型植物。

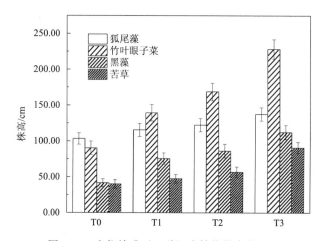

图 3-14　水位抬升对 4 种沉水植物株高的影响

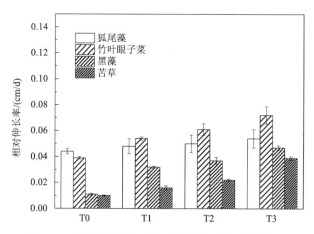

图 3-15　水位抬升对 4 种沉水植物相对伸长率的影响

冠层型植物狐尾藻和竹叶眼子菜的生物量随着水位抬升幅度的增加而显著增加（$P <$ 0.05，图 3-16），狐尾藻的生物量由 T0 组的 0.59g 增加到 T3 组的 0.92g，竹叶眼子菜的生物量由 T0 组的 0.48g 增加到 T3 组的 0.96g。从生物量和相对生长率（图 3-17）可以

看出，水位抬升促进了以狐尾藻、竹叶眼子菜为代表的冠层型植物的生长。T0 组到 T2 组黑藻生物量分别为 0.21g、0.20g、0.20g，差异不显著（$P > 0.05$）。T3 组黑藻生物量为 0.14g，高水位抬升条件下黑藻生物量显著减小（$P<0.05$）。T0 组苦草的生物量为 0.46g，随水位抬升幅度的增加苦草的生物量显著减小（$P <0.05$），T1 组到 T3 组苦草生物量分别减小了 28%、29%、38%，水位抬升明显抑制了苦草的生长。

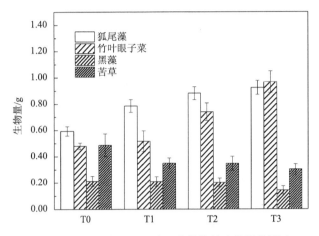

图 3-16　水位抬升对 4 种沉水植物的生物量的影响

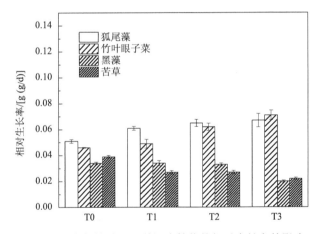

图 3-17　水位抬升对 4 种沉水植物的相对生长率的影响

随水位抬升幅度的增加，冠层型植物地上生物量显著增加（$P < 0.05$），根冠比显著减少（$P < 0.05$），植物的定植能力减弱。但是莲座型植物苦草与其他植物不同，苦草的地上生物量减少，由 T0 组的 0.37g 减少到 T3 组的 0.21g，地下生物量增加，由 T0 组的 0.09g 增加到 T3 组的 0.11g，根冠比增大，根冠比最高为 0.48，定植能力增强，直立型植物黑藻也有类似的变化趋势（图 3-18）。表明水位抬升减弱了以狐尾藻、竹叶眼子菜为代表的冠层型植物的定植能力，增强了以苦草为代表的莲座型植物和以黑藻为代表的直立型植物的定植能力。

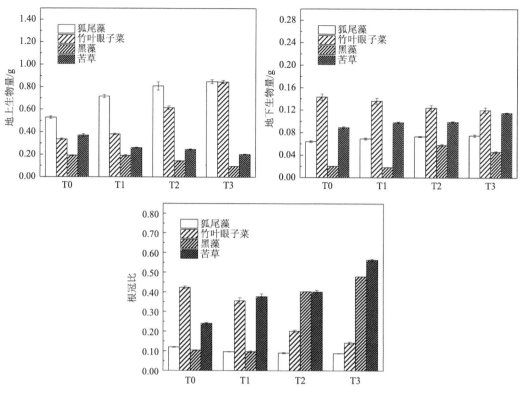

图 3-18　水位抬升对 4 种沉水植物生物量分配的影响

3）不同水位抬升幅度下沉水植物的光合荧光指标变化

快速光响应曲线（RLCs）是植物光合系统 II（PS II）的相对光合电子传递速率（rETR），反映实际光强下的光化学效率。通过拟合分析 RLCs（图 3-19），获得了反映光合能力的参数最大电子传递速率（rETRm）和曲线初始斜率 α（表 3-3）。

冠层型植物狐尾藻和竹叶眼子菜 rETRm 和 α 随水位抬升幅度的增加显著增加（$P <$ 0.05），狐尾藻 rETRm 由 T0 组的 77.75μmol photons/（$m^2 \cdot s$）增加到 T3 组的 95.41μmol photons/（$m^2 \cdot s$），增加了 22.7%，竹叶眼子菜 rETRm 从 T0 组到 T3 组增加了 48.7%，表明水位抬升增强了以狐尾藻、竹叶眼子菜为代表的冠层型植物的叶片光合效率，冠层型植物光合作用能力提高。直立型植物黑藻 rETRm 和 α 均在相对中水位抬升条件下最高，相对中水位抬升条件下，黑藻 rETRm 和 α 分别为 58.43μmol photons/（$m^2 \cdot s$）和 0.27。莲座型植物苦草 α 随水位抬升幅度的增加而减小，由 T0 组的 0.25 减少到 T3 组的 0.22，rETRm 变化不显著（$P > 0.05$）。

2. 水体流速对菹草生长的影响

水动力条件是影响沉水植物恢复的重要因素，菹草是长江中下游城市湖泊沉水植被的优势种。模拟不同水流速度下菹草生长特性，结果表明当水流速度达到 0.2m/s 时，会

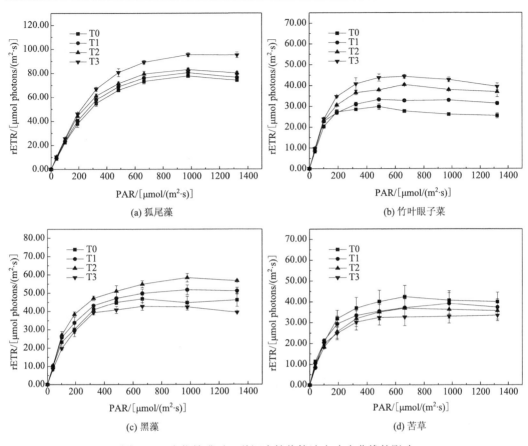

图 3-19　水位抬升对 4 种沉水植物快速光响应曲线的影响

表 3-3　快速光响应曲线参数拟合结果

指标	不同水位抬升方式的实验组			
	T0	T1	T2	T3
狐尾藻 *Myriophyllum verticillatum*				
RETRm/[μmol photons/(m²·s)]	77.75±1.17ᵃ	80.56±3.02ᵇᶜ	83.13±1.25ᶜ	95.41±1.61ᵈ
α	0.24±0.01ᵃ	0.25±0.02ᵃᵇ	0.27±0.02ᵇᶜ	0.28±0.01ᶜ
竹叶眼子菜 *Potamogeton malaianus*				
rETRm/[μmol photons/(m²·s)]	29.84±1.72ᵃ	33.26±2.53ᵇ	40.42±2.26ᶜ	44.36±1.45ᵈ
α	0.21±0.02ᵃ	0.24±0.01ᵇ	0.25±0.02ᵇ	0.23±0.02ᵃᵇ
黑藻 *Hydrilla verticillata*				
rETRm/[μmol photons/(m²·s)]	46.94±2.01ᵃ	51.87±2.67ᵇ	58.43±2.34ᶜ	42.75±2.13ᵈ
α	0.24±0.01ᵃ	0.26±0.01ᵇᶜ	0.27±0.01ᶜ	0.21±0.01ᵈ
苦草 *Vallisneria natans*				
rETRm/[μmol photons/(m²·s)]	42.49±5.43ᵃ	39.10±5.15ᵃ	36.83±4.53ᵃᵇ	33.44±2.61ᵇ
α	0.25±0.01ᵃ	0.22±0.01ᵇ	0.21±0.01ᶜ	0.22±0.01ᵇᶜ

注：a、b、c、d 表示不同实验组间的差异显著水平（$P<0.05$）。

对菹草产生胁迫作用,菹草会顺着水流方向生长,增加根系长度和数量以提高固着能力;当水流速度小于 0.1m/s 时,会增强菹草的光合作用;菹草的断枝比其他繁殖体能更好地适应流水状态。

1)水流速度对不同类型菹草种苗生长的影响

经过 30 天的水流实验培养,三种类型菹草种苗(断枝、幼苗、石芽)的株高在不同水流速度下较实验初期均有所增长。从图 3-20(a)可知,与对照组相比,高流速水流条件(0.2m/s)对三种菹草种苗的株高均产生了不利的影响,实验结束时,高流速下菹草断枝、幼苗、石芽的株高分别是对照组的 0.80 倍、0.74 倍和 0.38 倍;中流速(0.1m/s)下菹草的生长高度与对照组的生长高度无显著差异($P > 0.05$);然而,在低流速下(0.05m/s)三种菹草种苗的生长高度显著大于对照组、中流速组和高流速组,差异达显著水平($P < 0.05$)。实验结束时,低流速(0.05m/s)条件下菹草断枝的株高达 53.4cm,分别是对照组、中流速组和高流速组株高的 1.17 倍、1.32 倍和 1.46 倍。总体上看,水流速度对菹草种苗的生长具有显著影响,低流速条件会促进菹草的生长,高流速抑制菹草正常生长。从菹草三种种苗植株对水流的适应性来看,菹草断枝在高、中、低流速下的生长高度均优于菹草幼苗和石芽。这是由于菹草石芽萌发到石芽产生幼苗的过程缓慢,所以石芽在 30 天的实验周期所生长的高度均低于菹草断枝和幼苗。

菹草的伸长率也因种苗类型的不同而有显著差异($P < 0.05$),并且受水流速度大小的显著影响($P < 0.05$)。从图 3-20(b)可知,菹草断枝在不同流速下的伸长率均高于其他两种种苗的伸长率,断枝最大伸长率(1.02cm/d)分别是幼苗和石芽伸长率的 2.04 倍和 4.4 倍。从流速大小对菹草的伸长速率看,呈现出 0.05m/s > 0m/s > 0.1m/s > 0.2m/s 的关系。即在 0.05m/s 流速下菹草的伸长速率最大,为 0.72~1.02cm/d;在高流速下(0.02m/s),菹草的伸长率最小。说明植物生长有适宜的流速范围,过高的流速会对植物造成机械损伤。

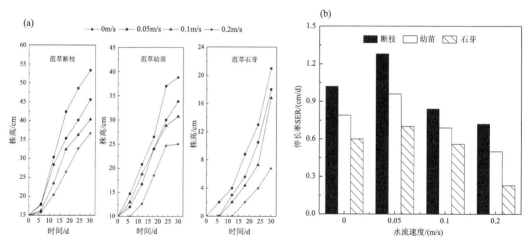

图 3-20 不同水流速度下菹草断枝、幼苗、石芽株高及伸长率

　　不同水流速度对菹草繁殖体生物量的影响如图 3-21（a）所示，水流速度对菹草断枝、幼苗、石芽总生物量具有显著影响（$P < 0.05$）。三种类型的菹草种苗的生物量对流速具有不同的响应。菹草断枝的生物量在不同流速下表现出的规律为 0.05m/s ＞ 0m/s ＞ 0.1m/s ＞ 0.2m/s；幼苗呈现出 0.05m/s ＞ 0m/s ＞ 0.1m/s ＞ 0.2m/s 的规律；石芽在 0m/s、0.05m/s、0.1m/s 下差异不大，在高流速（0.2m/s）下，生物量有所下降。实验中的三种类型种苗的生物量在实验后较实验前均有扩增，由于三种类型种苗的初始生物量不同，因此三种菹草种苗间的扩增倍数差异不显著（$P > 0.05$）。断枝、幼苗生物量扩增大约为实验前的 3～4 倍，石芽则为 2～3 倍。

　　菹草的相对生长率 RGR 因种苗类型不同，受水流速度大小的影响也呈现出显著差异（$P < 0.05$）[图 3-21（b）]。从图 3-21（b）可知，断枝在 0.05m/s 下的相对生长率最高，对照组与 0.1m/s 下的生长速率相差不大；幼苗最大相对生长速率出现在水流速度为 0.05m/s 的条件下，0.1m/s 流速时较 0.05m/s 流速下降了 30%；断枝、幼苗、石芽的最小相对生长速率均出现在水流速为 0.2m/s 时，说明高流速会减缓菹草生长。从图 3-21 中还可以发现，石芽的相对生长率远远低于断枝和幼苗的相对生长速率，是因为菹草石芽萌发到石芽产生幼苗的过程非常缓慢，30 天的实验周期正处于石芽缓慢生长阶段。

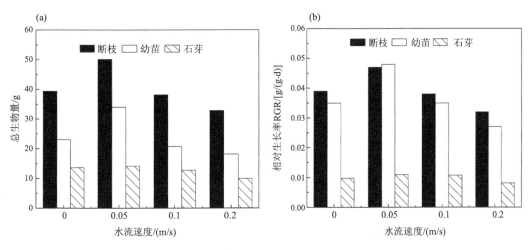

图 3-21　不同水流速度下菹草断枝、幼苗、石芽生物量及相对生长率

　　2）水流速度对不同类型菹草种苗根系形态的影响

　　根系能顺利扎根定居是植被能成功重建的标志。图 3-22 为不同流速下菹草断枝、幼苗、石芽的根系形态。由图可知，在实验期间，动态条件下（0.05m/s、0.1m/s、0.2m/s）的三种菹草所长的不定根数量与根系长度与对照组差异显著（$P < 0.05$）；在 0.2m/s 流速下，断枝、幼苗、石芽的单株不定根数量为 28 根/株、22 根/株、23 根/株，分别是对照组（0m/s）的 4 倍、4.4 倍和 4.6 倍；其根系长度也在 0.2m/s 流速下达到最大，分别为 26.6cm、19.8cm 和 20cm。从菹草三种种苗根系形态对水流的适应性来看，幼苗和石芽的不定根数量和根系长度差异不显著（$P > 0.05$），断枝所生出的不定根数量和根系长度均显著高于幼苗和石芽。综上所述，水流速度对菹草的根系形态影响显著，菹草自身通

过增加不定根数量和根系长度来抵御水流扰动带来的连根拔起的风险。

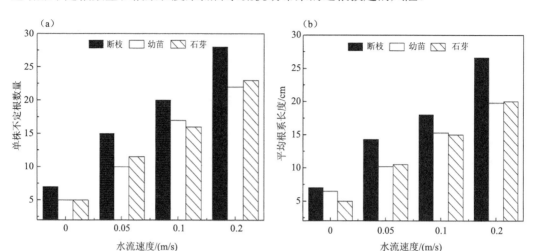

图 3-22　不同水流速度下菹草断枝、幼苗、石芽的根系形态

3）水流速度对不同类型菹草种苗光合荧光特性的影响

各处理组菹草叶片叶绿素含量的结果如图 3-23 所示，由图可知，低流速和中流速下的菹草叶片叶绿素含量与对照组差异不显著（$P > 0.05$），叶片叶绿素含量在 2.0~2.2mg/g（鲜重）之间；但在高流速下（0.2m/s）菹草叶片的叶绿素含量与对照组差异显著（$P < 0.05$），比对照组下降了 24.6%~44.5%。从菹草三种种苗叶片的叶绿素含量对高流速的适应性来看，断枝下降最少，其次是石芽，幼苗下降最多。综上所述，中低流速对菹草叶绿素含量几乎没有影响，而高流速会对菹草叶片叶绿素含量产生消极影响，菹草三种种苗应对高流速的响应呈现出断枝>石芽>幼苗的规律，菹草断枝在高流速条件下具有更好的适应能力。

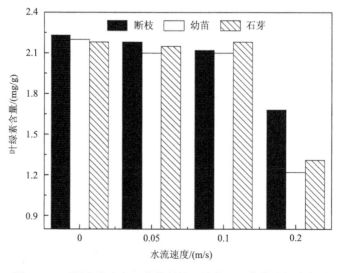

图 3-23　不同水流速度下菹草断枝、幼苗、石芽的叶绿素含量

　　最大光化学量子产量（Fv/Fm）反映的是植物光合系统 II（PSII）反应中央处于开放态时的量子产量，代表了植物在最适状态下光合作用光化学反应效率的情况。Fv/Fm 在植株未受到胁迫时变化极少，受到胁迫时则明显下降。图 3-24 是不同水流速度下菹草断枝、幼苗、石芽的最大光化学量子产量，由图可知，0.05m/s 处理组的菹草断枝、幼苗、石芽在实验期间的 Fv/Fm 值与对照组相比差异不显著（$P > 0.05$）；在 0.1m/s 和 0.2m/s 水流速度条件下，在实验初期（第 7 天）菹草断枝、幼苗的 Fv/Fm 值与对照组差异不显著（$P > 0.05$）；但随着时间的推移，实验中后期 Fv/Fm 值显著下降（$P < 0.05$）。说明中高流速会对菹草产生胁迫。从菹草三种种苗的 Fv/Fm 值对中高流速的适应性来看，实验结束时，断枝在 0.1m/s 和 0.2m/s 处理的 Fv/Fm 值分别下降了 16.2%和 18.1%；幼苗的 Fv/Fm 值分别下降了 22.4%和 32.9%；石芽的 Fv/Fm 值分别下降了 20.1%和 26.8%。从三种种苗的 Fv/Fm 值的下降率看，菹草断枝在高流速条件下具有更好的适应能力。

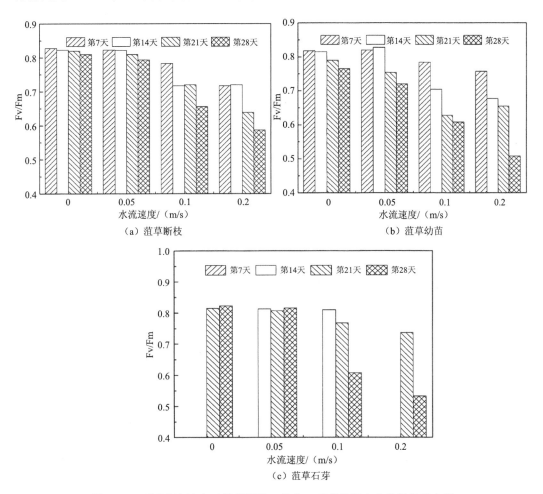

图 3-24　不同水流速度下菹草断枝、幼苗、石芽的最大光化学量子产量

因菹草石芽萌发缓慢，菹草实验组部分流速处理在实验前期（第 7 天和第 14 天）没有数据

不同水流速度条件下，菹草断枝、幼苗、石芽叶片的最小饱和光强均为 325μmol/（m²·s），但叶片最大电子传递速率（rETRm）有所差异（图 3-25），0.05m/s 流速下的菹草断枝、幼苗、石芽叶片 rETRm 分别比对照组增加了 16.2%、17.7%、16.9%，中高（0.1m/s、0.2m/s）流速下菹草叶片的 rETRm 显著降低。各组 rETR 到达最大值后，均开始下降，0.1m/s、0.2m/s 条件下的实验组中下降尤为明显。实验结果表明水流速度超过一定程度后，菹草对光的耐受力会随着流速的增加而降低，因此菹草的光合作用能力下降。从菹草三种种苗在不同水流速度下的快速光响应曲线看，菹草叶片面对高光合有效辐射下的 rETR 下降程度呈现幼苗>石芽>断枝的规律，结果表明了菹草断枝对光的耐受力比其他繁殖体好，因而具有较强的光合作用。

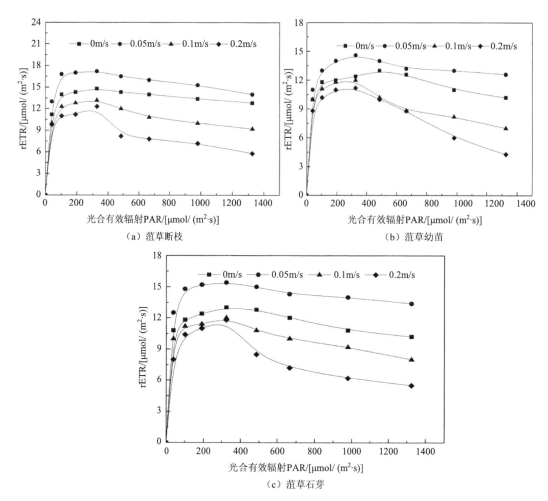

（a）菹草断枝　　　　　　　　　　　（b）菹草幼苗

（c）菹草石芽

图 3-25　不同水流速度下菹草断枝、幼苗、石芽的快速光响应曲线

4）不同类型菹草种苗关于流速的生长曲线拟合

植物生长一般经历缓慢生长期、快速生长期和稳定期三个过程，生长曲线呈现出"S"形。Logistic 曲线呈现的就是典型的对称型"S"形生长曲线。由实验结果可知，

断枝和幼苗的生长曲线在不同水流速度下单株生物量随时间的变化符合 Logistic 增长型，所以本书对菹草的单株生物量 Logistic 方程进行拟合。

Logistic 方程如下：

$$y = \frac{K}{1 + me^{-rt}} \quad K, m, r > 0$$

式中，y 是单株植物生物量，g；K 为植物生长的最大环境容纳量参数，即 $K = y_{max}$，g；m 是与初始值有关的参数；r 是最大生长速率参数，d^{-1}；t 是生长时间，d。

但单纯的用 Logistic 方程描述植物种群数量的生长曲线是有缺陷的，没有考虑植物在不同环境条件下生长状况的差异，拟合结果不能反映出环境条件改变对植物种群增长的影响，所以在 Logistic 生长模型的基础上，引入了水流速度参数，提出菹草在不同水流速度影响下的生长动力学模型。这样，既可以揭示菹草在不同水流速度下的生长规律，又可为湖泊沉水植物管理与重建提供科学的参考数据。

表 3-4 为不同水流速度下断枝、幼苗生物量与时间的回归方程，由表中的回归方程看出，不同水流速度情况下，菹草单株生物量的环境容纳量和最大生长速率差异性明显（$P < 0.05$），即水流速度对环境容纳量和最大生长速率影响较大。当水流速度在 $0 \sim 0.05 \text{m/s}$ 时，菹草环境容纳量和最大生长速率随流速增加而增加；当水流速度在 $0.05 \sim 0.2 \text{m/s}$ 时，菹草环境容纳量和最大生长速率随流速增加而减小，因此进行分段拟合（结果见表 3-5 和表 3-6）。

表 3-4　不同水流速度下断枝、幼苗生物量与时间的回归方程

种类	流速/（m/s）	回归方程	相关系数
断枝	0	$y = \dfrac{1.8288}{1 + 4.255e^{-0.180t}}$	0.9889
	0.05	$y = \dfrac{2.1478}{1 + 4.083e^{-0.233t}}$	0.9912
	0.1	$y = \dfrac{1.7029}{1 + 4.202e^{-0.192t}}$	0.9780
	0.2	$y = \dfrac{1.1394}{1 + 4.032e^{-0.0924t}}$	0.9722
幼苗	0	$y = \dfrac{1.1882}{1 + 7.329e^{-0.155t}}$	0.9966
	0.05	$y = \dfrac{1.4851}{1 + 7.164e^{-0.202t}}$	0.9963
	0.1	$y = \dfrac{0.9634}{1 + 7.323e^{-0.135t}}$	0.9905
	0.2	$y = \dfrac{0.6376}{1 + 7.274e^{-0.0678t}}$	0.9750

表 3-5　断枝、幼苗环境容纳量 K（生物量）与水流速度的拟合方程

种类	环境容纳量与水流速度的关系	相关系数
断枝	$K = 6.3V + 1.8288$　（$0 < V < 0.05$）	0.998
	$K = -6.5673V + 2.4296$　（$0.05 < V < 0.2$）	0.9742
幼苗	$K = 5.936V + 1.1882$（$0 < V < 0.05$）	0.999
	$K = -5.3077V + 1.6479$（$0.05 < V < 0.2$）	0.8994

表 3-6　断枝、幼苗最大生长速率 r 与水流速度的拟合方程

种类	最大生长速率与水流速度的关系	相关系数
断枝	$r = 1.06V + 0.18$（$0 < V < 0.05$）	0.999
	$r = -0.9314V + 0.2778$（$0.05 < V < 0.2$）	0.9899
幼苗	$r = 0.96V + 0.155$（$0 < V < 0.05$）	0.998
	$r = -0.8679V + 0.233$（$0.05 < V < 0.2$）	0.9727

由此可得到断枝和幼苗在不同流速下的生长曲线方程分别为

$$y_{\text{断枝}} = \begin{cases} \dfrac{6.3V + 1.8288}{1 + 4.172e^{-(1.06V+0.18)t}}, & 0 < V < 0.05 \\[4mm] \dfrac{-6.5673V + 2.4296}{1 + 4.172e^{-(-0.9314V+0.2778)t}}, & 0.05 < V < 0.2 \end{cases}$$

$$y_{\text{幼苗}} = \begin{cases} \dfrac{5.936V + 1.1882}{1 + 7.256e^{-(0.96V+0.155)t}}, & 0 < V < 0.05 \\[4mm] \dfrac{-5.3077V + 1.6479}{1 + 7.256e^{-(-0.8679V+0.233)t}}, & 0.05 < V < 0.2 \end{cases}$$

根据拟合方程得出不同水流流速下菹草断枝、幼苗的生长曲线如图 3-26 所示。

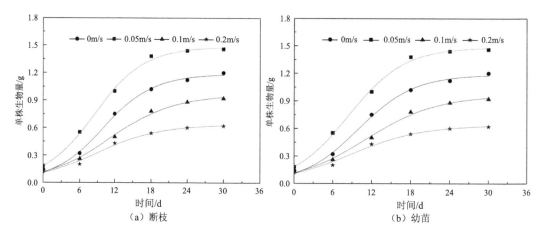

图 3-26　不同水流速度下菹草断枝、幼苗的生长拟合曲线

3.3　草型生态系统恢复技术

3.3.1　水生植物物种的筛选

1. 影响沉水植物群落的主要环境因子及其阈值

1）影响沉水植被的主要环境因子

（1）水体营养盐等理化因子。

根据中国科学院南京地理与湖泊研究所 2014 年对全太湖 36 个样点进行的水草分布区调查数据，以沉水植物形态指数（植物体各器官生物量）和多样性指数为主矩阵，环境因子为辅助矩阵进行典范对应分析（canonical correspondence analysis, CCA）排序（图 3-27）。CCA 分析表明水环境因子中深度、总氮、氨氮、正磷酸盐、电导率、溶解氧、pH 与沉水植物多样性和生物量关系都较为显著（图 3-27）。

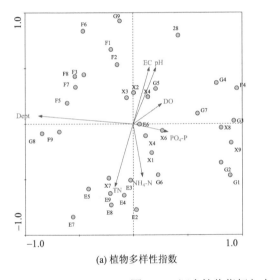
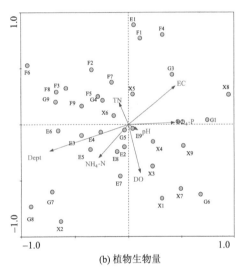

(a) 植物多样性指数　　　　　　　　(b) 植物生物量

图 3-27　沉水植物指标与水体环境因子 CCA 排序图

统计分析结果表明水深与沉水植物结构、分布及形态显著相关。水体的营养状态是影响沉水植物群落组成和生物量的重要因子[10-12]。水体 N、P 是影响沉水植物生长的重要元素[13,14]，富营养条件下沉水植物主要吸收水体中的营养物质，且水体中氮的浓度和形态与沉水植物的生长密切相关[15-17]。水体氮浓度过高对沉水植物生长会产生胁迫[18-20]。水体的溶解氧、电导率、pH、透明度和叶绿素及沉积物的 pH 都不同程度影响植物的根系生长。pH 主要通过改变水体中溶解无机碳（DIC）不同形式（自由 CO_2、H_2CO_3、HCO_3^-）之间的平衡状态，对沉水植物光合作用产生影响。湖水中 pH 大小主要依据水中游离 CO_2 与 HCO_3^- 的相互比率而有所不同。一般的规律是 CO_2 越多，水越呈酸性；HCO_3^- 越多，水越呈碱性，湖水中 pH 在很大程度上确定了生物发展的条件，并且决定了湖水中进行的化学作用。

（2）湖泊水位。

湖泊水位对水生植被的影响从个体到种群、群落，可分为直接影响和间接影响[21,22]。直接影响表现在对水生植物生长、生活型及对种群间竞争关系的影响；间接影响指水位变化导致了水体中的物理化学条件，如透明度、浊度、盐度、pH、DO、沉积物的悬浮与沉降等发生变化，进而间接地增大或减小了水生植被的压力，加强或者抑制植物群落的恢复重建，改变水生植被的时空分布。

植物的多样性一般取决于丰富度和均匀度两个变量，而水位主要影响植物分布的均匀度，从而影响多样性。水位与植物均匀度呈现负相关关系，即水位越高，植物的均匀度越低，但水位过低同样也不利于植物的生长。

湖泊水位还能够通过影响湖体的光照条件进而导致湖泊生态系统稳态转换。连续的高水位会导致浅水湖泊中适宜于水生植物生长的光照条件减弱、面积减小，进而在一定时期内导致水生植物覆盖度降低。从图 3-28 可以看出，太湖水生植物分布最茂盛的区域水深小于 1.89m。太湖沉水植物生物量在水深为 1.8m 时达到最高，个体数量也在水深为 1.8m 时最多。

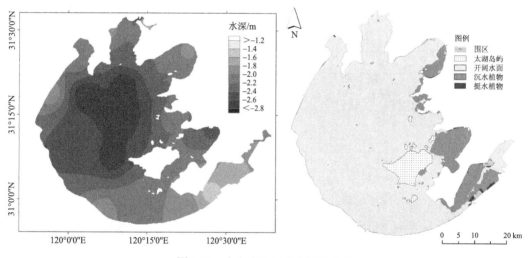

图 3-28　太湖水深与水生植物分布

水位同时影响沉水植物的形态，从图 3-29 可以看出，水位对各器官的生物量都有不同程度的影响，但对茎的生物量影响最大。随着水深的增加，优势种竹叶眼子菜的株高不断增加，这是植物为了获得光照的一种生态适应。因此，随着水深的增加，植物体分配到茎的生物量增加，是水生植物在地上与地下部分、营养繁殖体与有性繁殖体间生物量分配方面的一种权衡表现。

（3）沉积物理化特性。

沉积物不但提供沉水植物的附着基质，还供应沉水植物生长发育所需的大量元素[23]。沉水植物的群落组成、资源分配、个体形态及分布等又很大程度上受沉积物理化性质的影响[24]。沉积物深度对沉水植物的生物量及各器官的生物量分配有重要影响，其中对根的生物量影响最大。

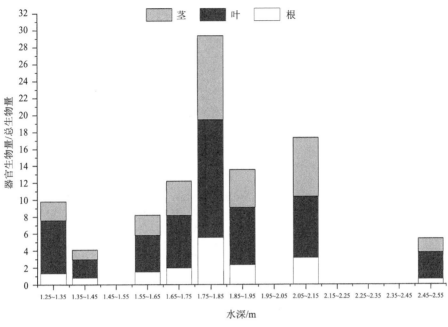

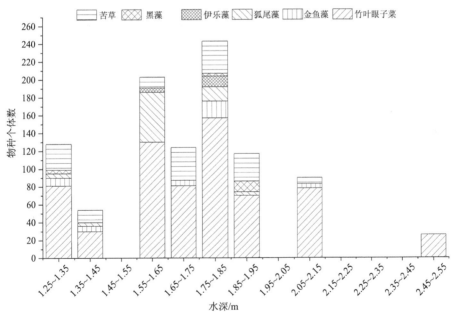

图 3-29　太湖沉水植物生物量和丰度随水深度变化

CCA 分析表明：沉积物深度（Dept）、总磷含量（TP）、沉积物中值粒径[d（0.5）]及 pH 对沉水植物群落多样性的变化影响较大，而沉积物深度、沉积物中有机质的含量（OM）、沉积物中值粒径及总氮含量（TN）对沉水植物群落生物量变化的影响较大（图 3-30）。

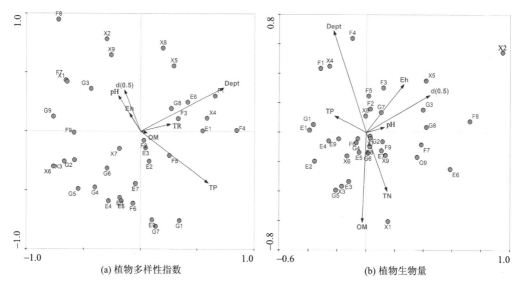

(a) 植物多样性指数　　　　　　　　　(b) 植物生物量

图 3-30　沉水植物指标与沉积物环境因子 CCA 排序图

沉积物是沉水植物吸收营养的主要来源[25,26]，较肥沃的沉积物对沉水植物的生长发育具有积极作用，能够促进植株分蘖、植物的生长和提高生物量，这是由于在肥沃底泥条件下，营养物质（如磷）更容易溶于间隙水中，因此更容易为植物所吸收[27,28]。但植物生长的营养条件有合适的浓度范围，营养过高或过低均不利于水生植物的生长[29]。另外，当湖泊底泥受到严重的有机污染时，底泥表层沉积物的密度和稳定性减小，呈半流体状态。底泥的这种机械特性和不稳定性容易受风浪、水压等外界作用的影响，从而不利于沉水植物的定植。当有机质含量较高、底泥成为还原性腐泥时，还会对水生植物产生胁迫效应，不利于水生植物的存活和萌发[30,31]。

以太湖为例，由图 3-31 可看出，沉积物深度在 0~4.8m 之间变动，沉水植物主要分布在沉积物深度 0.1~0.5m 之间。生物量峰值出现在较大沉积物深度时，生物量随沉积

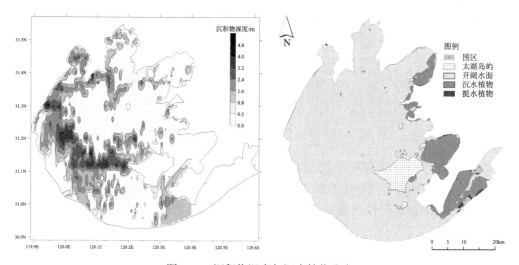

图 3-31　沉积物深度与沉水植物分布

物深度增加而增大。沉积物深而"软"，利于根的生长和延长；"软底"较"硬底"所含有机质丰富，这样从物理结构和营养物质提供方面都为根的生长提供有利条件。而在硬底环境，根的生物量也较大，根冠比也较大，这是由于优势种竹叶眼子菜对硬性底质的适应能力强，抗风能力大。调查发现，虽然硬底的根系长度没有在软底上长，但根系粗壮，因此所占生物量并未明显减少。

　　研究表明沉积物深度影响沉水植物生物量。当沉积物深度为 20cm 时，植物生物量（根、叶、茎和总植物生物量）达到最大值。这与另一项研究结果一致，即根系生物量主要受沉积物类型的影响[32]。太硬的基质阻止了根系和根茎的适当发育，而太疏松的沉积物增加了植物根系定植失败的概率。茎生物量与沉积物深度呈正相关，可能是因为茎生长所需的养分主要来自沉积物，较深的沉积物主要是淤泥质黏土，可提供较多的养分。叶生物量与沉积深度之间的关系也很显著，Mantai 和 Newton[33]研究表明植物在富营养化程度高的黏土上生长时，可获得更多的叶子资源。因此，太湖东部软质沉积物的深度有利于沉水植物的生长。

　　2）影响沉水植被主要环境因子的阈值
　　（1）水位的阈值。
　　一般而言，沉水植物生长的适宜水深为 0.6～2.0m，野外调查发现竹叶眼子菜在 1.0～4.0m 的水深范围内均有分布[34]。随着水深增加，竹叶眼子菜的株高相应增加，且株高比生长区域水深稍高，一般高出 20～50cm，可能有利于叶片对光辐射的吸收。以太湖数据为例，各样点水深范围为 1.3～2.5m，沉水植物主要集中在两个深度范围：1.3～1.5m 和 1.6～1.9m；深度大于 2.2m 几乎没有发现沉水植物。在集中出现的两个深度范围都有多样性的峰值出现，如丰富度在水深为 1.3m 和 1.8m 时最高，均匀度在水深 1.4m 和 1.65m 时最高（图 3-32）。这与 Huston[35]的研究相吻合：水生植物群落在水位中等时多样性表现出最大化。

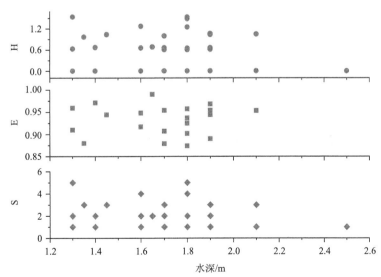

图 3-32　沉水植物多样性指数随水深度的变化
H：Shannon 指数；E：均匀度指数；S：丰富度指数

另外，水位对沉水植物的影响受到其他环境因子的制约。Wetzel[36]指出，一些沉水植物处于 0.5～1 个大气压的环境中时（水深约 5～10m），其正常生长受到限制。透明度与水生植物分布的最大深度的关系已有大量文献证实，而透明度对水生植物密度的影响是更为复杂的，还取决于其他环境条件，如沿岸的坡度[37]等。

因此，湖泊的水位阈值因沉水植物的种类不同而不同，综合多种因素来看，适宜水位集中在 1.3～1.9m。

（2）沉积物深度的阈值。

太湖沉水植物的分布与太湖底泥的空间分布相似，沉水植物主要分布在东岸，在西部和中部很少。沉水植物的分布可以作为太湖软泥沙深度分布的一个指标。可见，沉积物深度对沉水植物群落结构影响很大，当沉积物深度为 0.2m 时，所有物种的丰度都最大（图 3-33）。此外，不同物种对硬沉积物的偏好差异非常小：竹叶眼子菜、苦草和狐尾藻三种最丰富的物种在沉积物深度上具有相似的模式；而伊乐藻多在软沉积物深度大于 0.2m 处出现。研究表明沉水植物往往占据相似的相对坚实的沉积物[38]，这是因为硬底可以使水生植物扎根牢固[39,40]。沉水植物不能扎根在松散的碎石和淤泥中[41]，而这种底质普遍存在于富营养化湖泊中。

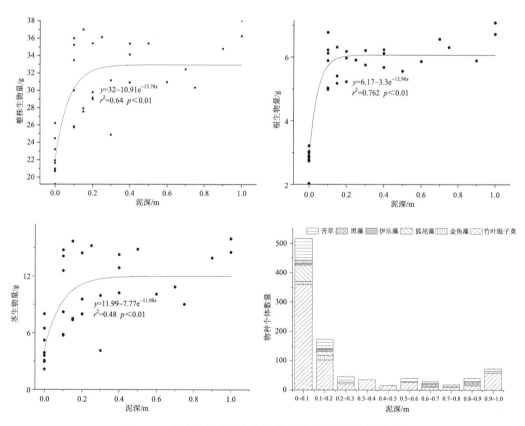

图 3-33　沉水植物各器官生物量和群落结构随泥深变化

　　湖泊沉积物给水生植物提供固着和营养，硬底和软底影响植物的扎根和沉积物的再悬浮，因此，底泥太硬和太软都不利于沉水植物的生长。太湖沉水植物生物量和个体数量都在泥深为 0.2m 时达到最高，可见，对于大部分有根沉水植物来说，0.2m 是较为合适的沉积物深度阈值。

　　（3）营养盐的阈值。

　　太湖东部有水草区包含贡湖湾、镇湖湾、光福湾、胥口湾和东太湖，这些湖区营养盐含量从北到南逐渐减小，通过分析沉水植物群落结构和主要营养盐因子变化可以看出（图 3-34），最北部的贡湖湾是草-藻混合湖区，沉水植物群落结构单一，主要以竹叶眼子菜为主。因为竹叶眼子菜属于冠层型，枝条伸出水面可以抵抗藻类的光限制。胥口湾是太湖水质最好的湖湾，沉水植物多样性最为丰富且个体数量最多、覆盖度最大，水体透明度最高。东太湖沉水植物多样性也很丰富，但个体数量不大，水体营养盐显著高于胥口湾，且有大量蓝藻存在。

　　因此，从太湖经过多年演替之后沉水植物群落的分布状态可以初步总结，太湖中沉水植物能够生存的营养盐状态为 TP < 0.033mg/L、TN < 3.2mg/L，而如果以水质最好的胥口湾的水环境为准，则水体营养盐应为 TP < 0.027mg/L、TN < 2.6mg/L。

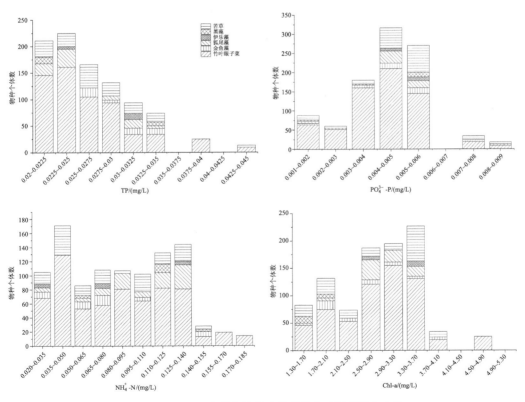

图 3-34　沉水植物群落结构随营养盐和叶绿素梯度变化

　　不同种类的沉水植物对营养盐的适应范围也不一样，下面根据七种常见的沉水植物对水体营养盐的适应区间来反映营养盐的阈值。狐尾藻、竹叶眼子菜、黑藻、苦草、微齿眼子菜、菹草和金鱼藻所在水体总氮的平均值分别为 1.23mg/L、1.30mg/L、1.31mg/L、1.32mg/L、1.39mg/L、1.40mg/L 和 1.55mg/L。菹草、竹叶眼子菜和金鱼藻为耐污种，所在水体总氮浓度范围较大，分别为 0.42～5.20mg/L、0.40～4.40mg/L 和 0.38～4.00mg/L，如图 3-35 所示。

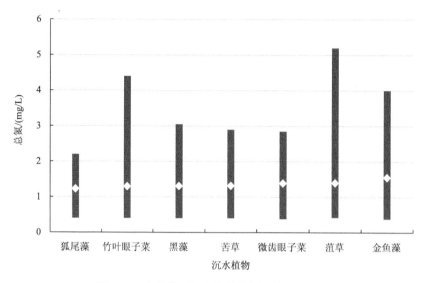

图 3-35　七种常见沉水植物总氮阈值分布区间

柱中白色菱形表示均值；下同

　　菹草、微齿眼子菜、狐尾藻、黑藻、金鱼藻、苦草和竹叶眼子菜所在水体总磷平均值分别为 0.06mg/L、0.14mg/L、0.17mg/L、0.19mg/L、0.20mg/L、0.20mg/L 和 0.22mg/L（图 3-36）。微齿眼子菜分布在较清洁的水体中，且对总磷的耐受范围低，为 0.1～0.17mg/L。

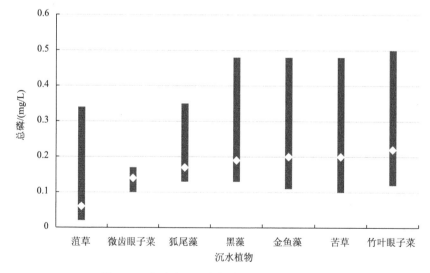

图 3-36　七种常见沉水植物总磷阈值分布区间

微齿眼子菜、黑藻、竹叶眼子菜、狐尾藻、金鱼藻、苦草和菹草所在水体氨氮的平均值分别为 0.17mg/L、0.23mg/L、0.24mg/L、0.26mg/L、0.29mg/L、0.29mg/L 和 0.32mg/L（图 3-37）。微齿眼子菜能够忍耐的氨氮浓度范围较低，为 0.04～0.33mg/L；而菹草对氨氮的耐受程度比较高，其分布水体的氨氮浓度范围为 0.1～3.65mg/L。

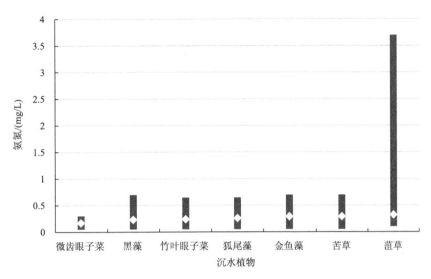

图 3-37　七种常见沉水植物氨氮阈值分布区间

（4）pH 的阈值。

沉水植物适应的 pH 范围在种类间存在较大差异，从沉水植物多样性和生物量随 pH 变化可以看出（图 3-38、图 3-39），沉水植物多样性和生物量 pH 在 7.85～8.00 和 8.35～8.60 两个区间段表现最显著，因此，可以初步判断其最适宜 pH 范围约为 8.35～8.60，这与 Vestergaard 和 Sand-Jensen[42]的观点——水生植物在硬水湖泊（pH > 7.0）物种丰富度高于酸性的湖泊——一致。因此，一般可以认为，沉水植物的适宜 pH 阈值为弱碱性。

（5）透明度的阈值。

同样根据七种常见的沉水植物对透明度的适应区间分析阈值。微齿眼子菜、狐尾藻、苦草、金鱼藻、黑藻、菹草和竹叶眼子菜大量生存所在水体的透明度的平均值分别为 1.09m、1.06m、0.89m、0.79m、0.77m、0.68m 和 0.64m（图 3-40）。其中，微齿眼子菜分布水体的透明度较高，平均透明度达到了 1.09m；而菹草和竹叶眼子菜分布在较浑浊的水体中，平均水体透明度低，分别为 0.68m 和 0.64m。

透明度需要与水深综合考虑。沉水植物一般生长在透明度的 2～3 倍的水深范围内[43]，超出这个限度后植物的生长便会因缺少光辐射而受到抑制。因此，沉水植物适应透明度的阈值为 0.5～1.0m。同时，透明度和水深的比值在 1.9～3.3 之间波动，这个区间之外，水生植物种类单一，长势也较差。

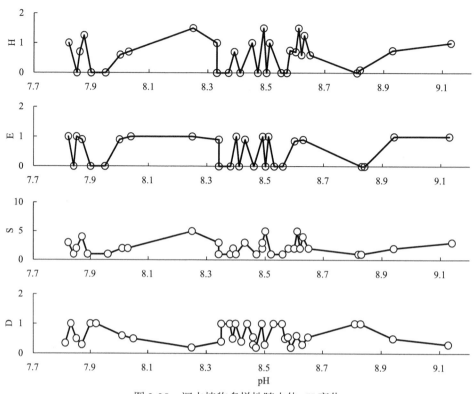

图 3-38　沉水植物多样性随水体 pH 变化
H:Shannon 指数；E:均匀度指数；S:丰富度指数；D:优势度指数

2. 沉水植物先锋种和建群种的选择

建群种是指群落中占优势的种类，它包括群落每层中在数量和体积上最大、对生境影响最大的种类，对群落结构和群落环境的形成有明显控制作用。先锋种一般指先驱种，是指在演替过程中首先出现的、能够耐受极端局部环境条件且具有较高传播力的物种。

选择生态修复时沉水植物的先锋种和建群种，首先需要明确各种生境条件以及适应这种条件的植物种类。以太湖为例，有水草的湖区（贡湖湾、镇湖湾、光福湾、胥口湾和东太湖）集中在东部，通过分析沉水植物群落结构和主要环境因子变化可以看出（图 3-41），最北部的贡湖湾是草-藻混合湖区，风浪较大、水质较差，存在蓝藻，所以沉水植物群落结构单一，主要以竹叶眼子菜为主，偶见伴生狐尾藻、苦草和黑藻。这是因为竹叶眼子菜属于冠层型沉水植物，枝条伸出水面可以抵抗藻类等的光限制，且枝条柔韧性好，可以抵抗风浪扰动造成的机械损伤。胥口湾是太湖水质最好的湖湾，水体透明度最高，水体营养盐含量低，因此沉水植物多样性最为丰富，且个体数量最多、覆盖度最大。东太湖水体营养盐显著高于胥口湾，且有大量蓝藻存在，沉水植物多样性也很丰富，但个体数量不大，竹叶眼子菜占优势，伴生苦草、狐尾藻等，常见种类在该湖区均有分布。值得一提的是，竹叶眼子菜在每个湖区都存在，且分布在距离岸边最远的相对深水区，可以看出竹叶眼子菜对环境的适应性强，且对岸边带沉水植物群落的存在起到很大的保护作用。

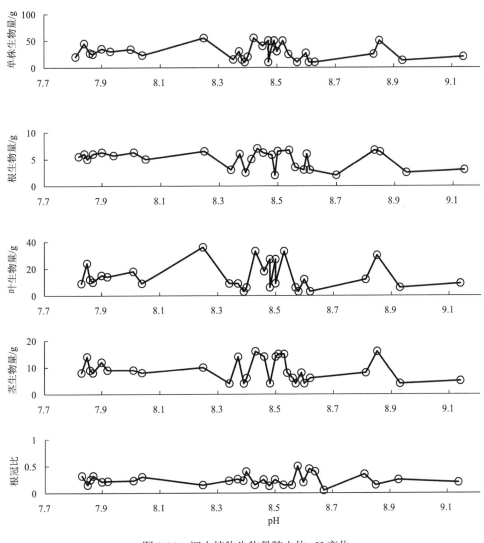

图 3-39 沉水植物生物量随水体 pH 变化

其次，应尽可能收集当地沉水植物群落多年演替的主要物种组成数据。仍以太湖为例，20 世纪 60 年代[图 3-42（a）]，太湖水生植物分布较为广泛，东太湖水草种类最丰富，分布面积也最广。该区及附近水域有 66 种水生植物，沉水植物优势种为竹叶眼子菜和苦草，水草总量占全湖 80%以上。其次为西太湖沿岸，竺山湖也有零星沉水植物出现，主要为竹叶眼子菜。沿岸岛屿之间有成片竹叶眼子菜（如东洞庭山与西洞庭山之间）与其他种类水草出现。80 年代[图 3-42（b）、（c）]，太湖水生植物主要分布在东太湖，生物量占全湖 80.2%。沉水植物主要分布在东太湖及竺山湖和杨湾一带，优势种为苦草、竹叶眼子菜、狐尾藻和黑藻。90 年代初期，太湖水生植物主要分布在东太湖、胥口湾、望亭湾及竺山湖区北部，其中东太湖生长最好，沉水植物优势种为苦草和微齿眼子菜。胥口湾主要为沉水植物，近岸以苦草占优势，外围以竹叶眼子菜为主。望亭湾有较大面

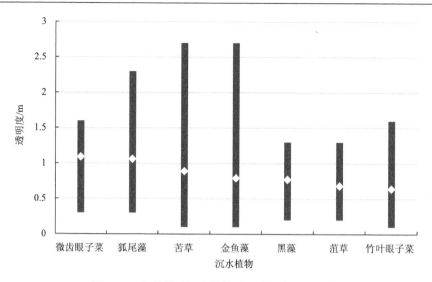

图 3-40　七种常见沉水植物透明度阈值分布区间

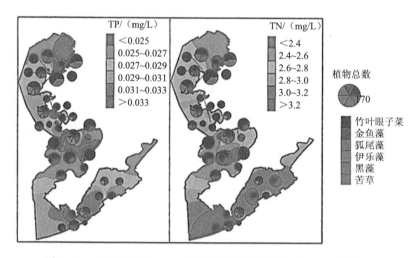

图 3-41　太湖东部 TP、TN 含量及沉水植物分布（2014 年夏季）

积的沉水植被，近岸以微齿眼子菜为主，中间带为竹叶眼子菜与黑藻混生，靠近大贡山一带优势种为竹叶眼子菜。竺山湖有小面积苦草，长势良好。90 年代末期[图 3-42（d）]，太湖水生植物分布特点是：东太湖几乎 100%被水生植物覆盖，水生植物种类在各植被区域中也最丰富，微齿眼子菜、竹叶眼子菜、苦草、芦苇、菰、杏（荇）菜和沼针蔺等为建群种，其他如菹草、狐尾藻（聚草）等为伴生种。微齿眼子菜占沉水植物区面积约40%，分布于西部沿岸区、北部湖心区及北部沿岸；竹叶眼子菜在湖心区形成优势，并向北部近岸带扩展；苦草则主要分布于东太湖交接的西南部区域。沿洞庭东山北（胥湖）向东和向北沿岸带直到贡湖北岸（四个湖湾），水草生长有三个特点：即北部疏南部密，优势种群均为竹叶眼子菜。东菱嘴西部至泽山以南以及洞庭东山南部水域，水草覆盖率由西向东逐渐增加，优势种群为竹叶眼子菜及个别点的黑藻。在洞庭东山西南延伸至南

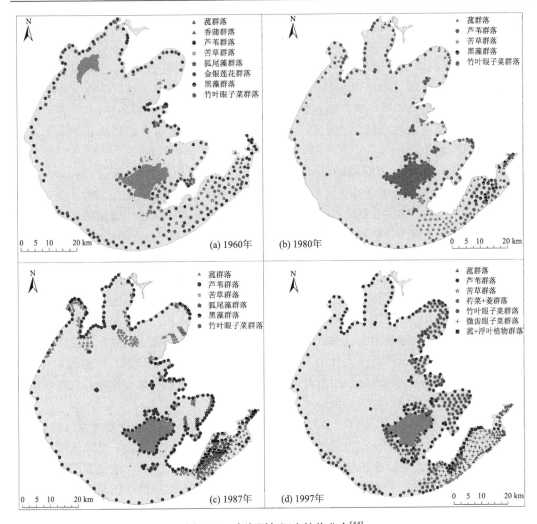

图 3-42　太湖历年沉水植物分布[44]

部沿岸，沉水植物生长较为旺盛，优势种为竹叶眼子菜。西部及北部湖区的沿岸带分布着以芦苇为主的大型水生植物，在大钱口东西两侧的沿岸带分布着竹叶眼子菜等沉水植物。万犊口附近水域，分布着较大量的沉水植物，苦草为主要优势种。竺山湖未见水生植物。

2000 年以来太湖沉水植物优势种为竹叶眼子菜和苦草。2001～2003 年，东太湖与中心湖区相连水域的沉水植物向着东太湖湖口的方向退化，其他水生植被的分布区有所扩展；2001 年竺山湖有小面积沉水植被出现，后两年则消失。2004 年夏季，沉水植被主要以竹叶眼子菜为主，主要在南部沿岸湖区增加（三山、泽山、大雷山附近及以南），而分布在贡湖湾的沉水植被在减少。竺山湖无沉水植被出现。2007 年夏季，沉水植物分布呈现减少的趋势，主要发生在东太湖的贡湖湾、胥口湾、东山湾及三山岛附近。竺山湖无沉水植物出现。竹叶眼子菜大面积片状分布区主要集中在泽山、三山和小雷山以南水域，在胥口湾、光福湾和镇湖湾有小面积簇状分布；而苦草主要分布在东太湖、胥口湾以及西山岛和洞庭东山之间的水域，南太湖也有少量分布。2014 年竹叶眼子菜群落最为多见，包括竹叶眼子菜群落、苦草群落、微齿眼子菜群落、竹叶眼子菜-微齿眼子菜群落、微齿眼子菜+黑藻群落、竹叶眼子菜+狐尾藻-金鱼藻群落。其中，竹叶眼子菜群落分布区面积最大，从东北部湖区一直到南部湖区均有大面积连片分布，但该群落或呈零星分布，或呈斑块状分布，总体覆盖度一般小于 1%。苦草群落分布区位于东西山之间水域。竹叶眼子菜+狐尾藻-金鱼藻群落大面积分布于东太湖及东西山之间水域。

因此，从沉水植物群落结构和分布的多年变化可以看出，从时间上，竺山湾在 20 世纪 60 年代沉水植物分布很少，后来逐渐出现竹叶眼子菜，各湖区也是以竹叶眼子菜为优势种；而从沉水植物在各湖区的分布看，除了 90 年代末期，太湖以微齿眼子菜为优势种外，竹叶眼子菜皆为优势种。根据先锋种的概念，从时间和空间都可以断定，竹叶眼子菜和苦草是太湖沉水植物的先锋种。在太湖沉水植物群落演替的前期一直具有绝对优势，而且同时也是建群种。竹叶眼子菜最大生存水深可达 4m，在太湖富营养化严重的竺山湾和梅梁湾亦有零星分布，更是草-藻型湖区贡湖湾的主要种类，一度是该湖区的唯一沉水植物种类，而在泥深水浅的东太湖优势明显减少；另外，竹叶眼子菜枝条柔韧性强，具匍匐枝，抗风浪能力强，适宜扎根于硬质土壤。因此，我们在进行水生植物恢复时把竹叶眼子菜种植在恢复区的外围（距湖滨带远），这里相对水较深、风浪较大，恢复区初始营养盐较高，这样充分利用竹叶眼子菜抗风浪、抵制光限制等优势，为沉水植物恢复初期奠定基础环境，起到先锋作用。

从太湖沉水植物时空变化看，狐尾藻和苦草都是优势种，且为竹叶眼子菜的共优种，虽然苦草在个体数量上不一定占绝对优势，但它作为莲座型沉水植物，对降低底泥再悬浮和提高水质，为其他沉水植物的生长提供优良环境起到很大作用，决定着群落内部的结构和特殊环境条件，是群落的创造者、建设者，是群落的优势种，也是建群种。苦草在污染最重的竺山湾曾经有大面积分布，因此，苦草可广泛种植于恢复区，生态恢复时使其与竹叶眼子菜伴生，达到从上至下立体改善水质的作用。

因此，根据目标湖泊的水生植物的演替情况，基于主要沉水植物的习性和抗逆性阈值，以及目标湖泊环境因子特征，可以确定用来进行草型生态系统重构的先锋种和建群种。

3.3.2　水生植物的定植技术

1. 水生植物的定植基质

由于沉水植物生长环境的特殊性，一般很难通过直接栽种进行定植。目前，围绕其定植技术开展了大量的研究，形成了一些较为成熟的定植技术，比如种子或营养体繁殖法、叉子种植法、直接抛掷法、容器育苗种植法、沉重法，以及向模块化和便捷化方向发展的方法，如种植毯、穴盘法等新型的种植方法等。

种子或营养体繁殖法：主要是针对可进行种子或营养体繁殖的植物种类，直接撒播种子或营养体进行沉水植物的种植。

　　叉子种植法：一般用一头带叉的竹竿或木杆作为工具，作业时，作业人员乘船用叉子叉住植株的茎部，插入沉积物中。此法适宜于丛生的沉水植物，如黑藻、狐尾藻、篦齿眼子菜、水盾草等。或单生的多株种植，如将苦草、竹叶眼子菜等 5～6 株捆绑后种植。适用范围：软底泥在 10cm 以上，水深 0.5～2.0m 甚至更深的水体（水深在 0.5m 以内，施工人员可直接种植；超过 0.5m，需要借助工具）。

　　直接抛掷法：如金鱼藻、菹草等可直接抛入水中，适用于静水体，不适宜于流动水体。若干天后，这些植物会自然沉入水底，生根萌发新芽。适用于底部浆砌或无软底泥发育的水体，对水深没有要求。

　　容器育苗种植法：种植区水的透明度不够或种植后要立即有效果的，可将沉水植物先栽种在营养钵中，培养好后再种植。

　　沉重法：主要是针对湖泊底部缺乏松软底质条件或者水深较深的情况下进行沉水植物种植，原理是通过各种材质将植株根部包裹，然后抛入水中。然而，沉重法往往在抛投入水后包裹材质容易化开或长久不化开，导致水生植物种植成活率大为降低。因此，在传统沉重法的基础上对基质进行改良，重新优化水生植物包埋基质，通过添加适宜材料提高包埋土团外层的黏性，同时适当增加包埋土团的营养水平，具有重要实践价值。

　　选择黄棕壤与湖泊清淤底质作为基质，选用 RT-PAM 系列土壤黏合剂（胶粉 A30）作为黏合剂，该黏合剂是超高分子量聚丙烯酰胺（PAM）为基础生产的土壤调理产品，属于人工合成的高分子长链聚合物，溶于水而不分层，无色无毒，分解产物为水、二氧化碳和氮气。依据该黏合剂的使用经验和相关参考文献，设置了 5 种配比方案，见表 3-7。土壤与黏合剂充分混匀后增压过筛，形成直径 1～2cm 规格的圆形颗粒团，然后放入试验池中进行原位观测，每种配比放置 100 粒，观察颗粒的形状保持情况与分散度。

表 3-7　水生植物定植基质配比

	黏合剂量/g	培土量/kg	配比
A	10	100	1:1 万
B	20	100	2:1 万
C	50	100	5:1 万
D	100	100	10:1 万
E	200	100	20:1 万
对照	0	100	0

　　图 3-43 中分别显示了黄棕壤和淤泥底质在不同黏合剂配比情况下颗粒形状随时间变化的保持状态和分散度。可以看出，在不加任何黏合剂情况下，黄棕壤 1 周内全部分散，而淤泥在 1 周内的分散度为 57%，5 周后分散度为 85%，依然有部分颗粒保持完整状态，则说明淤泥底质本身比黄棕壤具有更好的黏合性。

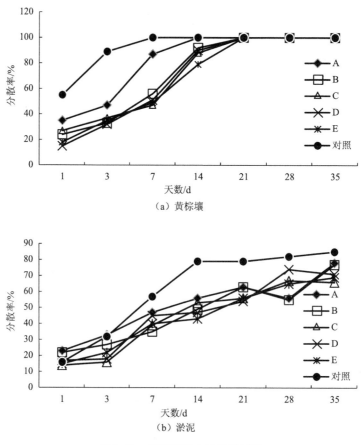

（a）黄棕壤

（b）淤泥

图 3-43　培养基质水体分散试验

在添加黏合剂情况下，黄棕壤 1 周内的分散度分别为 87%（A）、56%（B）、47%（C）、51%（D）和 49%（E），3 周内分散度均为 100%，表明黏合剂对黄棕壤在水下有较明显的黏合保持效果，其中 2∶1 万效果明显高于 1∶1 万的配比，但和后面更高的配比率也无显著差异。淤泥底质和对照相比，在 1 周内 1∶1 万和 2∶1 万配比分散率与对照无明显差异，分散率均在 30% 左右，而 5∶1 万、10∶1 万和 20∶1 万配比分散率则下降趋势明显，分散率在 20% 左右。5 周内各配比分散率无明显差别，和对照相比普遍下降 10%～15% 左右。这也表明黏合剂对淤泥底质培养基也有一定的效果，其中高浓度配比效果要优于低浓度配比，但这种效果会随时间延长而有所下降。综上，从经济适用性角度选择，胶粉 A30 黏合剂和黄棕壤间 2∶1 万的配比是相对较优的定植基质配比方案。

2. 水生植物的快速定植

1）水生植物不同定植技术的比选

一般湖泊水域面积宽广、风浪大，适合水生植物生长的软性基质都被风浪冲刷带走，形成广袤的硬质湖底，非常不利于水生植物的萌发与生长。同时，城市湖泊一般是城市景观的重要组成部分，对水位控制较严。沉重法由于对底质要求较低，操作方便，且对水深要求低，成为常见的沉水植物种植方式。这里介绍了 4 种培养基质的包覆材料，即生态布、纤维网袋、粗麻布袋以及粗瓷陶罐，对黄棕壤和淤泥质土添加最优比例黏合剂（2：1 万）后混合苦草与黑藻种子进行试验（表 3-8），定期观测植物生长状况与群落形成特征。

表 3-8 定植培养条件设置

序号	包覆材料	基质
处理 1	生态布	壤土+黏合剂
处理 2		淤泥+黏合剂
处理 3	纤维网袋	壤土+黏合剂
处理 4		淤泥+黏合剂
处理 5	粗麻布袋	壤土+黏合剂
处理 6		淤泥+黏合剂
处理 7	仿生式粗瓷陶罐	壤土+黏合剂
处理 8		淤泥+黏合剂

定植培养条件具体包括：仿生式粗瓷陶罐、复合培养基质、固定锚以及预培水生植物等（图 3-44）。生态纤维布袋原材料为聚酯纤维针刺无纺布。复合培养基质由淤泥、壤土、有机堆肥和土壤黏合剂混合而成。固定锚由粗瓷陶胚烧制而成，其顶部有球形固定绳扣，中部为圆柱状锚柱，底部为 3 个等距分布的锚齿。水生植物预先培育是把所选植物种子与培养基混匀后填装入生态布袋中，放置适合容器中进行预培养至植物苗条钻露生态布袋外 3～5cm。

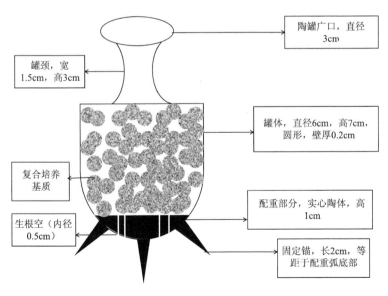

图 3-44 仿生式粗瓷陶罐型

生态布、纤维网袋和粗麻布袋包覆材料都改良成锚定式定植方法（图 3-45），以应对大面积水域水动力较强的状况，实现在硬质基底水域较快较好栽植水生植物的目的。

图 3-45　锚定式生态布型

图 3-46 为 8 种处理下苦草与黑藻的萌发情况。苦草和黑藻发芽率分别为 57%～87% 和 31%～82%，苦草的发芽率高于黑藻。从结果看，苦草以粗瓷陶罐+壤土+黏合剂配置最高，其次为处理 3，即纤维网袋+壤土+黏合剂，而以生态布+淤泥+黏合剂配置方案发

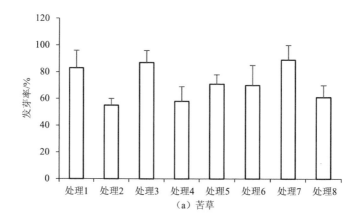

（a）苦草

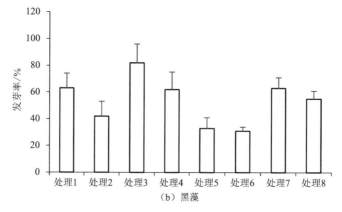

（b）黑藻

图 3-46　不同定植技术苦草与黑藻发芽率

芽率最低；黑藻则以纤维网袋+壤土+黏合剂配置最高，依次为粗瓷陶罐+壤土+黏合剂和生态布+壤土+黏合剂，而以粗麻布袋+壤土+黏合剂以及粗麻布袋+淤泥+黏合剂最低。此外，也可以看出，无论是苦草还是黑藻，黄棕壤的发芽率要高于淤泥质培养基质，这可能与淤泥基质中有较高的还原性物质有关。

图 3-47 为 8 种处理下苦草与黑藻花期时植株均高。可以看出，苦草以生态布+淤泥+黏合剂植株最高，其次以粗麻布袋+壤土+黏合剂和纤维网袋+淤泥+黏合剂相对较高，而以粗麻布袋+淤泥+黏合剂以及粗瓷陶罐+壤土+黏合剂最低。不同处理下黑藻均高在 74～90cm 之间，其中以纤维网袋+淤泥+黏合剂和粗麻布袋+淤泥+黏合剂株高最高，而以生态布+淤泥+黏合剂和粗麻布袋+壤土+黏合剂最低。这也表明淤泥质基质有利于植株的生长，这与其本身含有较高的营养盐有关。

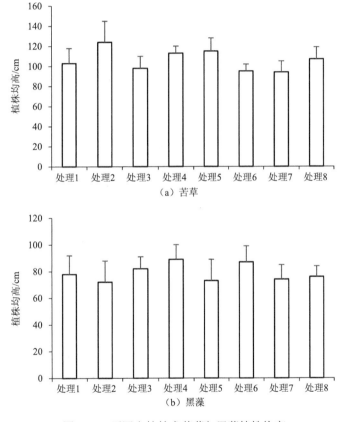

图 3-47　不同定植技术苦草与黑藻植株均高

图 3-48 为 8 种处理下苦草与黑藻花期时植株均重。单株重是植物生长过程中的重要生理生态指标之一，能反映植物对环境的适应性水平的高度。相比较而言，不同方案下苦草株重以粗瓷陶罐+壤土+黏合剂、粗麻布袋+壤土+黏合剂以及生态布+壤土+黏合剂最高，以生态布+淤泥+黏合剂和粗麻布袋+淤泥+黏合剂最低。黑藻花期不同处理株重在24～37g 之间，其中以粗瓷陶罐+壤土+黏合剂最高，其次为生态布+壤土+黏合剂和粗瓷陶罐+淤泥+黏合剂，分别为 32g 和 35g。这表明壤土有利于苦草的高度和重量，而黑藻

偏好壤土质基质，此外包覆条件对水生植物的生长也有显著影响。

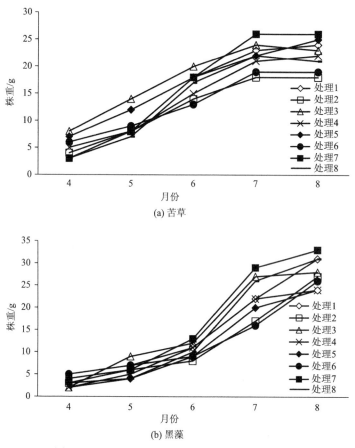

(a) 苦草

(b) 黑藻

图 3-48 不同定植技术苦草与黑藻植株均重变化

促进适宜水生植物的萌发、生长、聚集，进而演变成相应的优势种群落是水生生态系统修复的主要途径。群落的形成是判别水生生态系统修复的重要参考指标，群落覆盖度能较好反映植物的生长动态、种群构建以及对环境的适应性。图 3-49 为不同处理下苦草和黑藻的群落覆盖度，可以看出苦草群落覆盖度在 63%～92%，黑藻在 46%～74%，

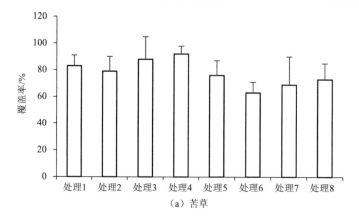

（a）苦草

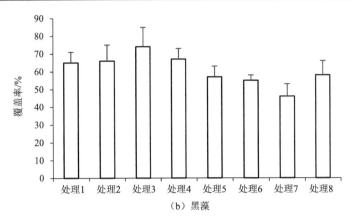

（b）黑藻

图 3-49　不同定植技术苦草与黑藻群落覆盖度

苦草群落覆盖度高于黑藻，这可能与苦草能快速形成种群聚集有关。不同处理组比较来看，纤维网袋和生态布包覆有利于苦草和黑藻的群落覆盖度提升，这 2 种包覆处理覆盖度高于粗麻布袋和粗瓷陶罐处理。

图 3-50 中分别显示了不同处理苦草和黑藻的物种丰富度指数。其中苦草物种丰富度指数在 0.024～0.335，以纤维网袋+淤泥+黏合剂最高，其次为粗麻布袋+淤泥+黏合剂和

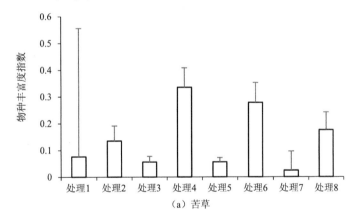

（a）苦草

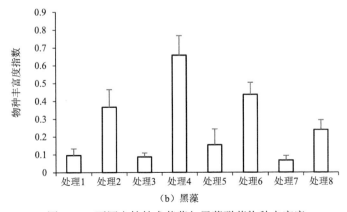

（b）黑藻

图 3-50　不同定植技术苦草与黑藻群落物种丰富度

粗瓷陶罐+淤泥+黏合剂，以粗瓷陶罐+壤土+黏合剂最低。黑藻显示出相似的趋势，以纤维网袋+淤泥+黏合剂最高，其次为粗麻布袋+淤泥+黏合剂和生态布+淤泥+黏合剂，物种丰富度分别为 0.658、0.437 和 0.367，而以粗瓷陶罐+壤土+黏合剂最低。这表明淤泥质基质有利于物种丰富度的提高和结构的重建，这可能与淤泥中的原有水生植物种质资源有关。

　　多样性指数是一种较好地反映个体密度、生境差异、群落类型、演替阶段的指数，常用于表征植物群落物种构成的复杂程度，反映植物群落的健康与稳定水平。图 3-51 中显示了不同处理苦草和黑藻的多样性指数。多样性指数趋势与物种丰富度大致相同，不同处理间苦草和黑藻分别在 0.067~0.518 之间和 0.094~0.829 之间。两种植物均以纤维网袋+淤泥+黏合剂最高，其次为粗麻布袋+淤泥+黏合剂和生态布+淤泥+黏合剂，壤土基质相对较低。

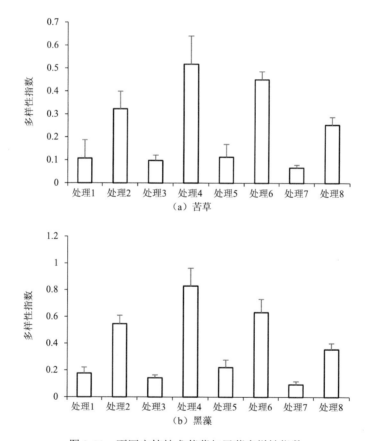

图 3-51　不同定植技术苦草与黑藻多样性指数

　　综上，不同水生植物对定植技术条件存在不同响应，体现在发芽率、生长速度、生物量以及生物多样性上。苦草与黑藻以黄棕壤为基质的发芽率均高于淤泥基质，苦草株重以粗瓷陶罐+壤土+黏合剂最高，黑藻则以粗瓷陶罐+壤土+黏合剂最高。苦草和黑藻多样性指数均以纤维网袋+淤泥+黏合剂最高，淤泥质基质更有利于水生植物种群结构恢复。

2）定植技术的应用

为对比仿生式粗瓷陶罐型和锚定式生态布型两种新型定植技术的优越性，选择 3 种典型本土植物，即苦草、狐尾藻和黑藻，分别通过仿生法与锚定法两种快速定植方式在贡湖湾小溪港河口进行了原位水生植物快速定植应用实践。

图 3-52 显示了 3 种水生植物的水生植物群落覆盖度变化情况。可以看出锚定法下苦草、黑藻和狐尾藻的覆盖度比仿生法明显要高。两种定植方式对不同植物影响也不尽相同。其中狐尾藻采用锚定法在 5 月份覆盖率即达到 70%以上，而采用仿生法在 6 月底 7 月初期间达到 70%。两种方法下苦草的覆盖度相对较低，9 月份到达最高值，分别为 43%（仿生法）和 48%（锚定法）；黑藻与苦草类似，最高值均不超过 60%，其中锚定式方法覆盖度略高于仿生式。

图 3-53 显示了水生植物群落优势种优势度变化情况。狐尾藻两种定植方式优势种优势度时间变化趋势比较一致，随时间呈波折下降趋势。其中以最初萌发期最高，接近 100，其后逐渐下降，9～10 月间最低，接近 80。仿生法下苦草在前期均保持较高的优势种优势度，6 月开始下降，从接近 100 下降到 94，7 月又快速下降到 78 后趋于稳定。锚定法下苦草从开始即呈下降趋势，7 月下降到 75 后也趋于稳定。黑藻两种方法下在 3～6 月均保持极高的优势种优势度，7 月也快速下降到 82（仿生法）和 78（锚定法）。这主要是 6～7 月随着环境演变，水体中其他水生植物物种开始迁入，使得群落结构复杂化，优势种优势度下降。

图 3-54 显示了水生植物群落物种丰富度变化情况。在种植初期，即 3～4 月，两种方法下狐尾藻均保持了单一物种，丰富度指数为零，5 月开始有其他植物物种迁入或生长。其中锚定法物种丰富度 5～6 月显著高于仿生法，这表明这一期间锚定法有利于其他物种的嵌入。7～8 月狐尾藻物种丰富度快速上升，其后相对稳定。与狐尾藻类似，苦草在种植前期也保持了极低的物种丰富度，其中仿生法前 3 个月丰富度为零，锚定法也仅为 0.064（4 月）。可以明显看出在整个原位试验期间，锚定法下的物种丰富度一直要高于仿生法。

图 3-55 显示了两种种植方式下典型水生植物多样性指数（Shannon-Wiener index）变化情况。其中狐尾藻群落生物多样性变化与物种丰富度变化相类似，初期均为零值，呈单一物种群落，5 月仿生法与锚定法多样性指数分别为 0.025 和 0.117，后者显著高于前者。6～7 月是生物多样性快速上升期，随后略有下降。苦草在定植初期也呈单一物种群落态势，多样性指数极低。但在 4～5 月期间，锚定法下生物多样性指数快速上升，而仿生法依然保持在极低值，其后在 7～8 月间才呈快速增加态势。可见，锚定法下的水生植物多样性指数要高于仿生法。原位实践证明，仿生式粗瓷陶罐型和锚定式生态布型两种技术相比，锚定法对植物的生长和群落的稳定更有利。

3）快速定植与传统定植技术

鉴于基于"基质改良-微生境营造-预培育"的两种定植技术（仿生法和锚定法）对水生植物恢复的优良效果，这里与传统的泥球法和扦插法进行了对比，便于读者进行选择。

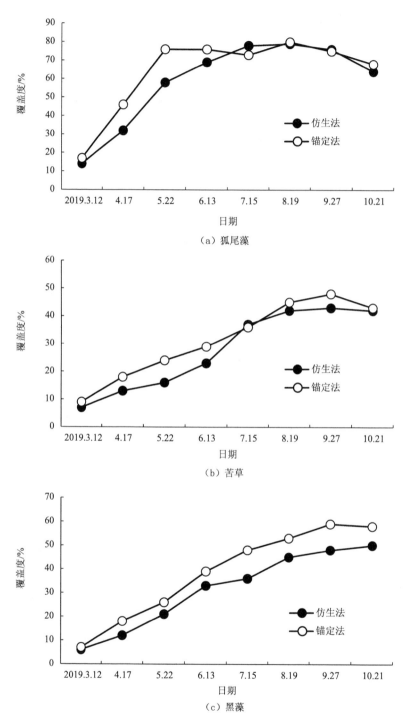

图 3-52　快速定植方式下典型水生植物群落覆盖度变化

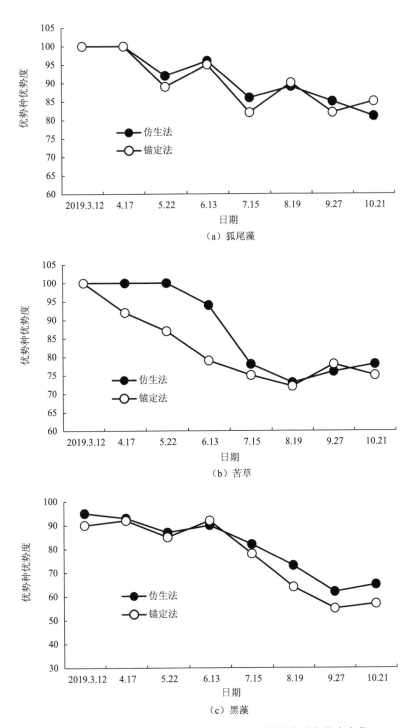

（a）狐尾藻

（b）苦草

（c）黑藻

图 3-53　快速定植方式下典型水生植物群落优势种优势度变化

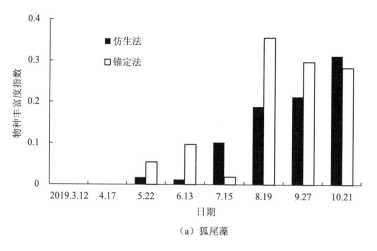

（a）狐尾藻

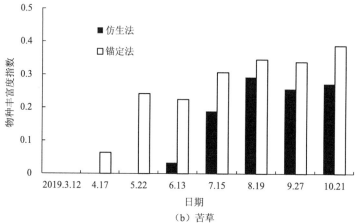

（b）苦草

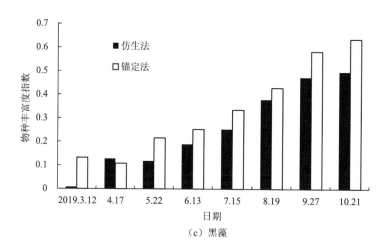

（c）黑藻

图 3-54　快速定植方式下典型水生植物群落物种丰富度变化

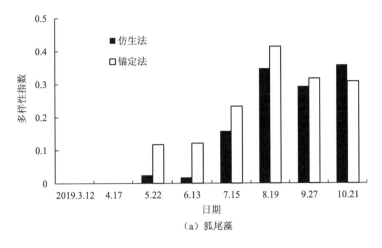

（a）狐尾藻

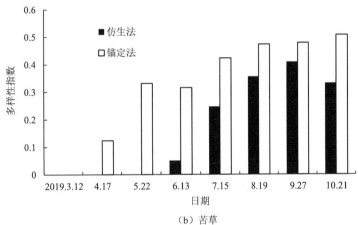

（b）苦草

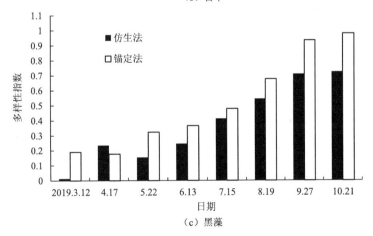

（c）黑藻

图 3-55　快速定植方式下典型水生植物多样性指数变化

图 3-56 显示了仿生法、锚定法以及传统泥球法和扦插法四种定植方式下狐尾藻、苦草与黑藻的种群覆盖度的变化。可以看出，仿生法与锚定法种植的三种植物随时间的变化群落覆盖度均要高于传统种植方式。其中狐尾藻锚定法在初期最高，7 月后与仿生法差异不显著；苦草和黑藻均以锚定法种群覆盖度占优。传统扦插法对水生植物种群覆盖度的提升相对缓慢。

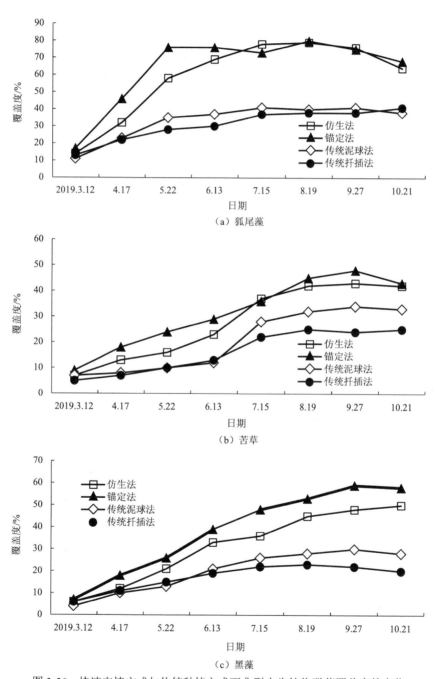

图 3-56 快速定植方式与传统种植方式下典型水生植物群落覆盖度的变化

图 3-57 显示了仿生法、锚定法以及传统泥球法和扦插法四种种植方式下狐尾藻、苦草与黑藻的优势种优势度随时间变化。可以看出，由于初始培育时选用的单一植物物种，所以优势度均极高；随着时间的延长，其他物种也逐渐出现，其中仿生法与锚定法种植2 个月后狐尾藻种群优势度开始下降，5 月分别降至 90 与 88。对苦草而言，锚定法自 3月种植初始优势种优势度即开始呈下降趋势，8 月降至最低 75；而扦插法苦草种群的优势度变化稳定，保持较高水平，其中 3～5 月基本为单一物种，6 月后优势种优势度开始下降。这表明，在城市湖泊水体中不同的种植方式对水生植物优势种群的变化有显著影响，但种植方式之间的差异无明显规律，优势度主要受环境种源的影响。

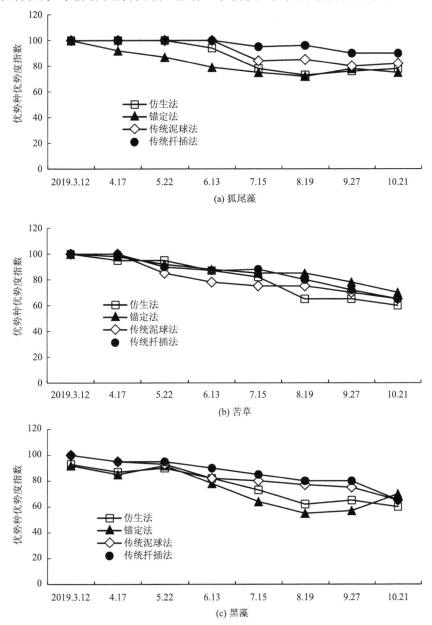

图 3-57　快速定植方式与传统种植方式下典型水生植物群落优势种优势度的变化

图 3-58 显示了仿生法、锚定法以及传统泥球法和扦插法四种定植方式下狐尾藻、苦草与黑藻的物种丰富度随时间变化。初始种植时都为单一物种，物种丰富度极低，随着时间的延长，各种定植方法下物种丰富度均开始呈不同程度上升。对狐尾藻而言，

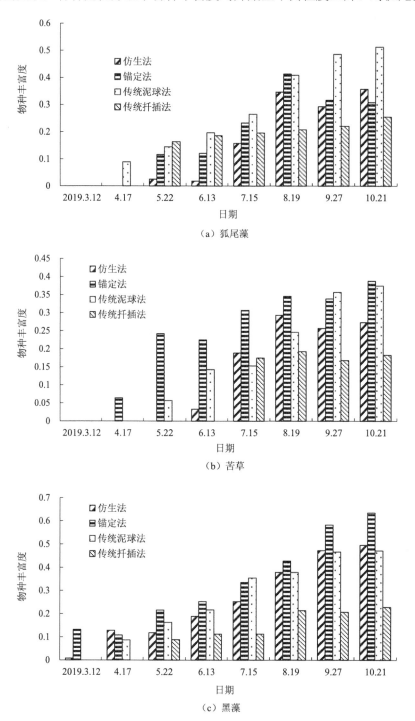

图 3-58 快速定植方式与传统种植方式下典型水生植物群落物种丰富度的变化

泥球法物种丰富度上升速度相对较快，3～6 月仿生法物种丰富度提升极慢，6 月仅为 0.025，而此时泥球法和扦插法分别为 0.145 和 0.167；但到后期，仿生法和锚定法物种丰富度上升趋势超过扦插法，10 月是扦插法物种丰富度在四种定植方式最低的时间。扦插法物种丰富度表现最低，锚定法比其他定植方式具有较高的物种丰富度。

图 3-59 显示了仿生法、锚定法以及传统泥球法和扦插法四种种植方式下狐尾藻、苦草与黑藻的群落生物多样性随时间变化。初始种植时都为单一物种，多样性指数较低，随着时间的延长，各种种植方法下多样性指数均开始呈不同程度上升，各种定植方式变化趋势与物种丰富度类似。相比较而言，锚定法在三种植物中都显示了利于群落生物多样性提升的优势，其次为仿生法和泥球法，扦插法的植物群落生物多样性恢复相对较慢。

总体而言，基质改良提供了水生植物生长的营养基质，室内预培养克服了城市富营养化水体透明度不高、水生植物不易萌发的困难。一方面为水生植物提供了稳定的生长基质，另一方面能够实现在硬质基底原位固定，从而为水生植物生长以及建群提供有利条件。研究结果表明，两种基于"先锋种筛选-基质改良-微生境营造-芽期预培育-原位锚定"为核心的快速定植技术均能有效提高水生植物的存活率，其中经过三个月的定植，狐尾藻种群覆盖度可高达 70%，苦草和黑藻种群覆盖度也接近 50%。

3.3.3　水生植物群落重构与快速稳定技术

1. 生态恢复方式与定植技术

生态恢复的方法主要分为物种框架法和最大多样性法。物种框架法是指建立一个或一群物种，作为恢复生态系统的基本框架。这些物种通常是植物群落中的演替早期阶段物种或演替中期阶段物种。这个方法的优点是只涉及一个（或少数几个）物种的种植，生态系统的演替和维持依赖于当地的种源（或称"基因池"）来增加物种，并实现生物多样性。因此这种方法是在距离现存天然生态系统不远的地方使用，或者在现存天然板块之间建立联系和通道时采用。

应用物种框架方法的物种选择标准：①抗逆性强：这些物种能够适应退化环境的恶劣条件。②能够吸引野生动物：这些物种的叶、花或种子能够吸引多种无脊椎动物（传粉者、分解者）和脊椎动物（消费者、传播者）。③再生能力强：这些物种具有"强大"的繁殖能力，能够帮助生态系统通过动物的传播，扩展到更大的区域。④能够提供快速和稳定的野生动物食物：这些物种能够在生长早期（2～5 年）为野生动物提供花或果实作为食物，而且这种食物资源是比较稳定的和经常性的。

最大多样性法是指尽可能地按照该生态系统退化以前的物种组成及多样性水平安排物种从而实现生态恢复，需要大量种植演替成熟阶段的物种，而并非先锋物种。这种方法适合于小区域高强度人工管理的地区，要求高强度的人工管理和维护。

为了对比两种生态恢复方法在湖泊水生植物群落重构中的效果，采用原位中试的方法，选择了穴盘法、泥球法和扦插法，植物材料选择竹叶眼子菜、狐尾藻、金鱼藻、苦草、黑藻和荇菜。物种框架法和最大多样性法都选择了竹叶眼子菜，为期 4 个月的监

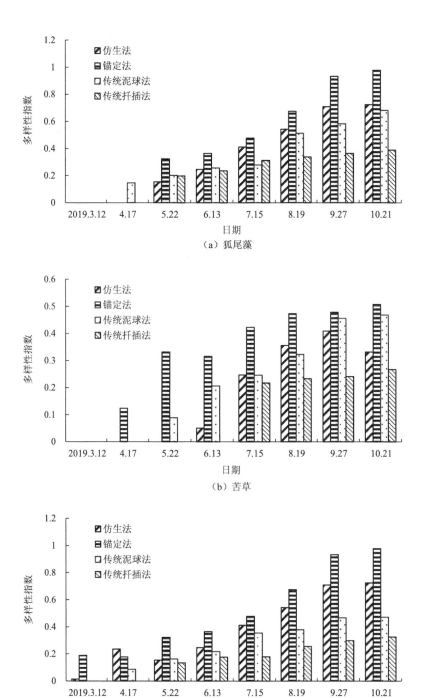

图 3-59　快速定植方式与传统种植方式下典型水生植物多样性指数变化

测结果显示（图 3-60），物种框架法中穴盘法栽植的竹叶眼子菜的株长明显大于另外两者，泥球法和扦插法两者株长较为接近。最大多样性法中，三种方法栽植的竹叶眼子菜株长间没有显著差异，但总体而言穴盘法栽植的植株株长仍普遍大于另外两种方法。

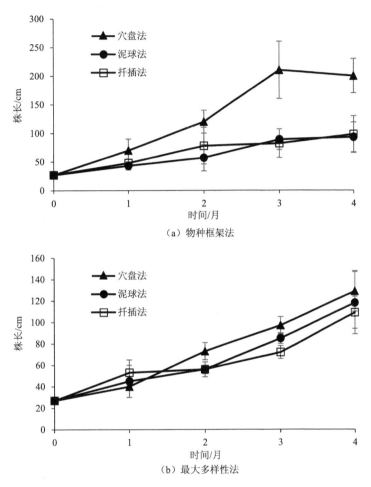

图 3-60　两种生态恢复方法、三种栽植技术竹叶眼子菜株长对比

　　最大多样性法除竹叶眼子菜外，还选择了狐尾藻、金鱼藻、苦草、黑藻和荇菜，从这些物种 4 个月的监测结果看，穴盘法栽植的狐尾藻、苦草和黑藻株长明显大于泥球法和扦插法，三种技术栽植的金鱼藻和荇菜株长差异不显著（图 3-61）。

　　现场观测表明穴盘法的植株根系较发达，另外两种技术栽植的植物无根或只有少量根，这样的现象在两种生态恢复方法中都存在，可见穴盘法最利于植物生根和生长，从而能够达到快速恢复的目的。另外，在试验后期，可在物种框架法的围隔中观察到少量狐尾藻、金鱼藻、黑藻和大茨藻等的存在。说明渔网并未隔绝围隔内外联系，受试验过程中围隔内条件相对改善的影响，试验区原有水生植物种源逐渐在围隔内复苏生长，反映在水文、底质条件较好、种源丰富的区域，物种框架法可以在同年开始发挥作用。穴盘法栽植的最大多样性法中竹叶眼子菜株长小于物种框架法，则反映了多物种协同作

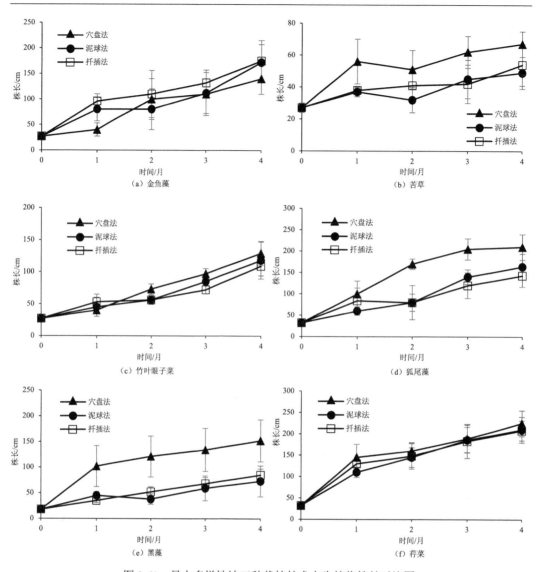

图 3-61　最大多样性法三种栽植技术水生植物株长对比图

用，体现植物群落的效应。最大多样性法栽植的多种水生植物，相比于物种框架法随机出现的其他物种，表现出更为健康的长势。总体而言，从植物本身生长势出发，最大多样性法可以更快地形成水生植物群落，实现快速稳定的目的。

　　围隔内外水体监测结果显示（图 3-62），与围隔外侧的水质相比，实施两种生态恢复方法后的水体透明度高，浊度、叶绿素、总磷、总氮、溶解性总氮和氨氮都低。总体而言，最大多样性法中穴盘栽植技术的水质最佳，其次是物种框架法中穴盘栽植技术。三种技术栽植的最大多样性法的水质略好于物种框架法。从对环境的改善效果出发，由于最大多样性法对于促进植物群落稳定具有优势，在短期内即可形成群落，因此短时间尺度试验结果显示其对水质的净化效果更好。同时，穴盘法最有利于植物的生根与生长。

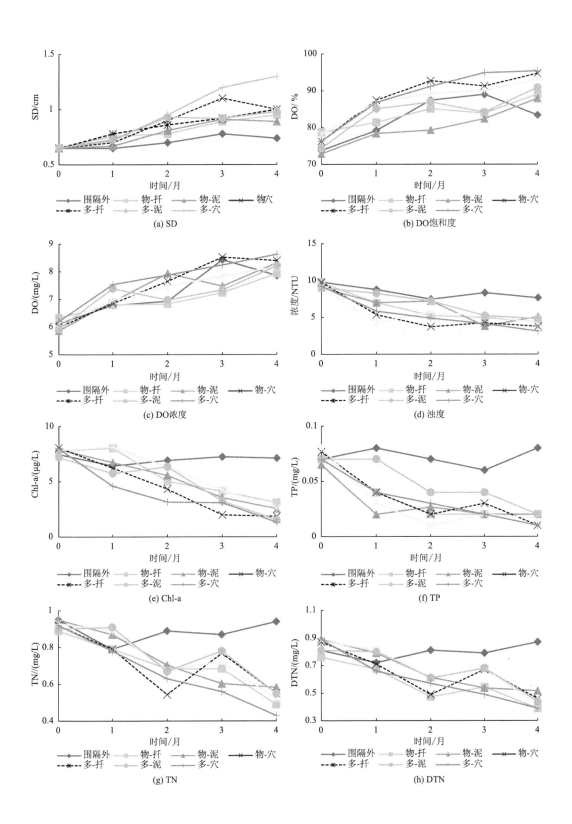

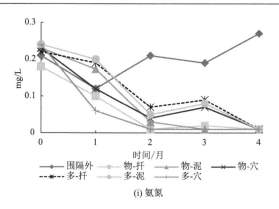

(i) 氨氮

图 3-62　两种生态恢复方法三种栽植技术围隔内外水质参数对比

综合水生植物自身长势与对环境改善效果,最大多样性法具有更好的群落构建效果,与穴盘技术结合,可以作为滨湖城市湖泊草型生态系统重构的推荐技术方案。

2. 水生植物群落的配置方式

最大多样性法尽可能地按照该生态系统退化以前的物种组成及多样性水平安排物种,从而实现最佳的生态恢复效果。在实际操作过程中,为了追求快速出效果,物种框架法应用的并不多,在 144 个样例中,仅有 2 例选择了 1 个种类,占比 1.4%;6 例选择了 2 个种类,占比 4.2%。大部分实践选用的是最大多样性法,而受种源以及操作难度等限制,选择种类数以 3~6 种居多,3 种、4 种、5 种、6 种分别为 27 例、21 例、40 例和23 例,共占比 77.1%。另外,最大多样性法中选择 7 种、8 种和 8 种以上种类数者分别为 10 例、8 例和 7 例,共占比 17.4 %。综合多方面因素,最大多样性法在湖泊生态修复实践中占主导地位,而在其中大多选择 3~6 种种类进行修复。

为了对比多样性法实际应用中不同种类和配置方式对水生植物群落恢复的影响,选择竹叶眼子菜、苦草、狐尾藻、金鱼藻、黑藻等五种沉水植物,采用穴盘法种植。设计三种组合:①竹叶眼子菜、苦草和狐尾藻,同等数量配置;②五个种类,同等数量配置;③四个种类同等数量配置,狐尾藻单独数量增加,为优势种。三种组合分别设置 40%和70%两种起始覆盖度,进行了为期 50 d 的水池模拟实验。实验结果显示不同物种组合处理间水生植物的重量和株长都没有显著性差异,而在相同种类组合中,起始覆盖度为 40%的处理水生植物的重量和株长大都略大于起始覆盖度为 70%的处理(图 3-63、图 3-64)。

各组合所在水池水体的主要水质指标如 TN、TP、电导率、溶解氧等都没有规律性差异(图 3-65),而与水生植物长势规律较为一致的是,起始覆盖度 40%的处理水体中的浊度(NTU)、溶解性总氮(DTN)和 Chl-a 都显示出略低于起始覆盖度 70%处理的趋势。特别是五个种类同等数量组合的方式,这几个指标最低,显示出略优的规律。

在客观条件较好的水池试验中,各组合处理间水生植物的长势和水体主要指标没有出现显著性的差异。但仍可以看到,五种植物平均配置和起始覆盖度 40%的处理,略好于其他处理。因此,五种植物平均配置和 40%起始覆盖度的组合可以作为草型生态系统重构的推荐技术方案。

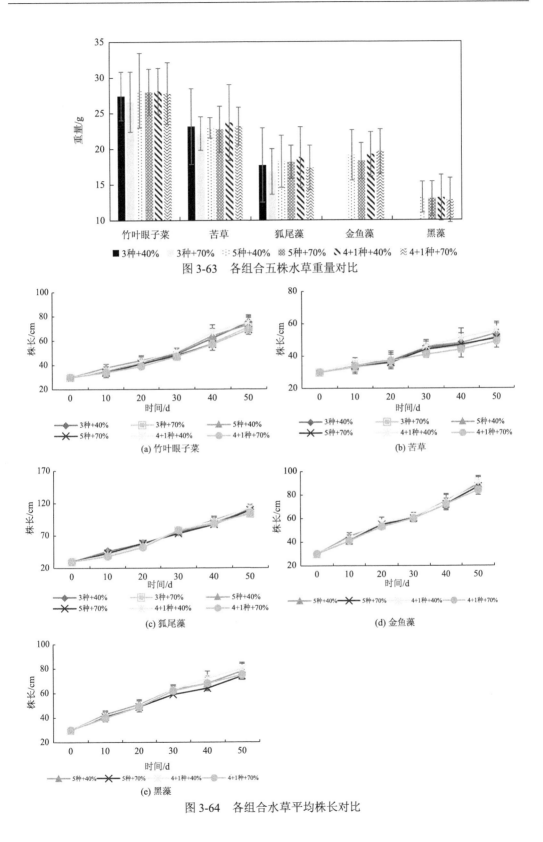

图 3-63　各组合五株水草重量对比

图 3-64　各组合水草平均株长对比

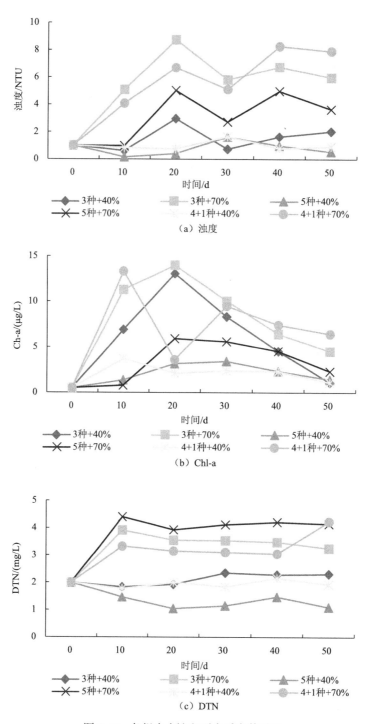

图 3-65 各组合水池主要水质参数对比

3. 水生植物群落重构与快速稳定

围绕水生植物的群落重构和快速稳定，开展了生态修复方法和栽植技术的对比应用实践。采用围隔试验，选择陶罐、生态布、泥球、穴盘和草毯等五种定植技术，对比了70%和40%两种起始覆盖度，以及物种框架法（苦草）和最大多样性法（微齿眼子菜、狐尾藻、金鱼藻、苦草和黑藻）（表3-9）。

表 3-9　试验编号及对应处理内容

编号	种植技术	恢复方法	起始覆盖度/%	编号	种植技术	恢复方法	起始覆盖度/%
A	陶罐	物种框架法	70	a	陶罐	最大多样性法	70
B	生态布	物种框架法	70	b	生态布	最大多样性法	70
C	泥球	物种框架法	70	c	泥球	最大多样性法	70
D	穴盘	物种框架法	70	d	穴盘	最大多样性法	70
E	草毯	物种框架法	70	e	草毯	物种框架法	40
F	穴盘	物种框架法	40	f	穴盘	最大多样性法	40

1）生态恢复方法优选

POD、SOD 和 CAT 是植物抗氧化系统中的主要酶，其活性水平能反映植物受外界逆境影响的程度。SOD 能催化超氧阴离子转化为 H_2O_2 和 O_2 的反应，是生物体内清除自由基的首要物质，在生物体内的水平高低意味着生长与衰老的直观指标；CAT 和 POD 是清除 H_2O_2 的酶，是生物防御体系的关键酶，三者通过协同作用维持植物体内的自由基含量保持稳态水平，防止由于自由基引起的植物生理生化上的改变。

结果显示（图 3-66），在试验的三个月期间，试验的各种种植技术中，采用最大多样性法的苦草中 SOD 含量总体上大于物种框架法，而 POD 和 CAT 则大致相反，说明最大多样性法更有利于苦草的生长。

叶绿素含量的多少反映出植物所生长的环境是否适合，植物自身是否缺乏矿质元素或水分。苦草叶片中叶绿素含量的检测结果显示（图 3-67），几乎所有种植技术栽植的苦草在各个时期都呈现出叶绿素总含量、叶绿素 a 和叶绿素 b 最大多样性法大于物种框架法的规律，表现出最大多样性法更有利于苦草的生长。

苦草的匍匐茎很少引人关注，但其分枝蔓延却是苦草分株繁殖的重要途径之一，其结构发育完整性对于苦草的生长状况具有重要意义。9 月和 10 月两次的匍匐茎的半薄切片和扫描电镜的结果都表明（图 3-68、图 3-69），最大多样性法配置的苦草结构发育分化更充分与规则，气室面积也明显大，从而可以贮存更多的气体以应对水下少氧的环境。另外，最大多样性法配置的苦草结构中淀粉体的数量也明显多于物种框架法，而淀粉体是碳水化合物中较为有效的贮存能量形式之一，同时也能为气体在维管束中的运输提供能量。因此，匍匐茎的微观结构表明最大多样性法配置的苦草生长势优于物种框架法。

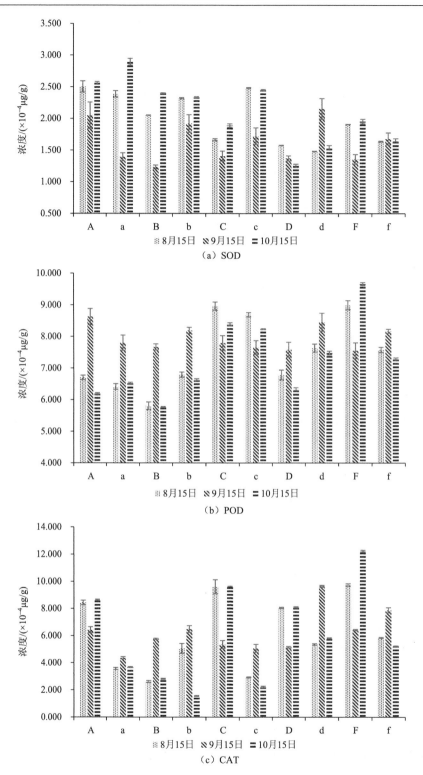

（a）SOD

（b）POD

（c）CAT

图 3-66　两种生态恢复方法各种栽植技术苦草内酶活指标对比

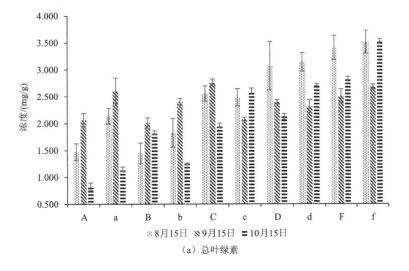

（a）总叶绿素

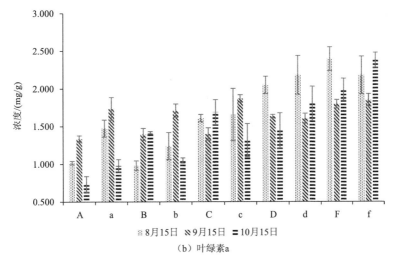

（b）叶绿素a

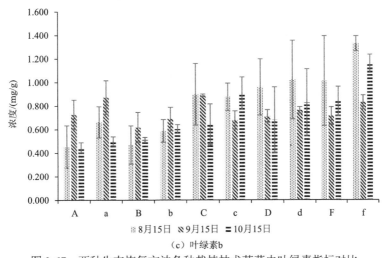

（c）叶绿素b

图 3-67　两种生态恢复方法各种栽植技术苦草内叶绿素指标对比

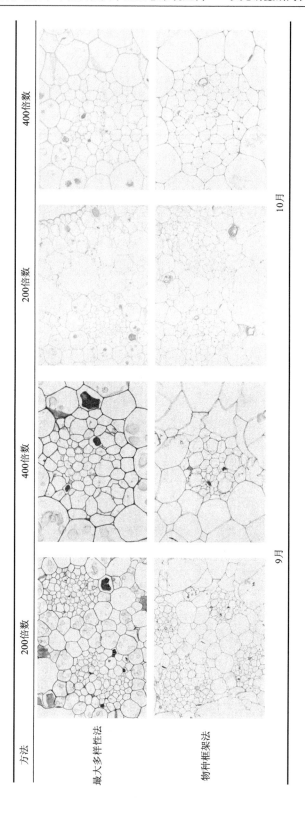

图 3-68 苦草匍匐茎切片结构图

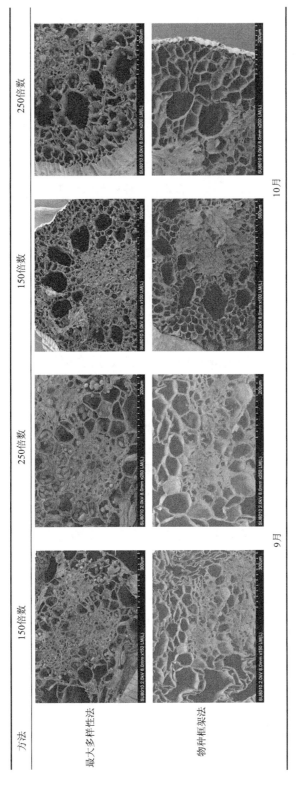

图 3-69　苦草葡匐茎扫描结构图

　　苦草叶片薄而纤细，细胞层数少，没有栅栏组织和海绵组织的分化。但由于其长、宽合适，对环境条件响应迅速，常成为研究苦草长势时的重点关注对象。9月和10月两个月份的苦草叶片半薄切片剖面结构显示（图 3-70、图 3-71），各种栽植技术条件下最大多样性法配置的苦草叶脉较为清晰，整体分化得较为规则，叶片上下两层细胞中叶绿体更为明显，叶肉中淀粉体含量高。受试验手段限制，叶片剖面的扫描电镜图不是很规则，但同样可以看到最大多样性法配置的苦草叶片中淀粉体较多。因此，苦草叶片的结构同样表明最大多样性法配置的苦草生长势优于物种框架法。

　　试验期间各种栽植技术条件下两种生态恢复方法所在围隔的水质指标结果显示（图 3-72）：透明度呈现先降低后逐渐平稳的总体趋势，采用最大多样性法的围隔内透明度多数低于物种框架法。pH 逐渐升高，而在 10 月底总体有所下降，这与水生植物的光合作用密切相关。各围隔中溶解氧也表现出逐渐升高的趋势，采用最大多样性法的围隔内溶解氧浓度大多高于物种框架法。DTN、氨氮和 COD_{Mn} 总体呈现出降低的趋势，同时表现出最大多样性法配置的围隔低于物种框架法的规律。DTP 没有明显规律，并且总体浓度平稳。结果表明，最大多样性法配置的植物群落在透明度和 DTP 等指标上没有表现出优势，而溶解氧、DTN、氨氮和 COD_{Mn} 等指标反映出最大多样性法配置的植物群落在光合作用以及生长吸收营养盐等方面优于物种框架法。

　　综合酶活、叶绿素、匍匐茎和叶片的半薄切片、扫描电镜以及围隔内水质参数等多种指标结果，最大多样性法配置对植物群落的重建跟物种框架法相比具有较为明显的优势。

　　2）起始覆盖度优选

　　如图 3-73，在试验的三个月期间，物种框架法穴盘栽植的苦草中 SOD、POD 和 CAT 主要表现为起始覆盖度为 40%的高于 70%的，草毯栽植的与最大多样性法穴盘栽植的苦草中 SOD 没有明显规律。草毯栽植的起始覆盖度为 70%的苦草中 POD 和 CAT 都高于40%的，最大多样性法栽植的苦草中 POD 和 CAT 没有明显差异。总体反映出不同栽植技术以及不同的生态恢复方法导致的苦草中酶活有差异，但是起始覆盖度 40%与 70%之间没有明显的差异，说明酶活指标反映起始覆盖度对苦草的生长状态没有决定性的影响。

　　如图 3-74，穴盘栽植技术中苦草叶片中叶绿素含量总体表现为起始覆盖度为 70%的略低于 40%的。在草毯中起始覆盖度为 70%的总叶绿素和叶绿素 a 略高，叶绿素 b 略低。总体表现为起始覆盖度 40%时，叶片中叶绿素浓度占优。

　　9月和10月两次的匍匐茎的半薄切片和扫描电镜的结果显示，起始覆盖度为 70%和40%两者之间从分化发育程度、气室结构到细胞中淀粉体的数量都没有显著的差异。9月和 10 月两个月份的苦草叶片半薄切片和扫描电镜剖面结构显示，起始覆盖度为 70%和 40%两者的叶脉结构、叶片上下两层细胞中叶绿体数量和叶肉中淀粉体含量等都没有显著的差异。

　　各种栽植技术条件下两种起始覆盖度所在围隔的水质指标结果显示（图 3-75）：试验期间透明度总体略有下降；pH 逐渐升高，而在十月中旬后有所下降；各围隔中溶解氧也表现出逐渐升高的趋势；DTN、氨氮和 COD_{Mn} 总体呈现出降低的趋势。总体而言，围隔中水质在起始覆盖度 70%和 40%间没有表现出显著的差异。

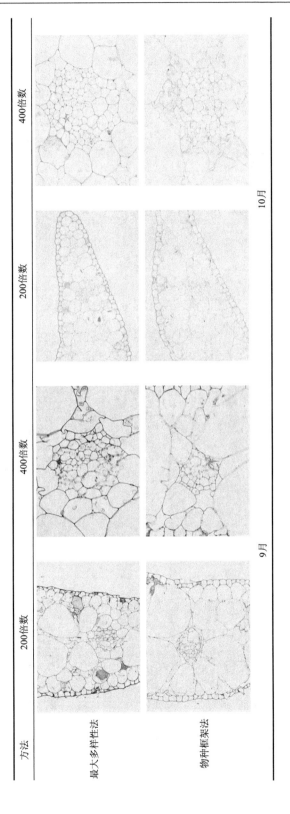

图 3-70　苦草叶片切片结构图

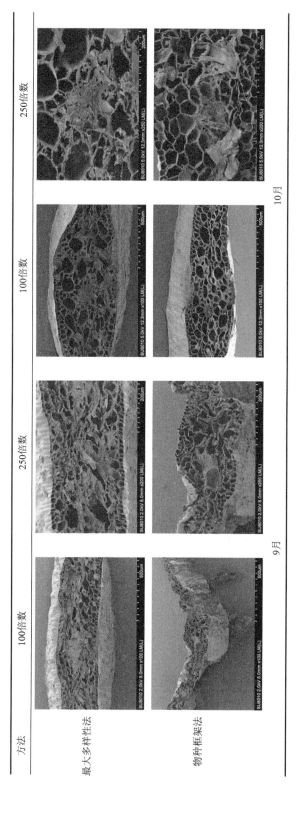

图 3-71　苦草叶片扫描结构图

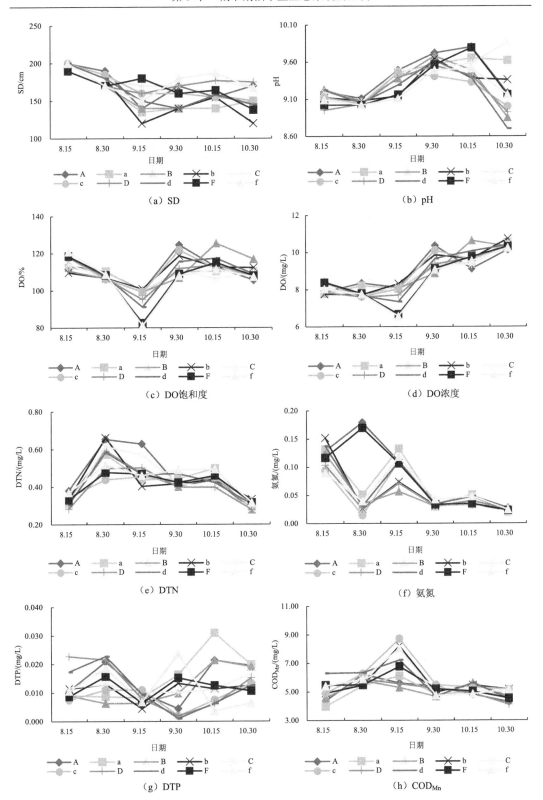

图 3-72　两种生态恢复方法水体主要水质参数对比

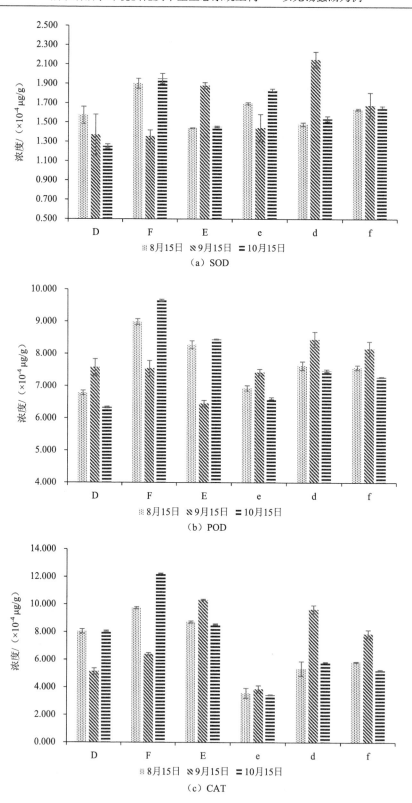

图 3-73　两种生态恢复方法各种栽植技术苦草内酶活指标对比

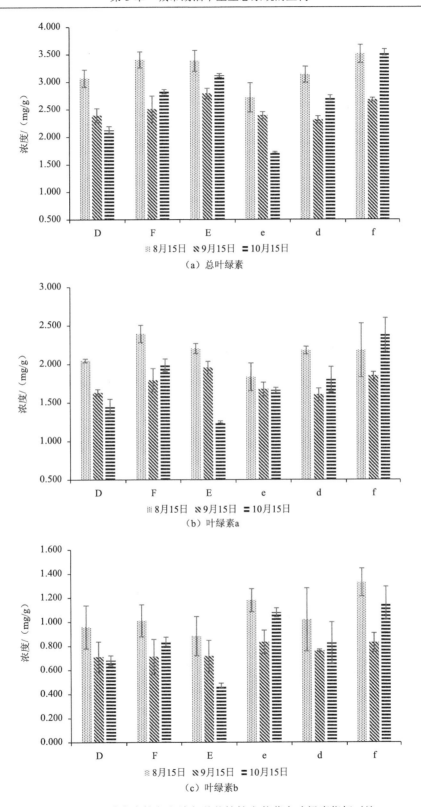

（a）总叶绿素

（b）叶绿素a

（c）叶绿素b

图 3-74　两种生态恢复方法各种栽植技术苦草内叶绿素指标对比

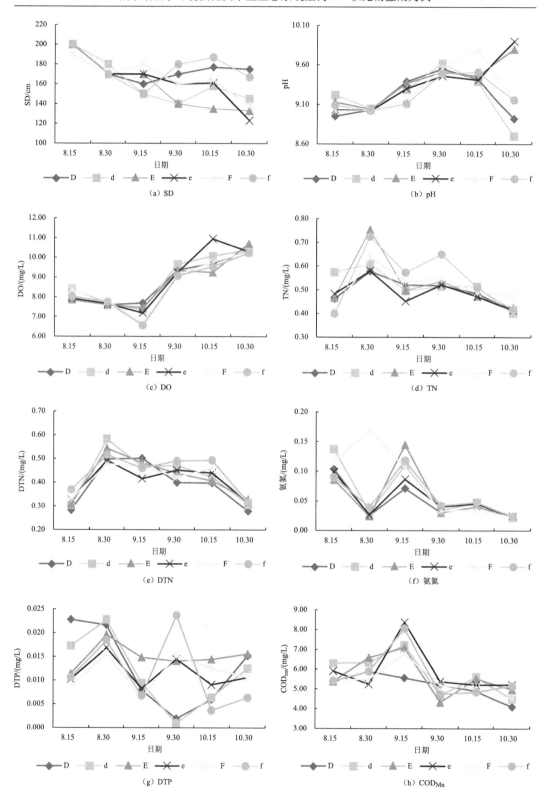

图 3-75　两种起始覆盖度水体主要水质参数对比

综合酶活、叶绿素、匍匐茎和叶片的半薄切片和扫描电镜以及围隔内水质参数等多种指标结果，起始覆盖度 70%和 40%间没有表现出显著的差异。因此，从水生植物群落恢复的经济性考虑，起始覆盖度 40%可以作为实际操作的推荐方案。

3.3.4　草型生态系统的构建技术

1. 不同类型水生植物群落的构建

1）挺水及湿生植物群落构建

挺水及湿生植物群落构建，主要在水深小于 30cm 的水陆交错带进行。该植物群落构建的特征是植物喜水而又不完全生活在水中，因此对于水分的要求低，且对水质的要求更低。所以，该植物群落构建是整个草型生态系统构建过程中的先锋植物群落工程，即通过挺水及湿生植物群落的构建，有效地降低风浪对岸带的冲刷，提高水体透明度和净化水质，为后续有效建立沉水植物群落提供适宜的环境条件。当先锋植物群落工程实施后，水体透明度必须达到一定程度，才能进行沉水植物群落构建。

该植物群落构建需根据目标湖泊区域气候、地质地貌以及周边区域情况来确定，一般选用观赏性较高、适应性强和净化效果好的根系发达的土著物种。该工程可结合生态岸带改造进行，也可在自然护坡区域。常见的有构建芦苇群落、荻群落、菰群落、香蒲群落以及黄花水龙等植物群落。工程实施时建议采取隔离及围护措施，宜选择直接种植法和叉子种植法等方式种植，一次性栽植植物覆盖度宜在 40%~80%。

2）浮叶植物群落构建

待水体中透明度逐渐提高后，在离岸带逐步增加种植浮叶植物。浮叶植物群落构建的区域主要是光照充足、水质较好、表层沉积物厚度不小于 30cm 和风浪扰动较小的开敞水域。浮叶植物对水质有比较强的适应能力，它们的繁殖器官如种子（菱角、芡实）、营养繁殖芽体（荇菜莲座状芽）、根状茎（莼菜）或块根（睡莲）通常比较粗壮，储存了充足的营养物质，在春季萌发时能够供给幼苗生长直至到达水面；它们的叶片大多数漂浮于水面，直接从空气中接受阳光照射，因而对湖水水质和透明度要求不高，可以直接进行目标种的种植。浮叶植物群落构建后可以有效降低水动力，净化水质，进一步为沉水植物的生长创造条件。

浮叶植物区布置在挺水植物外缘，与挺水植物区相衔接，是湖泊水生植物生态系统重构由岸带向水体推进的重要地带，一般岸边带到 0.8m 以上水域的浮叶植物覆盖度宜在 40%~80%，水深小于 4m 的敞水区浮叶植物覆盖度宜在 30%~60%。浮叶植物选择播种法、配重抛掷法和容器种植法等方式种植。

栽种的植物品种主要为菱、睡莲、黄花荇菜、萍蓬草、金银莲花等。其中，菱以撒播种子最为快捷，且种子比较容易收集，但要注意初夏季节移栽幼苗效果不好。荇菜的种子较大，发芽率高，但在水较深的区域种植成苗率比较低，种植主要采用移苗方法。金银莲花于深秋季节在茎尖上能形成一种特化的肉质莲座状芽体，到了秋冬季节植物体这种芽体便落在湖底越冬，来年春天可以萌发生长成新的植株，因此在秋季采集营养芽进行撒播比较适宜。睡莲通常是在早春季节萌芽前移栽块茎，同时也可以移栽幼苗甚至已经开花的植物体，成活率都很高。睡莲开花季节长，在太湖地区从 4 月底可以持续至 11 月，是很好的水生植物恢复与景观配置材料。

3）沉水植物群落构建

沉水植物群落构建是湖泊草型生态系统重构的最关键环节。沉水植物植物体全部位于水中，因此受水环境的影响大，恢复难度高。沉水植物是水层下方固着生长的大型水生植物。它们的根有时不发达或者退化，植物体的各部分都可以吸收水体里面的养分，通气组织特别发达，有利于在水体中缺乏空气的条件下进行气体交换。沉水植物作为水体的初级生产者，在光合作用下释放氧气的特征，决定了沉水植物在水生态系统中占据的重要地位。沉水植物恢复后，水体透明度提高、溶解氧增加，各主要形式的氮磷及浮游植物和叶绿素 a 的含量明显降低，原生动物的数量也显著增加。另外，沉水植物对藻类还有化感抑制作用。

沉水植物群落恢复范围主要是水深小于透光层厚度、风浪扰动较小和沉积物质地松软的开敞水域。一般认为，当水下某深度处的光照强度为水面处的 1%时，沉水植物难以维持正的净光合作用。此水层厚度被称为透光层厚度（euphotic depth，Z）。Z 与衰减系数存在如下关系：$Z = C/E$，其中 C 为常数，一般取值为 4.6。对于浅水湖泊而言，E 的取值范围可以达到 2～5 不等，相应地 Z 的取值范围为 2.3～0.9m。沉水植物种植区域沉积物质地以松软为好，表层沉积物厚度不小于 20cm。沉水植物群落恢复选择配置 5 种左右的土著优势物种。沉水植物种植初期采取隔离及围护措施，宜选择播种法、配重抛掷法、容器种植法、叉子种植法和各种创新技术等方式种植。

沉水植物总体要求是选择净化效果好、去污能力强、耐性强的土著物种。具体而言，选择对湖泊中氮、磷等污染物有较高的净化率的品种，以降低湖泊内源负荷，防止富营养化。根据沉水植物的生态习性选择不同类型的品种进行搭配，以保证生态系统在每个季节都有较强的净化能力与稳定性，同时形成错落有致的水下景观。深水区选择光补偿点较低的品种，以适应深水型沉水植物获取光照的正常需求，保证深水型沉水植物的正常生长。同时注重生态安全，应选择繁殖能力和生长区域均可控的品种。在满足以上要求的基础上，尽量选择容易管理的品种，以减少维护的工作量。

以本书为例，首先通过历史数据收集整理和太湖原位调查，结合控制实验，分析太湖沉水植物群落组成多年变化特征，发现太湖沉水植物多优势种数量和种类随环境变化显著，竹叶眼子菜、苦草、微齿眼子菜、狐尾藻、金鱼藻和黑藻等群落是现阶段太湖主要建群种类。其中竹叶眼子菜、微齿眼子菜、苦草和狐尾藻占绝对优势，既是先锋种又是重要的建群种。

根据以上原则，在浅水区（水深≤1.0m）选择草甸型沉水植物功能群落，主要品种为苦草和微齿眼子菜；中水区（1.0m＜水深≤2m）选择莲座型沉水植物功能群落，主要沉水植物品种为苦草、黑藻、伊乐藻和微齿眼子菜；深水区（水深＞2m）选择直立型沉水植物功能群落，主要沉水植物为微齿眼子菜、竹叶眼子菜和菹草。

根据沉水植物的生长习性，从季节上来看，春夏季节种植苦草、黑藻、微齿眼子菜和竹叶眼子菜，秋冬季节收割部分沉水植物，同时增加耐寒种伊乐藻和菹草的种植，最佳种植时间为 10～11 月。

沉水植物种植期可分为诱导期、调控期和稳定期。诱导期主要以耐污、适应性强的先锋种沉水植物为主，迅速重建沉水植物群落，恢复生态系统的基本结构和功能，种植品种为竹叶眼子菜和菹草；调控期新增伴生种，由于植物种间竞争和种内竞争，群落结构调整种植伴生种为苦草、黑藻、伊乐藻和微齿眼子菜；稳定期增加生物多样性，构建稳定的立体空间群落，主要通过沉水植物自身的演替和共生，形成稳定的优势群落。

采用草毯、人工扦插、配重沉栽以及基于根际微生境营造的穴盘法、锚定法和仿生法进行种植。针对近岸区，采取草毯和穴盘法。选用苦草草毯，通过沙袋配重，沉栽到近岸浅水硬底处，稳定扎根后（约一个月），移除配重；水深小于50cm的浅水软底区域，采用人工扦插的方式，可有效提高成活率；水深≥50cm的软泥区域，采用配重沉栽的方式，配重选用泥球或石子，不会对生态造成二次污染；硬质底泥区域，采用锚定法和仿生法快速定植技术。所选种植方式均为带水作业，无须围堰。

2. 不同区域草型生态系统恢复的技术方案

1）水陆交错带

针对水陆交错带（水深 1m 以内）底泥易悬浮、透明度难以控制、水位波动大等特点，对生境改善技术、草型生态系统恢复和重构各项技术进行优化组合，最终确定以下技术组合均有较好的效果：

技术组合一：城市湖泊底质改善技术 + 草毯法的水生植物群落重建技术 + 健康食物网重塑技术。

技术组合二：重污染底质覆盖技术 + 穴盘法的水生植物群落重建技术 + 滤食性蚌类的水生动物调控技术。

对于原本基底条件不好的区域，采用技术组合一；对于重度污染的底泥区域，种植区域难度大，采用技术组合二。

2）中水区

湖泊中水区（水深 1~2m）是介于水陆交错带和深水区之间的区域，是草型湖泊生态系统重建的重点区域。针对中水区可能存在的底质营养盐浓度过高、底泥再悬浮影响水体透明度、藻类繁殖快、水生植物种植困难等问题，针对性地对生境改善技术、水生植被恢复技术和食物网调控技术进行组合优化，最终确定效果较好的技术组合有：

技术组合一：底基生态纤维草再悬浮控制技术 + 原位清洁底泥覆盖技术 + 人工扦插法的水生植物群落重建技术 +水生动植物生物量调控技术。

技术组合二：重污染底泥原位固化技术 + 配重沉栽法的水生植物群落重建技术 + 健康食物网重塑技术。

3）深水区

深水区（水深大于 2m）沉水植物种植困难，水下光照条件差，在深水区恢复沉水植被是整个草型湖泊生态系统重建的难点。最终确定的效果较好的技术组合为：

沉积物表层定量微纳米曝气技术（针对缺氧底质） + 仿生法沉水植物种植技术 + 配重沉栽法的水生植物群落重建技术。

3.4　草型生态系统的维护与管理

采取必要的工程技术措施和其他措施，使所构建的草型生态系统满足设计要求，不仅有利于水环境的改善及保护生态系统的完整性，而且也是维持所构建草型生态系统长期稳定运行的前提[45-47]。目前我国许多地方在湖泊生态治理过程中，普遍存在投入只是一次性的、缺少后续的维护管理经费等问题，使得恢复后的草型生态系统往往稳定性不高、难以长期稳定运行。因此，建立一种以市场为导向、以科研院所为技术支撑、以政府部门长期投入及监管为核心、以生态治理公司为环境服务业主体的新型湖泊生态修复与长效运维机制，将会为解决城市湖泊生态修复及其长效运行管理提供有益的探索。

一般而言，草型生态系统的维护和管理可分为日常管理、工程维护、生态系统监测和调控三部分内容。为满足所构建草型生态系统长期、稳定运行的需求，在蠡湖的示范工程实践中，一方面寻求无锡市政府部门及相关管理单位提供稳定的运维资金支持，另一方面委托具有相关资质和管理经验的第三方运营公司进行维护和管理。

3.4.1　草型生态系统的日常维护与管理

对于所构建的草型生态系统而言，需定期对其所处区域的生态环境及所构建的生态系统进行相关的维护和管理。日常的维护与管理主要是通过固定管护人员的定期巡视，以保障生态修复区域内环境的整洁、各项设施的完整及所构建生态系统的正常运转。

1. 生态修复区景观及人类活动的管理

（1）草型生态系统构建完成后，为避免游人和游船的干扰，需在相关水域设置警示牌和警示标识，同时，在岸边适宜区域设立标识牌，内容包括项目简介和维护内容等。

（2）水域保洁：对生态修复区域内的排水沟渠进行疏浚、清理，同时，对水域边缘的杂草进行清除、对区域内的废弃物及水面上漂浮的垃圾及时进行打捞，保障周边环境的干净整洁及水面的清洁美观。

（3）定期巡查，关注生态修复区域内水位的变化情况，根据生态修复区域内水生植物的品种习性和生长周期对水位的要求，及时排水、补水，以保障正常的水位。同时，关注生态修复区域内水质、水禽、鱼类等的变化情况及水生植物的生长状况、有无病虫害等。

（4）人为活动管理：加强对生态修复水域内游船、植物采摘、垂钓及捕捞等活动的巡查和管控，确保生态修复区域内水生植物的正常生长及水生动物群落结构的稳定。同时，做好水环境治理、湖泊管理等方面的相关宣传、教育活动，提高居民的环境意识。尤其在进行水草收割、鱼类生物量调控等活动时，应放置宣传栏，向居民说明湖泊管理的必要性、科学性和合理性。

2. 生态修复区水环境的维护与管理

（1）定期巡视生态修复区域，观察修复区域内进出河道的水质、地表径流、污染物排放等状况。

（2）定期观察生态修复区内水体透明度的变化情况。当出现异常情况，水体的透明度较低、不利于水生植物生长时，可适当采用人工干预的方式，如降低水位、投放螺蚌等软体动物、控制鱼类种群丰度、投加生物絮凝剂等方式，改善修复区域内水体的透明度。

（3）在蓝藻水华易于发生的夏季，加强巡查。重点关注围隔周边及湖湾等水动力条件较差的区域。当生态修复区域内出现蓝藻水华时，应根据蓝藻水华发生规模、在岸边的堆积情况、蓝藻是否有毒及可能的危害程度等，采用适宜的物理、化学和生物等的应急措施，并及时打捞清除，以免蓝藻水华腐烂影响生态修复区域的水质。

3. 生态修复区水生动植物的维护与管理

（1）定期巡查生态修复区域，及时修剪枯黄、枯死和倒伏的植株，清理挺水植物周边可能漂浮、堆积的杂物或垃圾。

（2）定期观察。一方面，及时清理、去除区域内非所需的沉水植物；另一方面，及时清理浮出水面的沉水植物死亡植株、残断枝条及落叶。尤其当所种植的沉水植物植株长出水面，应及时进行人工或机械收割，以免影响沉水植物的正常生长及水体的整体景观。在打捞、收割时，注意防止过度打捞，以免造成区域内沉水植物生物量显著低于正常生长的需求。

（3）定期巡视、检查生态修复区域，对水体中出现的鱼类、螺蚌类等的死亡个体要及时打捞清理，以免造成局部区域的水质恶化。

3.4.2　草型生态系统工程设施的维护和管理

当草型生态系统构建完成后，需定期对生态修复区域内的相关工程设施及所构建的生态系统进行维护和管理[48-50]。主要是通过固定管护人员的定期检查和维护，以保障生态修复区域中各项设施的安全稳定运转及所构建生态系统的长期稳定运行。

1. 工程设施的维护和管理

（1）对生态修复工程区内的拦污设施、净化设施、抽水泵站、闸门及护岸等工程设施进行定期的检查维护，当发现设施故障或损坏时，应及时进行维修和更换，以保障设施安全、稳定、可靠的运行。

（2）定期对生态修复区域外围设置的围隔、固定桩等设施进行检查和维护，在汛期暴雨、台风等不利气象条件下应加密巡查，发现损坏时应及时进行补修、更换，以确保围隔的完整和正常使用。

（3）定期对生态修复区域内设置的拦鱼网进行检查和维护，发现损坏时应及时进行补修、更换，确保拦鱼网的完整，以防止水体中的鱼类对沉水植物的摄食及对底泥的扰动。

2. 水生植物群落的维护和管理

1）挺水植物群落

在生态修复区域内，挺水植物主要分布、生长于修复区滨岸带的浅水处。维护和管理挺水植物的主要措施有：①在挺水植物生长季节，定期去除生长于挺水植物恢复区中的杂草，在去除杂草时注意不要破坏挺水植物的根系；同时，注意防止所种植挺水植物的蔓延及枯萎植株的去除和死亡植株的补种。②多年生挺水植物（如芦苇、香蒲、再力花和黄菖蒲等）进入枯萎期后，需对地上部分的植株及时进行收割，以免对植物的后续生长及植物残体和凋落物对局部水质产生影响。在收割挺水植物时，主要采用人工收割的方式。收割后，挺水植物根部的存留高度（植物存留量）主要依据收割时间和处理单元的功能需求来确定。同时，需考虑挺水植物次年的萌发成功率。此外，为了给冬季水禽类提供一个较好的栖息生境，可适当保留部分维管束比较坚硬的挺水植物在次年萌发前再行收割。③对于因病虫害等原因造成的挺水植物植株死亡时，应及时将死亡的植株去除，并进行相应的补种；当挺水植物出现病虫害时，应尽量采用人工、物理、生物等防治方法（如剪除病虫叶、引进天敌等），谨慎选用低毒、对水质无污染的生物药剂进行防治。

2）浮叶植物群落

维护和管理浮叶植物的主要措施有：①加强巡查，及时打捞、清理枯黄、枯死、倒伏的植株，清除水域中非所需的浮叶植物。对于生长延伸出种植区域外的浮叶植物，进行修剪、打捞，并及时清理、运走修剪、打捞出的植物残体。②浮叶植物栽种完成后，注意观察种植区域内浮叶植物的生长及存活情况，对因各种原因造成的浮叶植物成活率较低、覆盖水面达不到设计要求的，需重新进行补种。此外，在台风、大风、大雨等恶劣天气过后，及时检查浮叶植物的生长状况，如有冲走、缺失等情况，及时进行补种。种植时，需选择根系完整、叶面完好的浮叶植物。③当浮叶植物发生病虫害时，谨慎选用、喷施少量低毒、对水体无污染的生物农药，尽量避免使用化学农药，以免对生态修复区域内的水质产生影响。

3）沉水植物群落

当沉水植物群落建立后，为维持沉水植物群落结构的稳定，需对所构建的沉水植物群落进行相关的维护和管理，主要措施包括：①当种植沉水植物后，观察修复区域内沉水植物的存活与定植情况，如果密度未达到设计的 2/3，应重新补栽。为保证一定的成活率，沉水植物的补种通常在春季进行，种植的密度较前期恢复时也要略大。②当沉水植物进入生长旺盛期时，应注意对其分布、生物量、覆盖度进行适度的控制，以满足沉水植物正常生长及维持健康水生态系统的需求。在对沉水植物生物量进行控制时，需依据区域内沉水植物生长的实际情况，适时确定收割次数。同时，在收割沉水植物时，一般保留低于水面 50cm 的植株，这样既可保证沉水植物正常的光合作用，又可减少收割的频率。③注意调控沉水植物的群落结构，稳定、合理的沉水植物群落结构是维持所构建水生态系统健康的基础。因此，当沉水植物种群构建完成后，通常会根据实际情况，适时补种一些沉水植物或抑制某类沉水植物种群的生长。一般当所构建的沉水植物群落出现：夏秋季覆盖度<60%，生物量<2000g/m²，生物多样性指数<0.8，或春冬季覆盖度<30%，生物量<600g/m²，生物多样性指数<0.5，则说明生态修复区内沉水植物的生物量不足，在春、夏季应及时补种相应的品种；而当夏秋季沉水植物覆盖度>80%，生物量>6000g/m²，生物多样性指数<0.8，则说明生态修复区内的沉水植物出现了某种单优群落为主、生物量较大，需及时进行沉水植物种群及生物量的调控。此外，在调控沉水植物群落结构时，除及时补种、收割外，还可通过控制区域内水位的升降，改变水下的光照条件，从而实现对沉水植物群落结构的调控。④为保障沉水植物的正常生长，当沉水植物枝、叶上出现附着生物、丝状藻类等，需及时清除。此外，需定期检查沉水植物是否有病虫害。在进行病虫害防治时，应以人工防治为主，如剪除病虫叶、引进天敌等，尽量避免使用除草剂、杀虫剂等化学药品。确有必要时，只可选择少量低毒、对水质影响较小的生物药剂。

3. 水生动物群落的维护和管理

当草型生态系统构建完成后，为保证所构建生态系统的长期稳定运行，除需定期对沉水植物群落进行相关的维护和管理外，还需定期对生态系统中的水生动物群落进行维护和管理。

1）鱼类群落

一般而言，系统中的草食性鱼类的牧食或游动，一方面对水生植物茎叶造成直接损伤；另一方面，通过扰动沉积物，使水体的透明度降低，从而影响沉水植物的生长[51]。而如果系统中存在有较高密度的小型杂食性鱼类（如鳑鲏），则不仅会导致水体中营养盐浓度升高、改变浮游植物的群落结构、促进蓝藻丰度和生物量增加，而且还会通过捕食浮游动物，造成系统中浮游动物的小型化，从而削弱了系统中浮游动物对浮游植物生物量的下行控制力，并在一定程度上影响沉水植物生长。

因此，鱼类群落的维护和管理主要是对系统中鱼类的种群数量、生物量进行控制。在草型生态系统构建初期，应严格控制区域中的鱼类种群数量、生物量，尤其是草食性、底层鱼类的数量，以减少其对沉水植物生长的影响。在后期草型生态系统稳态维持阶段，也应注意对系统中的鱼类种群数量、生物量进行调控，使得系统中的鱼类以肉食性种群为主，尽量控制杂食性鱼类的种群数量、生物量。

2）大型底栖软体动物群落

螺、蚌等大型底栖软体动物在淡水生态系统中占有重要地位，大量的研究表明：底栖动物中的大型软体动物对水体中的浮游植物、有机碎屑和无机颗粒等均具有较好的净化效果[52]。一方面，螺类可通过牧食活动去除沉水植物表面的附着生物，从而减弱后者对沉水植物的光照限制以及营养盐竞争等抑制作用，促进沉水植物的生长；另一方面，滤食性双壳贝类具有较高的滤水效率，通过滤食作用可降低水体中的悬浮颗粒物及对浮游植物群落结构产生极大的影响。事实上，虽然在草型及草-藻过渡型的水生态系统中，软体动物群落的作用有所差异，但水体中一定密度软体动物的存在，不仅有助于水生态系统的快速稳定，而且在一定程度上也会对水质和其他生物产生有益影响。因此，在国内外湖泊水环境生态修复实践中，向系统中投放底栖动物，已成为一个普遍采用的技术手段[53]。

大型底栖软体动物的维护和管理，主要以保护系统中的软体动物为主，多数情况下禁止捕捞，以使系统中大型底栖软体动物的种群数量、生物量维持在适宜的范围内。在草型生态系统构建初期，根据水体透明度、沉水植物的生长状况，通常会向生态修复区内投放适量的螺、蚌等软体动物。投放过程中，应根据不同区域的水环境特征、投放目的和投放生物的生活史等特点，选取适宜的投放物种、物种年龄或发育阶段、投放时间、投放方式、物种组合等，以达到最优的水环境改善效果。为防止出现投放生物在不良生境中快速死亡的状况，在投放实施之前，应对拟投放区域的生境现状进行充分的调查，对不良的生境进行适度改善，如沉水植物种植、底质改良等，待投放区域的生境得到改善后再行投放，以提高所投放软体动物的存活率。投放结束之后，应对投放区域内的底栖动物群落进行定期抽样检查，以实时掌握系统中水生动物的生长繁殖状况。此外，在所构建的草型生态系统运行过程中，当系统中的大型底栖软体动物群落密度下降或沉水植物叶片的附着物过多时，应适当重新投放一定数量的螺、蚌等软体动物。值得注意的是，为防止将外来的物种引入所构建的草型生态系统中，在选择底栖软体动物时，应主要选择本地的土著物种。

3）水生动物群落结构的优化和调整

在所构建的草型生态系统运行过程中，为保障系统安全、稳定运行，需定期对系统中各水生动物种群进行连续的监测，评估影响生态系统正常运行的各种水生动物种群数量、生物量等参数的变化情况。对于系统中种群稳定、数量不断增加、现存量较大的水生动物类群，可采用人为捕捞的方式进行适度的控制。同时，根据系统中各水生动物种群的生长繁殖状况，参考水体中藻类生物量及沉水植物的生长状态，通过采用减少滤食性、草食性鱼类的方法，一方面减少水体中滤食性鱼类对浮游动物的捕食压力，使系统中大型浮游动物种群得以充分繁殖，从而控制水体中藻类的生物量；另一方面，防止草食性鱼类的过度繁殖，从而影响系统中沉水植物的正常生长。

通过对系统中鱼类群落结构、底栖生态系统结构、食物网结构等进行优化、调整，最终形成一个结构合理、营养级协调、健康稳定的水生动物群落。

3.4.3　草型生态系统监测和调控

1. 水生态环境的监测与评估

草型生态系统构建完成后，为更好地维持系统的安全、稳定运行，通常会运用各种技术手段对水环境参数、水生态系统参数等进行常态化的长期监测。根据监测结果，对所构建草型生态系统结构、功能的完整性、健康状况进行评估，针对系统中水环境、水生生物群落结构与功能状态的变化情况，采取相应的调控措施。

目前常用的水环境、水生态系统参数的长期监测，主要是综合运用无线传感监测技术、远程视频监控技术、物联网技术、3S 技术等，构建水质、水量在线监测系统，同时，结合定期的人工监测来实现的。包括定期排查区域内源及外源污染负荷的污染源监测，定期进行水位、水量及流量等指标监测的水文监测，定期进行沉积物理化状况监测的沉积物监测，在线检测平台及定期人工监测相结合的水体常规理化参数监测及定期进行的水生生物监测。根据所获得的各项水环境参数、水生生物多样性指数、沉水植物覆盖度、水生植物生物量等参数，对所构建系统的健康状态进行评估，并根据水环境、水生生物群落的变化情况，对系统运行过程中可能出现的异常状况进行预警。

2. 草型生态系统的调控

在沉水植物群落构建成功之后，如何维持现有群落的稳定发展就成为后期系统运行过程中的主要任务。水生态系统中，不同营养级的水生生物之间通过食物关系形成了复杂的食物网，通过食物网将能量转化为各营养层级的生物生产力，并最终对生态系统的结构和功能产生影响[54]。

调查数据显示：太湖流域草、藻型城市湖泊的食物网结构差异较大（表 3-10）。为了解所构建系统中水生生物群落及各种生态环境参数的状况，通过定期对蠡湖中食物网各功能组分的连续监测发现，蠡湖水体中的食物网结构呈现出以下特点：①以水草为主的初级生产者严重不足；②以蓝藻、绿藻、隐藻为主的初级生产者严重过剩；③初级消费者中螺蚌等软体动物缺乏，杂食性和浮游动物食性鱼类过多，对浮游动物的捕食压力过大；④次级消费者中肉食性鱼类严重不足；⑤鱼类总体生物量过大。

表 3-10　太湖流域草、藻型城市湖泊食物网结构的差异

项目	藻型浊水生态系统	草型清水生态系统
鱼类	以杂食性、浮游动物食性和草食性为主；生物量较大	肉食性鱼类的占比较高（约30%）；生物量较小
底栖动物	耐污种（寡毛类和摇蚊幼虫）为主	大型软体动物（螺、蚌、蚬）为主
沉水植物	无或偶有菹草；覆盖度<5%	苦草、微齿眼子菜、竹叶眼子菜；覆盖度>40%
藻类组成	蓝藻、隐藻为主；Chl-a > 20μg/L	硅藻型（硅藻>70%）或硅-裸藻型（硅藻、裸藻均>25%）；Chl-a < 10μg/L
营养水平	高（TP > 0.1mg/L, TN > 2.0mg/L）	低（TP < 0.1mg/L,TN < 1.0mg/L）

因此，为保障所构建草型生态系统的安全、稳定运行，需根据"生物操纵"的原理[55-57]，对所构建草型生态系统内鱼类、螺蚌类等处于不同营养级水平的水生动物群落进行合理的配置，优化、调控系统中鱼类群落结构、底栖生态系统结构，重塑健康的水生食物网结构，使得水体中浮游植物、附植生物的种群、生物量等得到有效的控制。在此基础上，对所构建系统中水生植被群落结构进行进一步的优化，使得系统内生产者、消费者、分解者保持相对的平衡，最终形成一个结构合理、营养级协调、健康稳定的清水态生态系统。

此外，当前我国在湖泊生态治理普遍存在的一个突出问题，就是对生态系统的维护、管理重视不够。许多湖泊治理过后，缺少后续的维护管理，使得修复后的生态系统往往稳定性不高，难以长效运行。因此，探索一种以市场为导向、政府部门加大投入及监管、

生态治理公司为环境服务业主体的新型湖泊生态修复工程维护管理模式，建立相应的运行维护管理考核办法和激励机制，将会为解决城市湖泊生态修复及其长效运行管理提供有益的探索。

3.4.4　草型湖泊水生动植物生物量调控参数研究

上述内容描述了草型生态系统维护与管理的一些共性问题，但部分具体参数目前仍十分匮乏。针对滨湖城市湖泊草型生态构建完成后，当初级生产者水生植物生物量过大或水体中鱼类等消费者密度过高时，会导致"清水态"草型生态系统结构和功能退化，影响草型生态系统生态服务功能的问题，通过研究水生动植物生物量调控的具体参数，达到草型生态系统健康有序维持、促进滨湖城市湖泊生态服务功能有效发挥的目标。

1. 水生植物生物量调控参数研究

草型生态系统构建后，水生植物过量增殖或凋亡期腐烂分解会影响系统稳定性和清水再造功能。因此，根据水生植物的生长规律，在不同时段对水生植物生物量进行调控，对城市湖泊草型生态系统的健康维持尤为重要。沉水植被生物量调控技术难点包括：①用什么沉水植被生物量移除方式（如表面机械收割、廊道式立体收割等）对草型生态系统的稳态维持最有利；②沉水植被移除时间、移除频率、移除比例的选择。

针对上述问题，通过原位控制实验，进行水生植物生物量移除方式、移除时间、移除比例等参数筛选与组合研究，评估其对水质及生态系统的影响。实验场地位于太湖贡湖湾北岸（图3-76），坐标为120.343535°E，31.464922°N，实验区域由长为10m、宽约5m的40个围隔组成，总面积约2000km^2。

首先，根据太湖流域主要典型沉水植物类型，在实验区构建了以苦草、黑藻、微齿眼子菜为优势种，竹叶眼子菜、金鱼藻、狐尾藻和大茨藻为伴生种的草型生态系统。然后，在上述围隔中设置沉水植被生物量不同收割方式、不同去除率及不同季节收割，以获得最佳沉水植被生物量调控技术参数（图3-77）。具体而言，利用已构建好草型生境的24个大型围隔（30m^2/个），于2018年6月至10月进行生物量移除实验。设置不进行沉水植被生物量去除的对照组、去除沉水植被表层10%、20%、30%的生物量，以及回形间隔去除10%、15%、20%的生物量这几种类型，研究沉水植被收割方式和收割比例对健康的草型生态系统的维持及其生态服务功能发挥的影响。选取水质参数总氮（TN）、总磷（TP）、总悬浮物质（TSS）、叶绿素a（Chl-a）和化学需氧量（COD$_{Mn}$），计算水生植物人工收割前后各参数的削减率，以评价收割时间等对草型生态系统中水质的影响。

监测频率为每20天一次。监测指标包括水温、pH、透明度（SD）、总氮（TN）、溶解性总氮（DTN）、总磷（TP）、溶解性总磷（DTP）、叶绿素a（Chl-a）、化学需氧量（COD$_{Mn}$）、总悬浮物质（TSS）等水质参数以及沉水植被生物量等。部分现场状况见图3-78。

图 3-76 中试区实验场地位置

D1	C1	B1	A1
D2	C2	B2	A2
D3	C3	B3	A3
H1	G1	F1	E1
H2	G2	F2	E2
H3	G3	F3	E3

A：对照（水草多）

B：去除表层30%

C：去除表层20%

D：去除表层10%

E：回形间隔去除20%

F：回形间隔去除15%

G：回形间隔去除10%

H：对照（水草少）

图 3-77 滨湖城市湖泊水生植被生物量调控技术研究实验设计示意图

图 3-78　水生植物生物量调控实验现场

研究结果表明，春夏季节每两个月一次移除表层 20%生物量的实验组的水质及表观生态系统更健康（图 3-79），且水体营养盐及 Chl-a 等削减效果最好（图 3-80）。移除表层 20%生物量的实验组 TN、TP、TSS、Chl-a 及 COD_{Mn} 的削减率分别为 22%、21%、69%、76%及 21%，其透明度可提升 33%。其次是移除表层 30%生物量的实验组，其 TN、TP、TSS、Chl-a 及 COD_{Mn} 的削减率分别为 36%、1%、61%、38%及 25%，其透明度可提升 31%。只移除一半水面的"回"形廊道式收割方式效果不佳。

2. 鱼类生物量调控参数研究

在无锡贡湖湿地选择了两个小湖（图 3-81），A 湖约 52 亩[①]，进行鱼类调控实验，B 湖约 25 亩作为对照。鱼类调控实验在 2018 年 9 月上旬用布设的刺网和地笼进行鱼类生物量移除（图 3-82）。

根据《全国淡水生物物种资源调查技术规定》《生物多样性观测技术导则 内陆水域鱼类》（HJ 710.7—2014），结合实际水域状况，布设了刺网和地笼。对所有渔获物进行种类鉴定，同时测定鱼类的全长（精确到 1mm）、体长（精确到 1mm）、体重（精确到 1g），统计渔获物尾数，并分析鱼类食性组成变化。在 A 湖设置了 3 个采样点，于鱼类调控前的 8 月和调控后的 10~12 月进行水质监测。

---

① 1 亩≈666.7m²。

未调控　　　　　　　　　　　　　　　　移除10%

移除20%　　　　　　　　　　　　　　　　移除30%

图 3-79　水生植物生物量调控效果

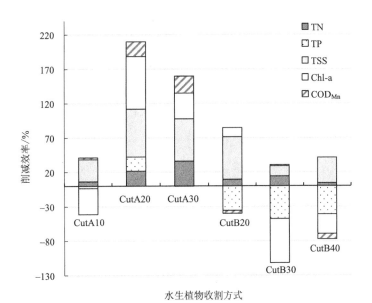

图 3-80　春夏季水生植物收割后效果对比

选取 TN、TP、TSS、Chl-a 和 COD_{Mn} 水质参数削减率做柱状堆积图；CutA10、CutA20、CutA30 分别为收割沉水植被上层 10%、20%、30%生物量的实验组，CutB20、CutB30、CutB40 为回形间隔去除沉水植被上层 10%、15%、20%生物量的实验组

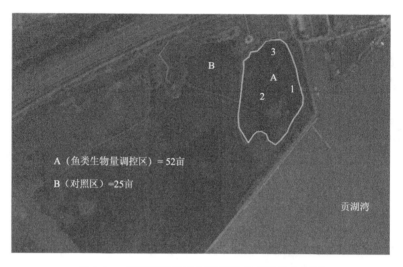

图 3-81 贡湖湿地鱼类调控湖泊及采样点位置图

图 3-82 贡湖湿地鱼类调控现场图

实验期间，共从 A 湖移除鱼类生物量 698kg（图 3-83），主要为杂食性、浮游动物食性及草食性鱼（图 3-84）。

监测数据表明，经过鱼类调控后，A 湖水体 TN、TP、COD$_{Mn}$、Chl-a 及 TSS 均显著下降，同时水体透明度均值从未清鱼前的 78cm 上升到了 188cm（图 3-85）。对 TN、TP、TSS 和 Chl-a 的去除率分别为 59%、53%、61% 和 58%，对氨氮和 COD$_{Mn}$ 的去除率分别为 18% 和 13%。

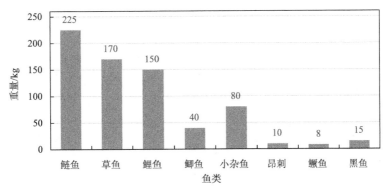

图 3-83　鱼类调控种类及重量

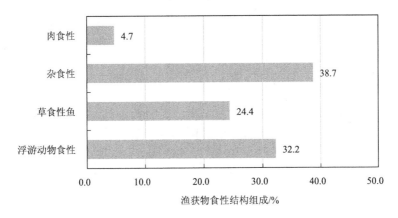

图 3-84　鱼类调控实验中鱼类食性组成

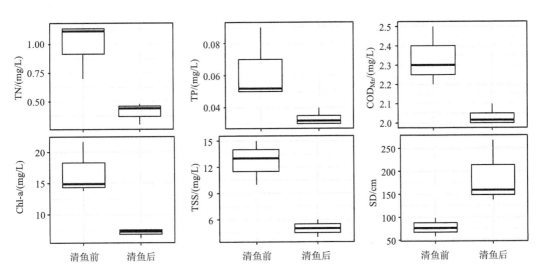

图 3-85　清鱼前后主要水质指标变化情况

非参数 Kruskal-Wallis 秩和检验差异均显著：$P < 0.05$

鱼类调控后近岸浅水区清澈见底，沉水植物清晰可见（图 3-86），而未进行调控的 B 湖水质参数均没有显著变化。研究结果表明，鱼类调控明显改善水体表观透明度，对沉水植物及生态系统健康的维持起到了积极作用。

图 3-86　鱼类调控实验前后水体透明度及表观水色的变化

3. 滨湖城市湖泊食物网调控及稳态维持

滨湖城市湖泊草型生态系统构建完成后，当初级生产者水生植物生物量过大或水体中鱼类等消费者密度过高，或食物网完整性缺失时，会导致"清水态"草型生态系统结构和功能退化，影响草型生态系统生态服务功能，目前国内外草型生态系统稳定性维持方面的研究还十分匮乏。针对上述问题，根据历史上西蠡湖曾经有过的水生植物记录，于 2018～2020 年在西蠡湖北缘构建了以竹叶眼子菜、微齿眼子菜为优势种，苦草、黑藻、金鱼藻、狐尾藻和大茨藻为伴生种的草型生态系统。在西蠡湖已恢复水草的技术示范区内外设置不同处理的围隔，首先采用 Ecopath with Ecosim 软件[58]确定草型生态系统结构失衡的主要影响因子；然后利用"生物操纵"的原理[40, 59]，通过配置不同功能群水生动物种群，重塑食物网，对比食物网重塑前后生态系统各指标的变化，探讨食物网调控及稳态维持的相关参数。

实验场地位于西蠡湖技术示范区（图 3-87），实验区域分三个部分，一是西蠡湖未进行水草恢复的外部对照区（W1～W4），二是已进行水草恢复但未进行食物网重塑的内部对照区（N1～N4），三是已进行水草恢复且进行了食物网重塑的实验处理区（A1～A4）。实验场地总面积约 2100m²。

图 3-87　西蠡湖北缘（上图）及技术示范区（下图）位置及采样点位

1）西蠡湖草型生态系统结构失衡主要影响因子的确定

（1）Ecopath 模型原理。

Ecopath 把一个生态系统的功能组分为三大类，生产者、消费者和碎屑[58]。生产者是指自养生物，例如水草和浮游植物等；消费者是异养生物，例如鱼类、底栖动物等；碎屑是系统中所有无生命有机物质的总和，包括死亡的动植物残体、动物粪便、饵料残渣、外界进入湖泊的颗粒状有机物质等。

Ecopath 模型定义生态系统是由一系列生态关联的功能组（box 或 functional group）组成，所有功能组成分要覆盖生态系统能量流动全过程，这些功能组成分的相互联系体现了整个系统的能量循环过程。Ecopath 中用到两个基础平衡方程：

生产量（production）=捕捞量（catches）+捕捞死亡（predation）+生物量积累（biomass accumulation）+净迁移（net migration）+其他死亡（other mortality）

摄食量（consumption）=生产量（production）+呼吸量（respiration）+未同化食物量（unassimilated food）。

模型用一组线性方程联立来定义一个生态系统，其中每一个线性方程代表生态系统中的一个功能组，并用以下公式将其平衡：

$$B_i \cdot \left(\frac{P}{B}\right)_i \cdot \mathrm{EE}_i = \sum_{j=1}^{n} B_j \cdot \left(\frac{Q}{B}\right)_i \cdot \mathrm{DC}_{ij} + \mathrm{EX}_i$$

式中，B_i 为功能组 i 的生物量；B_j 为功能组 j 的生物量[单位时间（1 年）内、单位面积或体积生物增长的总量，$\mathrm{t/km^2 \cdot y}$]；$(P/B)_i$ 为功能组 i 生产量与生物量的比值；EE_i 为功能组 i 的生态营养转换效率；(Q/B) 为摄食量与生物量的比值[单位时间（1 年）内某动物摄食量与其生物量的比值]；DC_{ij} 为被捕食者 j 占捕食者 i 的总捕食量比例；EX_i 为产出（包括捕捞量和迁移量）。

模型需输入 6 个基本参数：B_i、$(P/B)_i$、$(Q/B)_i$、EE_i、DC_{ij} 和 EX_i，前 4 个参数中可出现任意一个未知数。一般 EE_i 参数较难获得，可由模型通过其他参数计算出来。

（2）模型功能组及相关参数。

根据蠡湖的历史数据、文献资料[60-62]和现场调查，确定蠡湖生态系统 Ecopath 模型的 13 个功能组（表 3-11）。肉食性鱼类主要是指以鱼、虾等水生生物为食的鱼类，例如乌鳢（黑鱼）、鳜鱼和鲈鱼等。浮游动物食性鱼类主要是指以浮游动物为食的鱼类，例如银鱼、间下鱵和鲚等。草食性鱼类主要包括草鱼、团头鲂等。杂食-浮游动物食性鱼类主要是指鳑鲏、螫、似鳊、鲢和鳙等。

表 3-11 蠡湖水草恢复区生态系统 Ecopath 模型的功能组

编号	功能组	缩略词 （Abrr.）
1	肉食性鱼类	FPis
2	浮游动物食性鱼类	FZoo
3	草食性鱼类	FGra
4	杂食-底栖食性鱼类	FOB
5	杂食-浮游动物食性鱼类	FOZ
6	大型虾蟹类	MacC
7	软体动物	Moll
8	其他底栖动物	OthB
9	浮游动物	Zoop
10	沉水植物	SubM
11	其他维管束植物	OthM
12	浮游植物	Phyt
13	碎屑	Detr

（3）营养级结构。

数据输入 Ecopath 软件并经过预运算、参数调整之后，最终输入蠡湖水草恢复区生态系统模型的参数，如表 3-12 所示。

表 3-12 蠡湖水草恢复区生态系统 Ecopath 模型的功能组和基本输入数据

功能组	营养级	生物量 /(t/km²)	生产量 /生物量	摄食量 /生物量	生态营养效率	生产量 /摄食量
FPis	**3.62**	0.05	0.97	4.60	**0.023**	0.212
FZoo	**2.99**	1.44	1.02	5.80	**0.034**	0.176
FGra	**2.01**	0.10	2.39	15.20	**0.011**	0.157
FOB	**2.65**	0.92	1.73	11.20	**0.019**	0.154
FOZ	**2.47**	12.96	1.93	10.50	**0.005**	0.184
MacC	**2.63**	0.27	3.20	42.60	**0.028**	0.075
Moll	**2.00**	4.54	4.33	12.60	**0.228**	0.344
OthB	**2.00**	3.45	6.13	66.50	**0.451**	0.092
Zoop	**2.00**	15.96	36.20	307.80	**0.125**	0.118
SubM	**1.00**	460.00	1.67		**0.009**	
OthM	**1.00**	8.25	4.56		**0.517**	
Phyt	**1.00**	33.00	261.70		**0.254**	
Detr	**1.00**	122.40			**0.282**	

注：粗体为模型计算。

Ecopath 对模型进行初始运算后，需要对其计算结果进行检验，得到一个既符合物质平衡又符合生态学原理的模型。需要检验的方面包括：生态营养效率（ecotrophic efficience，EE），是表示从一个营养级到下一个营养级传递效率的分数，由于 EE 难以实际进行测定，而一个营养级既不可能一点都不被下一个营养级利用，也不可能全部被下一个营养级利用，所以 EE 的取值范围应该在 0~1 之间。捕食压力大的生物其 EE 也大。对 Ecopath 模型的初次运算结果首先要检查 EE 的值是否在合理的范围之内。生产量/摄食量（P/Q），在早期的 Ecopath 版本里，P/Q 被称为粗食物转化率（gross food conversion efficiency，GE）。海洋哺乳动物的 P/Q 较高，而快速生长的鱼类或者无节幼体、细菌等的 P/Q 较低。

（4）食物网结构。

根据平衡后的模型，蠡湖水草恢复区的生态系统由 5 个营养级（trophic levels，TLs）组成，主要的营养流动发生在前 3 个营养级，各营养级之间的能量流动情况见图 3-88。从图来看，生态系统从第Ⅱ营养级到第Ⅴ营养级的传递效率较低，分别是 1.64%、0.168% 和 0.483%。初级生产者的生产量为 10090t/（km²·a），被摄食量为 2213t/（km²·a），其余进入碎屑组。碎屑组被摄食的量为 3068t/（km²·a），其余的 10876t/（km²·a）因矿化作用而离开系统沉积到湖底。

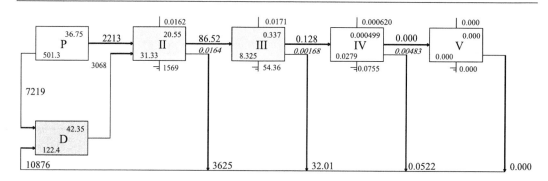

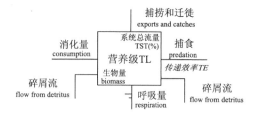

图 3-88　蠡湖水草恢复区生态系统 Lindeman 循环图

蠡湖水草恢复区的食物链主要有沉水植物→草食性鱼类/杂食-浮游动物食性鱼类→肉食性鱼类；浮游植物→浮游动物→杂食-浮游动物食性鱼类/软体动物→肉食性鱼类；碎屑→底栖动物→大型虾蟹→肉食性鱼类这三条途径（图 3-89）。但草食性和肉食性鱼类生物量及软体动物生物量过低，生态系统物质及能量循环效率低。系统的总能量转换效率为 0.511%（表 3-13），远低于 Christensen 和 Walters[63]提出的生态系统平均传输效率 9.2%。

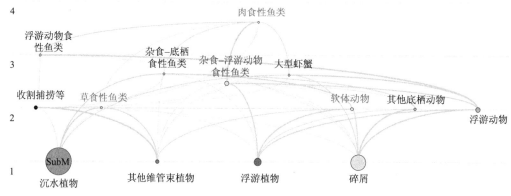

图 3-89　蠡湖水草恢复区生态系统物质流动图

再循环通量是指系统中重新进入再循环的营养流总量。Finn 循环指数（FCI）是指系统中循环流量和总流量的比值，Finn 平均路径长度（FML）是指每个循环流经食物链的平均长度，成熟系统的特征之一就是物质再循环的比例较高，且营养流所经过的食物链较长，蠡湖水草恢复区生态系统的 FCI 和 FML 分别是 11.85%和 2.72（表 3-14）。

表 3-13　不同营养级之间的转化效率　　　　　　（单位：%）

来源	营养级		
	II	III	IV
生产者	1.588	0.177	0.483
碎屑	1.675	0.162	0.483
总流动	1.639	0.168	0.483
系统		0.511	

表 3-14　蠡湖水草恢复区生态系统再循环特征

参数	值	单位
再循环通量（包括碎屑）	3045	t/(km²·a)
Finn 循环指数	11.85	占总流量%
Finn 平均路径长度	2.72	

（5）生态系统总体特征。

蠡湖水草恢复区生态系统的总生产量为 10090t/(km²·a)，净生产量为 7819t/(km²·a)，系统总流量为 25690t/(km²·a)，总生产量/总呼吸量（P/R）为 5.82，其他特征见表 3-15。成熟的生态系统的 P/R 值一般在 1 左右，而蠡湖水草恢复区生态系统的 P/R 值远大于 1，说明系统中有较多的剩余能量尚未消耗。连接指数（connectance index，CI）和系统杂食指数（system omnivory index，SOI）都是反映系统内部各食物链之间联系复杂程度的指标。连接指数表示实际存在的能流路径占可能存在的所有路径的比值，其值越高，表示系统内各种营养物质能够被重复利用的可能性越大，生态系统也越稳定。蠡湖水草恢复区生态系统的连接指数和系统杂食性指数分别为 0.24 和 0.08。

表 3-15　蠡湖水草恢复区生态系统的总体特征

参数	数值	单位
总消耗量	5367	t/(km²·a)
总输出量	7821	t/(km²·a)
总呼吸量	1623	t/(km²·a)
进入碎屑总量	10879	t/(km²·a)
系统总流量	25690	t/(km²·a)
总生产量	**10090**	t/(km²·a)
平均捕捞营养级	1.01	
计算得到的总净初级生产量	9442	t/(km²·a)
总生产量/总呼吸量	**5.82**	
净系统生产量	7819	t/(km²·a)
总初级生产量/生物量	17.45	
总生物量/总通量	0.02	t/(km²·a)
总生物量（不包括碎屑）	541	t/(km²·a)
连接指数（CI）	0.24	
系统杂食系数（SOI）	0.08	

（6）结论。

蠡湖水草恢复区生态系统在草型生态系统构建完成后，沉水植物生物量大，但草食性鱼类种群的生物量少，不能对沉水植物的过量生长起到有效控制作用；系统中杂食-浮游动物食性鱼类种群生物量相比肉食性鱼类而言，也是过高的，对生态系统的负面影响加剧；此外，系统中碎屑的生物量也过大，而软体动物生物量过少，难以有效转化碎屑。因此生态系统的总能量转换效率非常低，只有 0.511%；并且 P/R 值为 5.82，远大于1，说明系统中有较多的剩余能量尚未消耗。需要进行以软体动物、草食性鱼类和肉食性鱼类为主的食物网重塑，以提高生态系统物质与能量的流通效率，促进生态系统的健康发展。

2）食物网调控研究结果

根据前期研究结果及文献调查[60-62]，在实验处理区进行食物网重塑：①投放滤食性蚌类及刮食性螺类来控制浮游植物、降低附植生物的生物量。螺类的放养生物量约为20g/m³，蚌类的放养生物量为15g/m³。②投放肉食性鱼类以控制小杂鱼种群，乌鳢和鳜鱼的放养生物量为10g/m³，规格为400~800g/条，配置比例为1∶1。③投放草鱼以控制水生植被的过量生长，放养生物量为8g/m³，规格为500~1000g/条。

监测频率及监测指标：监测频率为前期每周一次，后期每月一次。监测指标主要有水温、pH、透明度（SD）、总氮（TN）、溶解性总氮（DTN）、总磷（TP）、溶解性总磷（DTP）、叶绿素 a（Chl-a）、化学需氧量（COD$_{Mn}$）、总悬浮物质（TSS）等水质参数、沉水植物生物量以及食物网健康程度相关指标等。

（1）食物网重塑对水体透明度的影响。

从图 3-90 可以看出，进行食物网重塑前，水草区透明度显著高于外部无水草区（Kruskal-Wallis rank sum test，$P < 0.05$），但水草区无显著差异；在进行了食物网重塑后内部有水草处理组的透明度（141cm）显著高于内部有水草的对照组（77cm）和外部无水草对照组（25cm），分别是后两者的 1.8 倍和 5.6 倍。

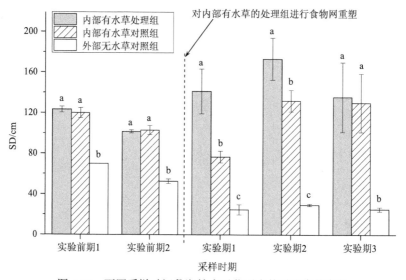

图 3-90　不同采样时间蠡湖技术示范区水体透明度的变化

（2）食物网重塑对水体总氮的影响。

从图 3-91 可以看出，进行食物网重塑前，水草区总氮显著低于外部无水草区，但水草区无显著差异；在进行了食物网重塑后内部有水草处理组的总氮均小于内部有水草的对照组，但差异未达到显著水平。相比内部有水草对照组，内部有水草处理组总氮削减了 11%～19%；相比外部无水草对照组，内部有水草处理组总氮削减了 57%～61%。

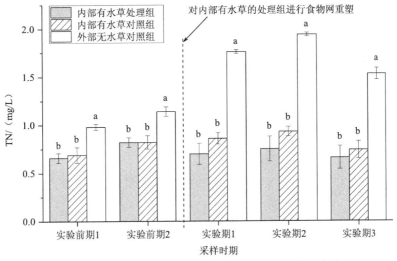

图 3-91 不同采样时间蠡湖技术示范区水体总氮的变化

（3）食物网重塑对水体氨氮的影响。

从图 3-92 可以看出，进行食物网重塑前，水草区氨氮高于外部无水草区；在进行了食物网重塑后，在实验的前两个时期水草区氨氮与外部对照区也没有显著差异；但在实验后期，水草区氨氮显著低于外部对照区。相比外部无水草对照组，内部有水草处理组的氨氮削减了 58%；相比内部有水草对照组，内部有水草处理组的氨氮削减了 23%。

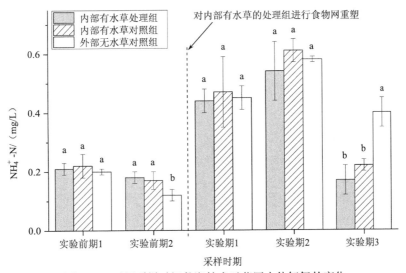

图 3-92 不同采样时间蠡湖技术示范区水体氨氮的变化

（4）食物网重塑对水体总磷的影响。

从图 3-93 可以看出，进行食物网重塑前，水草区总磷显著低于外部无水草区，但水草区无显著差异；在进行了食物网重塑后，内部有水草处理组对水体中总磷的削减进一步增大。相比内部有水草对照组，内部有水草处理组总磷削减了 14%～29%；相比外部无水草对照组，内部有水草处理组总磷削减了 72%～75%。

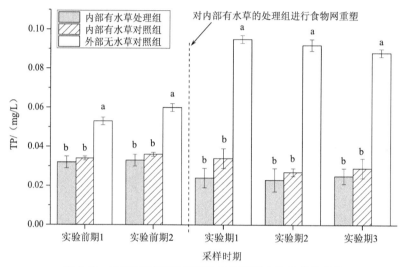

图 3-93　不同采样时间蠡湖技术示范区水体总磷的变化

（5）食物网重塑对水体 COD_{Mn} 的影响。

从图 3-94 可以看出，进行食物网重塑前，水草区 COD_{Mn} 显著低于外部无水草区，但水草区无显著差异；在进行了食物网重塑后，内部有水草处理组 COD_{Mn} 显著低于内部有水草对照组和外部无水草对照组。相比内部有水草对照组，内部有水草处理组 COD_{Mn} 削减了 3%～29%；相比外部无水草对照组，内部有水草处理组 COD_{Mn} 削减了 19%～40%。

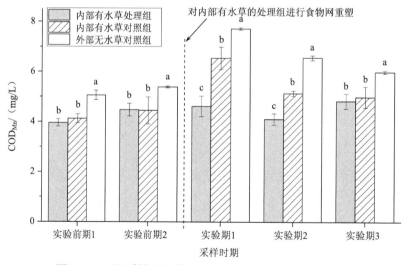

图 3-94　不同采样时间蠡湖技术示范区水体 COD_{Mn} 的变化

（6）食物网重塑对水体叶绿素 a 的影响。

从图 3-95 可以看出，进行食物网重塑前，水草区 Chl-a 显著低于外部无水草区，但水草区无显著差异；在进行了食物网重塑后，在前两个实验期内部有水草处理组 Chl-a 显著低于内部有水草对照组和外部无水草对照组。相比内部有水草对照组，内部有水草处理组 Chl-a 削减了 27%～49%；相比外部无水草对照组，内部有水草处理组 Chl-a 削减了 79%～87%。

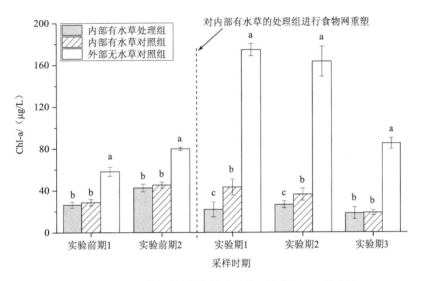

图 3-95　不同采样时间蠡湖技术示范区水体 Chl-a 的变化

（7）食物网重塑对水体 TSS 的影响。

从图 3-96 可以看出，进行食物网重塑前，水草区总悬浮物（TSS）显著低于外部无水草区，但水草区无显著差异；在进行了食物网重塑后，内部有水草处理组 TSS 显著低

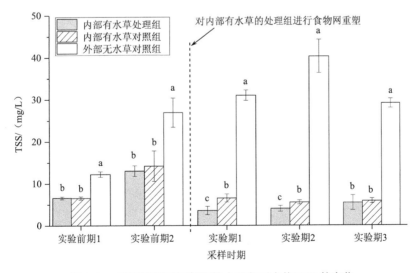

图 3-96　不同采样时间蠡湖技术示范区水体 TSS 的变化

于内部有水草对照组和外部无水草对照组。相比内部有水草对照组，食物网重塑水草组TSS 削减了 7%～46%；相比外部无水草对照组，食物网重塑水草组 TSS 削减了 81%～90%。

（8）食物网重塑对食物网健康程度的影响。

根据中国环境科学研究院研发的《太湖流域滨湖城市湖泊食物网特征及食物网结构健康评估指标体系》中食物网结构健康评估方法[64]，计算了食物网重塑前的健康程度，结果表明相对于只进行了水草恢复的内部对照组，已进行水草恢复且进行了食物网重塑的实验处理区其食物网健康程度从"良"提高到"优"（图3-97）。

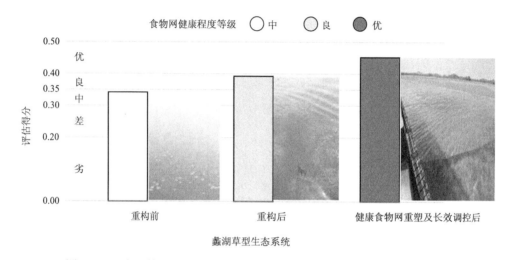

图 3-97　西蠡湖技术示范区食物网调控前后生态系统食物网健康程度的变化

总之，蠡湖技术示范区的监测数据表明，进行上述食物网重塑后，水体的透明度显著提高，相比内部有水草对照组，内部有水草处理组总氮削减了 11%～19%，总磷削减了 14%～29%，COD$_{Mn}$ 削减了 3%～29%，Chl-a 削减了 27%～49%，TSS 削减了 7%～46%。食物网健康程度从"良"提高到"优"。

参 考 文 献

[1]　高光, 张运林, 邵克强. 浅水湖泊生态修复与草型生态系统重构实践——以太湖蠡湖为例. 科学, 2021, 73(3): 9-12.

[2]　刘正文. 湖泊生态系统恢复与水质改善. 中国水利, 2006, 17: 30-33.

[3]　陈波, 汪莉莉. 维护城市山水格局的连续性——论西湖与杭州城市的关系. 技术与市场: 园林工程, 2006, 3: 40-43.

[4]　郭颖, 谢慧君, 张建. 不同类型底栖动物对表面流人工湿地系统水质净化的影响. 水生生物学报, 2022, 46(10): 1501-1509.

[5]　马鑫雨, 杨盼, 张曼, 等. 湖泊沉积物磷钝化材料的研究进展. 湖泊科学, 2022, 34(1): 1-17.

[6]　Yin H B, Kong M. Reduction of sediment internal P-loading from eutrophic lakes using thermally modified calcium-rich attapulgite-based thin-layer cap. Journal of Environmental Management, 2015,

151(3): 178-185.

[7] 刘永, 郭怀成, 周丰, 等. 湖泊水位变动对水生植被的影响机理及其调控方法. 生态学报, 2006, 26(9): 3117-3126.

[8] 高汾, 张毅敏, 杨飞, 等. 水位抬升对 4 种沉水植物生长及光合特性的影响. 生态与农村环境学报, 2017, 33(4): 341-348.

[9] 殷雪妍, 严广寒, 汪星. 太湖湖滨带水生植被恢复技术集成与应用浅析. 华东师范大学学报(自然科学版), 2021, (4): 26-38.

[10] 吴振斌, 邱东茹, 贺锋, 等. 沉水植物重建对富营养水体氮磷营养水平的影响. 应用生态学报, 2003, 14(8): 1351-1353.

[11] 马凯, 蔡庆华, 谢志才, 等. 沉水植物分布格局对湖泊水环境 N、P 因子影响. 水生生物学报, 2003, 27(3): 232-237.

[12] 朱清顺, 周刚, 张彤晴, 等. 不同水生植物对水体生态环境的影响. 水产养殖, 2005, 26(2): 7-9.

[13] Denny P. Mineral Cycling by Wetland Plants: A Review//Pokomy J, Lhotsky O, Denny P, et al. Waterplants and Wetland Processes. Archiv fur Hydrobiologie, Stuttgart, Beihefie Ergebnisse der Linmologie, 1987, 27: 1-25.

[14] Lapointe B E, O'Connell J. Nutrient-enhanced growth of Cladophora prolifera in Harrington sound, Bermuda: Eutrophication of a confined, phosphorus-limited marine ecosystem. Estuarine, Coastal and Shelf Science, 1989, 28(4): 347-360.

[15] Short F T. Effects of sediment nutrients on seagrasses: Literature review and mesocosm experiment. Aquatic Botany, 1987, 27(1): 41-57.

[16] Duarte C M. Seagrass nutrient content. Marine Ecology Progress Series, 1990, 67: 201-207.

[17] Bulthuis D A, Axelrad D M, Mickelson M J. Growth of the seagrass Heterozoslera tasmanica limited by nitrogen in Port Phillip Bay. Marine Ecology Progress Series, 1992, 89(2): 269-275.

[18] Best E P H. The Phytosociological Approach to the Description and Classification of Aquatic Macrophytic Vegetation//Symoens J. Vegetation of Inland Waters. Dordrecht: Springer, 1988: 155-182.

[19] 曹特, 倪乐意. 金鱼藻抗氧化酶对水体无机氮升高的响应. 水生生物学报, 2004, 28(3): 299-303.

[20] 黄蕾, 翟建平, 王传瑜, 等. 4 种水生植物在冬季脱氮除磷效果的试验研究. 农业环境科学学报, 2005, 24(2): 366-370.

[21] Riis T, Hawes I. Relationships between water level fluctuations and vegetation diversity in shallow water of New Zealand Lakes. Aquatic Botany, 2002, 74(2): 133-148.

[22] Leira M, Cantonati M. Effects of water-level fluctuations on lakes: An annotated bibliography. Hydrobiologia, 2008, 613(1): 171-184.

[23] Barko J W, Smart R M. Sediment-related mechanisms of growth limitation in submersed macrophytes. Ecology, 1986, 67(5): 1328-1340.

[24] Hough R A, Fornwall M D. Interactions of inorganic carbon and light availability as controlling factors in aquatic macrophyte distribution and productivity. Limnol. Oceanogr., 1988, 33(5): 1202-1208.

[25] Rattray M R, Howad-Williams C, Brown J M A. Sediment and water as sources of nitrogen an and phosphorus for submerged rooted aquatic macrophytes. Aquatic Botany, 1991, 40(3): 225-237.

[26] Gras A F, Koch M S, Madden C J. Phosphorus uptake kinetics of a dominant tropical seagrass Thalassia testudinum. Aquatic Botany, 2003, 76(4): 299-315.

[27] Van T K, Wheeler G S, Center T D. Competition between Hydrilla verticillata and Vallisneria americana as influenced by soil fertility. Aquatic Botany, 1999, 62(4): 225-233.

[28] 邱东茹, 吴振斌, 邓家齐, 等. 武汉东湖湖水和底泥对黄丝草生长的影响. 植物资源与环境, 1997, 6(4): 45-49.

[29] Ni L Y. Stress of fertile sediment on the growth of submersed macrophytes in eutrophic waters. Acta Hydrobiologica Sinica, 2001, 25(4): 399-405.

[30] Pagano A M, Titus J E. Submersed macrophyte growth at low pH: Contrasting responses of three species to dissolved inorganic carbon enrichment and sediment type. Aquatic Botany, 2004, 79(1): 65-74.

[31] Titus J E, Stephens M D. Neighbor influences and seasonal growth patterns for Vallisneria americana in a mesotrophic lake. Oecologia, 1983, 56(1): 23-29.

[32] Xie Y H, An S Q, Wu B F. Resource allocation in the submerged plant Vallisneria natans related to sediment type, rather than water-column nutrients. Freshw. Biol., 2005, 50(3): 391-402.

[33] Mantai K E, Newton M E. Root growth in Myriophyllum: A specific plant response to nutrient availability? Aquat. Bot. , 1982, 13: 45-55.

[34] Andrea J H. Implementation of a GIS to Assess the Effects of Water Level Fluctuations on the Wetland Complex at Long Point, Ontario. Waterloo: University of Waterloo, 2003.

[35] Huston M A. Biological Diversity: The Coexistence of Species in Changing Landscapes. Cambridge: Cambridge University Press, 1994.

[36] Wetzel R G. Limnology. Philadelphia: Sannders College Publishing, 1983.

[37] Scheffer M, Hosper S H, Meijer M L, et al. Alternative equilibria in shallow lakes. Trends in Ecology and Evolution, 1993, 8(8): 275-279.

[38] Istvánovics V, Honti M, Kovács Á, et al. Distribution of submerged macrophytes along environmental gradients in large, shallow Lake Balaton (Hungary). Aquatic Botany, 2008, 88(4): 317-330.

[39] Boedeltje G, Smolders A J P, Roelofs J G M, et al. Constructed shallow zones along navigation canals: Vegetation establishment and change in relation to environmental characteristics. Aquatic Conservation, 2001, 11(6): 453-471.

[40] Day R T, Keddy P A, McNeill J, et al. Fertility and disturbance gradients: A summary model for riverine marsh vegetation. Ecology, 1988, 69(4): 1044-1054.

[41] Gafny S, Gasith A. Spatially and temporally sporadic appearance of macrophytes in the littoral zone of Lake Kinneret, Israel: Taking advantage of a window of opportunity. Aquat. Bot., 1999, 62(4): 249-267.

[42] Vestergaard O, Sand-Jensen K. Aquatic macrophyte richness in Danish Lakes in relation to alkalinity, transparency, and lake area. Canadian Journal of Fisheries and Aquatic Sciences, 2000, 57(10): 2022-2031.

[43] Canfield D E, Langeland K A, Linda S B, et al. Relations between water transparency and maximum depth of macrophyte colonization in lakes. J. Aquat. Plant Manag. , 1985, 23: 25-28.

[44] 赵凯, 周彦锋, 蒋兆林, 等. 1960 年以来太湖水生植被演变. 湖泊科学, 2017, 29(2): 351-362.

[45] 江苏省市场监督管理局. 城市湖泊水体草型生态系统重构技术指南(DB 32/T 4046—2021), 2021. 07.

[46] 江苏省市场监督管理局. 湖滨生态系统构建与稳定维持技术指南(DB 32/T 4045—2021), 2021. 07.

[47] 江苏省市场监督管理局. 出入湖河口生境改善工程技术指南(DB 32/T 4044—2021), 2021. 07.

[48] 广东省住房和城乡建设厅. 城市景观湖泊水生态修复及运维技术规程(DBJ/T 15-183—2020), 2020. 06.

[49] 杨程, 马剑敏. 城市湖泊生态修复及水生植物群落构建研究进展. 长江科学院院报, 2014, 31(7): 13-20.

[50] 马剑敏, 成水平, 贺锋, 等. 武汉月湖水生植被重建的实践与启示. 水生生物学报, 2009, 33(2): 222-229.

[51] 唐汇娟, 谢平. 围隔中不同密度鲢对浮游植物的影响. 华中农业大学学报, 2006, 25(3): 277-280.

[52] 中华人民共和国农业部. 水生生物增殖放流技术规程(SC/T 9401—2010), 2011. 02.

[53] 薛庆举, 汤祥明, 龚志军, 等. 典型城市湖泊五里湖底栖动物群落演变特征及其生态修复应用建议. 湖泊科学, 2020, 32(3): 762-771.

[54] Hosper H, Meijer M L. Biomanipulation, will it work for your lake? A simple test for the assessment of chances for clear water, following drastic fish-stock reduction in shallow eutrophic lakes. Ecol. Eng., 1993, 2(1): 63-72.

[55] Shapiro J, Lamarra V, Lynch M. Biomanipulation: An Ecosystem Approach to Lake Restoration. Gainesville: University of Florida, 1975.

[56] With J S, Wright D I. Lake restoration by biomanipulation: Round lake, Minnesota, the first two years. Freshwater Biology, 1984, 14(4): 371-383.

[57] Xie P, Liu J. Practical success of biomanipulation using filter-feeding fish to control cyanobacteria blooms: A synthesis of decades of research and application in a subtropical hypereutrophic lake. The Scientific World Journal, 2001, 1: 337-356.

[58] Pauly D, Christensen V, Walters C. Ecopath, Ecosim, and Ecospace as tools for evaluating ecosystem impact of fisheries. ICES J. Mar. Sci., 2000, 57(3): 697-706.

[59] Meijer M L, de Boois I, Scheffer M, et al. Biomanipulation in shallow lakes in The Netherlands: An evaluation of 18 case studies. Hydrobiologia, 1999, 408(0): 13-30.

[60] 黄孝锋. 五里湖生态系统 ECOPATH 模型的构建与评估. 南京: 南京农业大学, 2011.

[61] 黄孝锋, 邴旭文, 陈家长. 基于 Ecopath 模型的五里湖生态系统营养结构和能量流动研究. 中国水产科学, 2012, 19(3): 471-481.

[62] 黄孝锋, 邴旭文, 陈家长. 五里湖生态系统能量流动模型初探. 上海海洋大学学报, 2012, 21(1): 78-85.

[63] Christensen V, Walters C J. Ecopath with Ecosim: Methods, capabilities and limitations. Ecol. Model., 2004, 172(2-4): 109-139.

[64] 中国环境科学研究院. 太湖流域滨湖城市湖泊食物网特征及食物网结构健康评估指标体系, 2021(研究报告).

第4章　蠡湖流域环境特征

4.1　蠡湖流域的自然环境

4.1.1　地理位置

蠡湖（又名五里湖）流域位于江苏省无锡市西南部，是太湖伸入无锡的一个内湖。地理坐标为东经 120°13′14″～120°17′38″、北纬 31°28′58″～31°32′51″，离市中心约 10km[1]（图 4-1）。

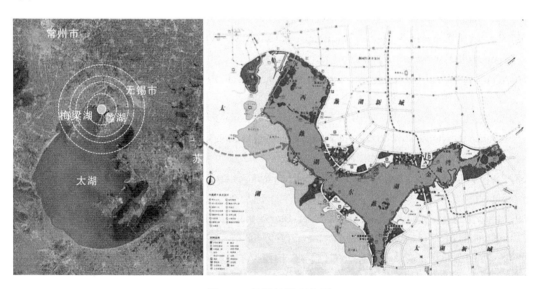

图 4-1　蠡湖的地理位置

蠡湖流域，是无锡太湖山水组合奇佳、历史人文积淀深厚的天赐风水宝地。这里，相传 2500 多年前，越国大夫范蠡协助越王勾践战胜吴国后，功成身退，偕西施隐于蠡湖，在蠡湖畔渔庄撰写了第一部人工养鱼的专著《养鱼经》。他们泛舟湖上，晨看"烟收远树山徐出"，暮见"月落寒涛水正平"，度过了美好的时光[2]。因湖面形状如一只葫芦瓢（蠡字本意为葫芦瓢意思），加之人们为了纪念范蠡，因此将其称为蠡湖[3]。

蠡湖东西长约 6km，南北宽 0.3～1.8km，正常水位时湖体周长约 21km，面积约 9.3km²，湖底高程 0.5～1.5m（吴淞镇江基面，下同），常年水位 3.07m，平均水深 1.90m，容积约 1800 万 m³。以宝界桥和蠡湖大桥为界，分为"东蠡湖"、"西蠡湖"和"金城湾"三个区域（图 4-2）。

图 4-2　蠡湖的范围

4.1.2　地形地貌

蠡湖地貌属太湖湖积平原，低山残丘环湖，山体由泥盆系石英砂岩、粉砂岩组成。土质以黄棕壤和黄红壤为主，质地黏重，颗粒甚粗。因受长期的剥蚀构造作用，山顶多呈尖浑及馒头状，但沿湖岸一侧的坡度通常较陡，坡角 20°～35°。此外，受湖水长期侵蚀，港湾和浪蚀崖较为发达[1]。地层隶属于扬子地层区江南地层分区。流域内山、平、圩交错，山丘高度大部分为 100～320m，平原区高程在 3.5～6.2m（吴淞高程，下同），圩区高程较低，约 1.0～3.5m[1]。区域内山丘总体上呈北东、北东东走向，其高度由西南往东北逐级下降，最高峰为惠山三茅峰，海拔 328.98m[4,5]。

4.1.3　流域土壤与植被

由于气候、地形以及生物、母质、成陆时间等条件的差异，流域内形成了多种多样的土壤类型。地带性土壤（显域土）有褐土、棕壤、黄棕壤和黄壤，非地带性土壤（隐域土）有盐渍土、草甸土和沼泽土等[1]。流域内农业历史悠久，素以精工细作著称。各地不同的耕作制度和利用方式，对土壤有深刻的影响，自然土壤已演变为各类耕作土壤。旱作土壤有山沙土、包浆土、黄浆土、黄刚土、山黄土、黄潮土、黑土等类型，水稻土有黄白土、黄泥土、淤泥土、青泥土等类型。

流域内气候温和，山地、平原、河流兼备，动植物资源相当丰富，植被种类兼具温带和典型亚热带的特点。沿太湖丘陵山地植被种类丰富，植被覆盖率达 95%以上，且古树名木众多。除栽培植物外，自然分布于流域内以及外来归化的野生维管束植物共 141 科、497 属、950 种、75 变种，分别约占全国植物科、属、种数的 39.94%、15.61%、3.5%。植物种类中，草本植物有 744 种，占总数的 78.32%；木本植物（包括竹类）有 206 种，占总数的 21.68%。主要用材林有竹、松、杉，优良用材的树种有杉木、檫树、樟树、紫楠、红楠、麻栎、锥栗、榆树等，药用植物有 400 多种[5,6]。

4.2 蠡湖流域气候与水文特征

4.2.1 流域气候

蠡湖流域属北亚热带季风气候，四季分明、气候湿润、雨量充沛、日照充足、无霜期长。冬季受北方大陆冷空气侵袭，北风多、干燥寒冷；夏季受海洋季风影响，偏南风居多、炎热湿润；春夏之交多"梅雨"，夏末秋初多台风。流域内多年平均气温 15.6℃（无锡站，下同），极端最低气温–12.5℃（1969 年），极端最高气温 39.9℃（2003 年）。年均无霜期约 222 天，年均相对湿度 80%。年均水面蒸发量 935mm，最大 1223mm（1967 年），最小 741mm（1980 年）；陆地蒸发量 756mm。年均降雨量 1112.3mm，年均降水日数为 125 天[6]。

4.2.2 流域水文

流域内河道纵横，水网密布，是典型的江南水乡。蠡湖周边共有主要河流 27 条。每年的 5～9 月，蠡湖进入汛期。蠡湖的年均水位 3.07m，历史最高水位 4.88m（1991 年 7 月 2 日），历史最低水位 1.92m（1934 年 8 月 26 日），警戒水位为 3.59m[5,7,8]。

4.3 蠡湖流域社会经济发展状况

4.3.1 流域经济发展概况

蠡湖所处的无锡市滨湖区，不仅是著名的中国古代吴文化发源地，也是中国近代民族工商业和当代乡镇企业的发源地之一。近年来，无锡市在蠡湖周边区域陆续投入大量资金，规划建设了以园林景观为主要特色、占地面积高达 300 多公顷的蠡湖风景区。风景区以蠡湖地区深厚的文化底蕴为基础，以江南园林的独特造诣为特色，结合现代园林艺术，相继修复了蠡湖公园、中央公园、渤公岛生态公园、水居苑、蠡湖大桥公园、长广溪湿地公园、宝界公园、管社山庄等 10 个具有完整游览要素的公园，以及长广溪湿地科普馆、西堤、蠡堤、蠡湖展示馆 4 处参观游乐景点。

统计数据显示，蠡湖流域所在的无锡市滨湖区 2020 年的社会经济发展数据如下[9]。

经济总量：地区国内生产总值 855.01 亿元，比上年增长 3.2%。其中第一、第二、第三产业增加值分别为 3.52 亿、321.16 亿元和 530.33 亿元，分别比上年增长 2.1%、4.3%和 2.4%。

财政收支：实现一般公共预算收入 86.78 亿元，比上年增长 6.5%，其中税收收入

75.59 亿元，比上年增长 3%；一般公共预算支出 94.28 亿元，比上年增长 23.2%。

固定资产投资：全区完成固定资产投资 284.41 亿元，比上年下降 13.8%。其中第一产业投资 0.27 亿元，而上一年没有第一产业投资；第二产业投资 56.81 亿元，比上年增长 19%；第三产业投资 227.33 亿元，比上年下降 19.5%。

开放型经济：全年完成工商登记协议注册外资 3.19 亿美元，实际使用外资 2.76 亿美元。外贸进出口总额 23.15 亿美元，比上年下降 2.3%，其中出口总额 16.15 亿美元，比上年下降 8.3%，进口总额 7 亿美元，比上年增长 14.9%。完成服务外包合同总额 24.8 亿美元，比上年下降 5.9%，服务外包执行总额 19.9 亿美元，比上年下降 9.6%；离岸外包合同总额 14.3 亿美元，比上年下降 12.2%，离岸外包执行总额 13.4 亿美元，比上年下降 5.9%。

行业发展：实现农业总产值 5.79 亿元，比上年增长 4.5%。433 家规模以上工业企业完成总产值 593.22 亿元，比上年增长 8.7%；建筑业总产值 242.03 亿元，比上年增长 10.1%；商品房销售面积 159.05 万 m^2，比上年下降 7.8%；商贸业全年实现社会消费品零售总额 223.66 亿元，比上年增长 1.3%；249 家规模以上服务业单位全年共实现营业收入 140.53 亿元，同比下降 9.3%；旅游业全年接待旅游总人数 2602.42 万人，比上年下降 5.3%；实现旅游总收入 331.05 亿元，比上年增长 2.8%。

4.3.2　流域土地利用状况

蠡湖流域所在无锡市滨湖区总面积 571.63km^2，其中陆地面积 208.84km^2，水域面积 362.79km^2（其中太湖面积 353.16km^2），分别占全区面积的 36.54% 和 63.46%（表 4-1）。

表 4-1　蠡湖流域所在滨湖区土地利用状况

	土地类型	面积/km^2	比重/%
陆地	耕地	11.59	2.03
	园地	20.41	3.57
	林地	59.26	10.37
	建设用地	109.24	19.11
	其他土地	8.34	1.46
水域	水域	362.79	63.46
汇总		571.63	100.00

4.4　蠡湖出入湖河流及水动力

4.4.1　出入湖河流

蠡湖周边主要河道共 27 条，其中完全贯通的河道有 9 条（小渲港、陆典桥河、陈大河、胡田庄浜、东古巷浜、东湖外河支浜、锡铁巷浜、江大环校河、鼋头渚南门景观河），半贯通的河道有 5 条（徐祥浜、王巷浜、美湖浜、曹王泾、固道巷浜），完全隔断的河道有 13 条（梁溪河、渔庄桥景观河、东许项浜、连大桥浜、骂蠡港、芦村河、圩田里河、圩田里河支河、东湖外河、上风咀浜、张庄巷浜、山门口浜、漆塘浜）（图 4-3）。

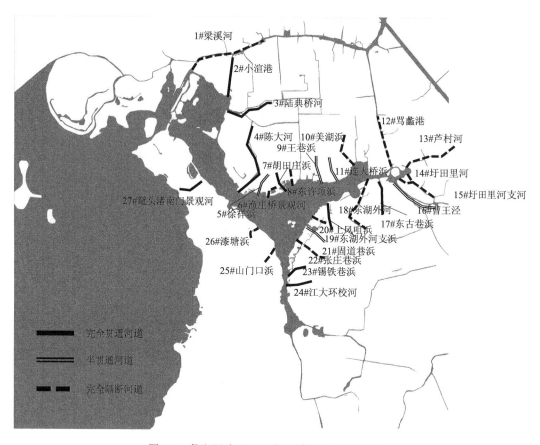

图 4-3　蠡湖周边主要河流水系概况（2018 年）

蠡湖周边主要入湖河道的概况见表 4-2。整体而言，9 条与蠡湖完全贯通的河道，其补给水来源主要为面源雨水径流、农业面源污水和少量生活污水，多为地表水 V 类至劣 V 类（部分为黑臭），主要超标因子为 TN、TP、悬浮物[10,11]；5 条半贯通河流，只有在丰水期才会与蠡湖连通，在枯水期多呈封闭状态；13 条完全封闭河流，主要通过水泥坝、沙袋和钢板等隔断，与蠡湖之间几乎没有水体的交换，这些河道大多数为黑臭水体（附近多有高密度居民区或生活生产区）。近年来，随着无锡市委、市政府对河道环境的重视及治理投入的增加，蠡湖周边主要河道的水质已得到显著的改善。

表 4-2　蠡湖周边入湖河道概况

序号	河流名称	河宽/m	水深/m	河流流向	贯通情况	沉积物	主要污染源来源
1	梁溪河	44	2.80	静止	完全隔断	淤泥 13cm	面源污水（景观河）
2	小渲港	22	2.12	流入蠡湖	完全贯通	淤泥 5cm	生活污水（住宅、加油站）

续表

序号	河流名称	河宽/m	水深/m	河流流向	贯通情况	沉积物	主要污染源来源
3	陆典桥河	6	2.00	静止	完全贯通	淤泥 7cm	农业污染
4	陈大河	10	1.80	流入蠡湖	完全贯通	淤泥 13cm	农业污水（雨水+农业种植）
5	徐祥浜	20	2.00	流入蠡湖	半贯通	淤泥 10cm	面源污水（公园）
6	渔庄桥景观河	5	1.04	静止	完全隔断	淤泥 13cm	生活污水
7	胡田庄浜	12	1.84	静止	完全贯通	无泥，石头	生活污水（菜地+公园+住宅）
8	东许项浜	9	1.02	静止	完全隔断	无泥，黄土	生活污水、建筑污染
9	王巷浜	12	1.10	流入蠡湖	半贯通	无泥，石头	生活污水（住宅+公园）
10	美湖浜	10	2.20	流入蠡湖	半贯通	无泥，石头	生活污水（住宅+公园）
11	连大桥浜	17	0.97	静止	完全隔断	无泥	生活污水
12	骂蠡港	35	2.30	静止	完全隔断	无泥，石头	生活污水、农业污染
13	芦村河	7	1.95	静止	完全隔断	无泥，石头	生活污水
14	圩田里河	11	1.10	静止	完全隔断	淤泥 5cm	工业污水、生活污水、农业污染
15	圩田里河支河	7	0.93	静止	完全隔断	淤泥 8cm	工业污水、生活污水
16	曹王泾	7	—	流入蠡湖	半贯通	无泥，石头	生活污水
17	东古巷浜	7	0.23	流出蠡湖	完全贯通	淤泥 9cm	面源污水（住宅+菜地+饭店）
18	东湖外河	10	0.30	静止	完全隔断	无泥，石头	生活污水（万象城商区+住宅）
19	东湖外河支浜	18	2.58	流入蠡湖	完全贯通	淤泥 4cm	面源污水（景观河）
20	上风咀浜	12	1.80	静止	完全隔断	无泥，树枝	面源污水（公园景观河）
21	固道巷浜	5	0.20	静止	半贯通	淤泥 7cm	面源污水（学校+住宅+菜地+修建堤岸）
22	张庄巷浜	15	0.90	静止	完全隔断	无泥，石头	面源污水+生活污水（住宅）
23	锡铁巷浜	15	1.60	静止	完全贯通	无泥，石头	面源污水+生活污水
24	江大环校河	10	2.30	由蠡湖流出	完全贯通	淤泥 12cm	蠡湖水
25	山门口浜	6.5	0.93	静止	完全隔断	淤泥 6cm	生活污水、农业污染
26	漆塘浜	5	0.30	静止	完全隔断	无泥，石头	生活污水（住宅+商业区）
27	鼋头渚南门景观河	8	1.82	流入蠡湖	完全贯通	无泥，水草	面源污水+生活污水

4.4.2 河道水质

1. 完全贯通河道

2018 年蠡湖入湖河道调研数据显示：蠡湖水质受完全贯通河道水质影响较大。完全贯通河道的河宽在 6～22m，水深在 0.23～2.58m，位于西蠡湖周边的河道较深，位于东蠡湖周边的河道较浅，与调水路线（梅梁湖水通往蠡湖，蠡湖水通往市区梁溪河）相呼应。调研时有 4 条河道水流流向蠡湖，3 条静止河道，2 条河道从蠡湖流出。大多数河道水质为劣V类，部分河道为III～V类。

总磷浓度在 0.03～0.46mg/L 范围内变化，平均为 0.19mg/L（图 4-4）。总体来看，完全贯通河道总磷 8、9 月最高，1、2 月最低。河道水体中的磷不仅具有较高的迁移性，其生物可利用性也非常高。其中，东湖外河支浜、东古巷浜、胡田庄浜等河道水体中的总磷相对较高，这些河道中的水，进入蠡湖中，将不可避免地对蠡湖的水质产生严重的影响。

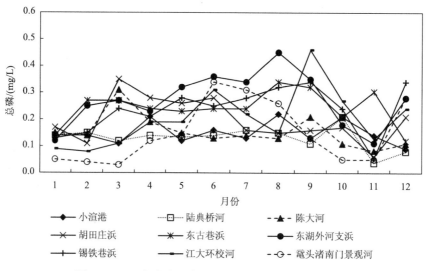

图 4-4　2018 年蠡湖完全贯通河道总磷浓度的月变化图

总氮浓度的变化范围为 0.05～9.64mg/L，平均为 1.80mg/L（图 4-5）；氨氮浓度的变化范围为 0.03～7.00mg/L，平均为 0.83mg/L（图 4-6）。总氮呈现出典型的外源污染性特征：四季变化明显，冬、春季明显高于夏、秋季，影响水体中总氮浓度的主要因素是外源补给及内源释放。其中东部及东南部河道水体中的总氮浓度最高，最大值接近 10mg/L，且河道水体中的氮以溶解态为主，其溶解态氮占总氮比例平均达 90%。河道水体中如此高的溶解态氮比例，反映出其氮的迁移性很强、环湖面源污染对蠡湖水质的潜在威胁非常大。

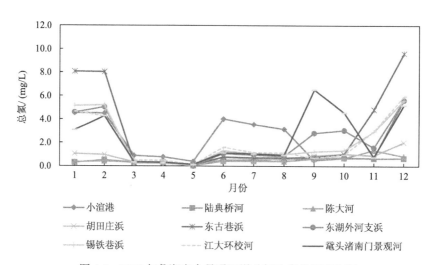

图 4-5　2018 年蠡湖完全贯通河道总氮浓度的月变化图

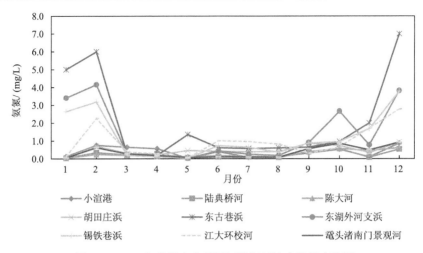

图 4-6　2018 年蠡湖完全贯通河道氨氮浓度的月变化图

高锰酸盐指数在 0.03～8.90mg/L 范围内变化，平均为 4.20mg/L（图 4-7）；悬浮物在
4～37mg/L 范围内变化，平均为 12mg/L（图 4-8）；透明度在 20～220cm 范围内变化，
平均为 64cm（图 4-9）；pH 在 6.76～8.99 范围内变化，平均为 7.78（图 4-10）。完全贯
通河道的高锰酸盐指数、悬浮物和透明度三者之间具有一定关联性，河道水质时空变化
明显，春冬季明显好于夏秋季，空间上污染程度呈现出东蠡湖周边河道水质比西蠡湖周
边河道差、小河道比主河道差的特点。其原因可能与蠡湖环湖周边地区的土地利用状况
有密切的联系。西蠡湖的周围基本上是公园区，土地植被好，污染源少，而东蠡湖则基
本上被生活区、住宅区所包围。尤其是在东出口区域，环湖住宅区密布，许多住宅区临
湖而建，对蠡湖水质有一定的负面影响。

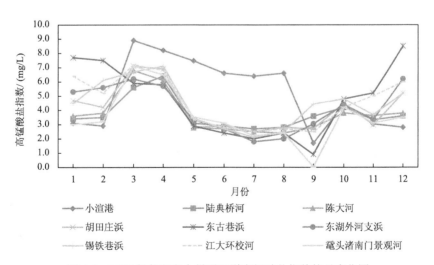

图 4-7　2018 年蠡湖完全贯通河道高锰酸盐指数的月变化图

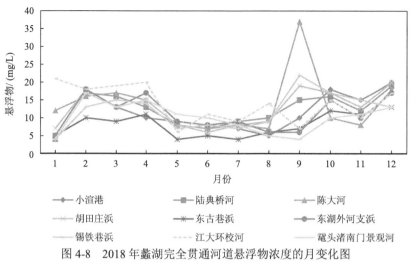

图 4-8　2018 年蠡湖完全贯通河道悬浮物浓度的月变化图

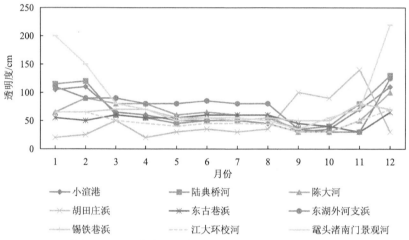

图 4-9　2018 年蠡湖完全贯通河道透明度的月变化图

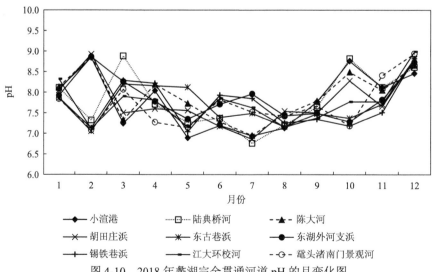

图 4-10　2018 年蠡湖完全贯通河道 pH 的月变化图

2. 半贯通河道

半贯通河道对蠡湖水质的影响小于完全贯通河道。调研结果显示，半贯通河道的水深在 0.20～2.20m，河宽在 5～20m，调研时有 4 条河道水流流向蠡湖，1 条静止河道。大多数河道水质为劣Ⅴ类，部分河道为Ⅲ～Ⅴ类。污染来源主要为雨水面源污染和生活污水。调研过程中发现部分河道因淤积无水，无法取得水样，已演变为浅滩湿地。

半贯通河道总磷在 0.03～3.32mg/L 范围内变化，平均为 0.50mg/L（图 4-11）；总氮在 0.25～11.25mg/L 范围内变化，平均为 4.68mg/L（图 4-12）；氨氮在 0.05～7.64mg/L 范围内变化，平均为 2.29mg/L（图 4-13）；高锰酸盐指数在 2.20～15.30mg/L 范围内变化，平均为 6.20mg/L（图 4-14）；悬浮物在 4～18mg/L 范围内变化，平均为 9mg/L（图 4-15）；透明度在 10～120cm 范围内变化，平均为 60cm（图 4-16）；pH 在 6.17～8.91 范围内变化，平均为 7.80（图 4-17）。

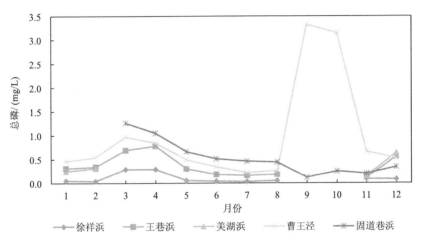

图 4-11　2018 年蠡湖半贯通河道总磷浓度的月变化图

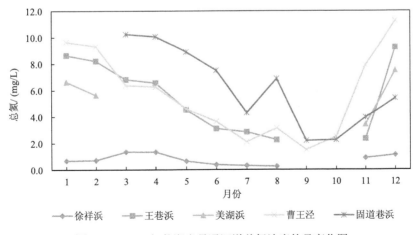

图 4-12　2018 年蠡湖半贯通河道总氮浓度的月变化图

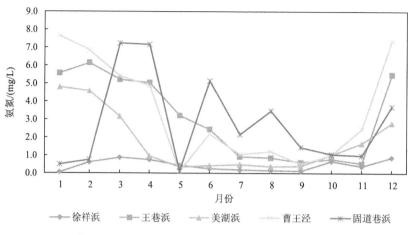

图 4-13 2018 年蠡湖半贯通河道氨氮浓度的月变化图

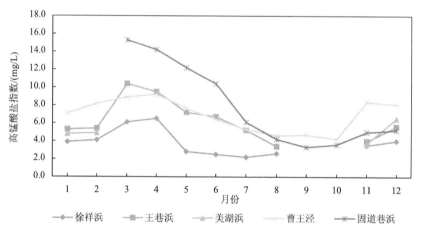

图 4-14 2018 年蠡湖半贯通河道高锰酸盐指数的月变化图

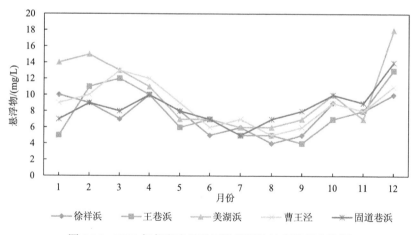

图 4-15 2018 年蠡湖半贯通河道悬浮物浓度的月变化图

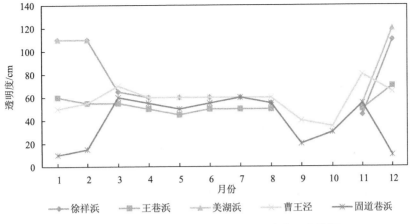

图 4-16　2018 年蠡湖半贯通河道透明度的月变化图

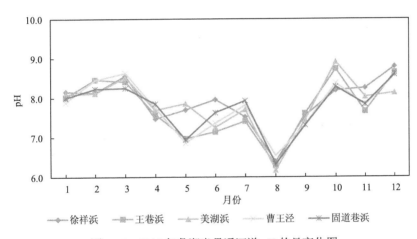

图 4-17　2018 年蠡湖半贯通河道 pH 的月变化图

3. 完全隔断河道

调研结果显示，完全隔断河道的水深在 0.30～2.80m，河宽在 5～44m，调研时所有河道水流均静止。大多数河道水质为劣Ⅴ类，部分河道为Ⅲ～Ⅴ类。

完全隔断河道总磷在 0.03～4.51mg/L 范围内变化，平均为 0.76mg/L（图 4-18）；总氮在 0.09～20.34mg/L 范围内变化，平均为 4.03mg/L（图 4-19）；氨氮在 0.03～18.43mg/L 范围内变化，平均为 2.51mg/L（图 4-20）；高锰酸盐指数在 1.50～17.30mg/L 范围内变化，平均为 5.84mg/L（图 4-21）；悬浮物在 3～37mg/L 范围内变化，平均为 14mg/L（图 4-22）；透明度在 10～150cm 范围内变化，平均为 63cm（图 4-23）；pH 在 6.28～9.32mg/L 范围内变化，平均为 7.75mg/L（图 4-24）。

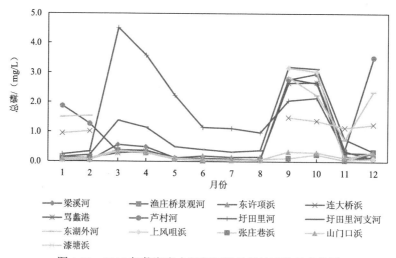

图 4-18　2018 年蠡湖完全隔断河道总磷浓度的月变化图

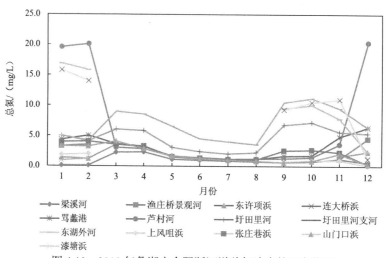

图 4-19　2018 年蠡湖完全隔断河道总氮浓度的月变化图

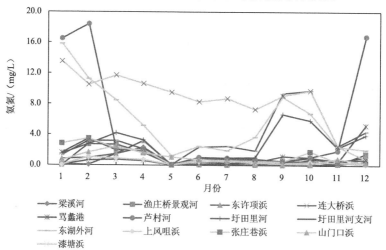

图 4-20　2018 年蠡湖完全隔断河道氨氮浓度的月变化图

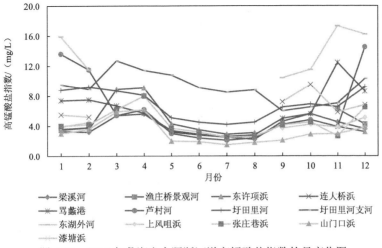

图 4-21　2018 年蠡湖完全隔断河道高锰酸盐指数的月变化图

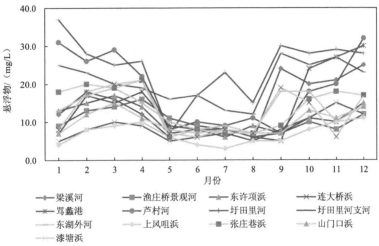

图 4-22　2018 年蠡湖完全隔断河道悬浮物浓度的月变化图

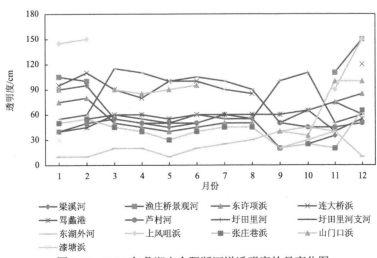

图 4-23　2018 年蠡湖完全隔断河道透明度的月变化图

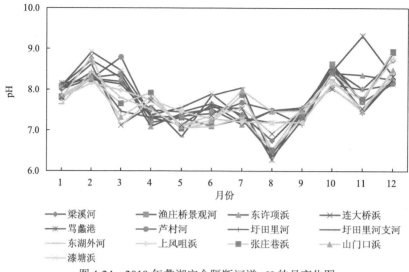

图 4-24　2018 年蠡湖完全隔断河道 pH 的月变化图

4.4.3　水动力状况及水体循环

1. 蠡湖水动力状况

由于水体的水动力状况对水质及沉水植被的恢复影响极大，为了解蠡湖不同湖区中的风浪及湖流状况，在实测的基础上，用模型模拟了蠡湖不同湖区中湖流、风浪的变化情况。

在蠡湖湖流的模拟中，采用二维浅水动力学方程对湖流进行数值计算。方程组包括一个连续性方程和两个动量方程，其守恒形式为

$$\frac{\partial D}{\partial t} + \frac{\partial(Du)}{\partial x} + \frac{\partial(Dv)}{\partial y} = 0$$

$$\frac{\partial(Du)}{\partial t} + \frac{\partial(Du^2 + gD^2/2)}{\partial x} + \frac{\partial(Duv)}{\partial y} = Dfv - gD\frac{\partial h}{\partial x} + \frac{\tau_{ax} - \tau_{bx}}{\rho}$$

$$\frac{\partial(Dv)}{\partial t} + \frac{\partial(Duv)}{\partial x} + \frac{\partial(Dv^2 + gD^2/2)}{\partial y} = -Dfu - gD\frac{\partial h}{\partial y} + \frac{\tau_{ay} - \tau_{by}}{\rho}$$

式中，$D(x, y, t) = h(x, y) + \zeta(x, y, t)$ 为实际水深，$\zeta(x, y, t)$ 是相对于基准面的自由水面的水位，$h(x, y)$ 是静水深；$u(x, y, t)$、$v(x, y, t)$ 分别是 x、y 方向的流速分量；g 是重力加速度；$f = 2\omega\sin\varphi$ 是科氏力参数；$\omega = 7.29 \times 10^{-5}$ rad/s 是地球自转角速度；φ 是地球纬度；ρ 是流体密度；τ_{ax}、τ_{ay} 是 x、y 方向的风应力分量；τ_{bx}、τ_{by} 是 x、y 方向的底摩擦效应项。

采用无结构网格对蠡湖的求解区域进行网格剖分，Roe-Upwind 有限体积思想对方程进行离散求解。

初始条件：$\zeta = u = v = 0$。边界条件：由于蠡湖周围的入湖河流均已建闸控制，模拟时可不考虑出入湖河流的影响，采用封闭边界条件。

　　风场条件：首先根据多年的观测资料，采用太湖夏季盛行风东南风（SE）和冬季盛行风西北风（NW），风速均取定长风 5.0m/s；其次考虑到春季（3～5 月）是大多数水草的栽植与育苗阶段，夏季（6～8 月）是水草的旺盛生长阶段，根据太湖湖泊生态系统研究站（以下简称太湖站）2006～2007 年的风速风向资料，采用春季主导风向 SSW，夏季主导风向 ENE（图 4-25），风速分别为定长风 4.1m/s 和 3.5m/s[12,13]。

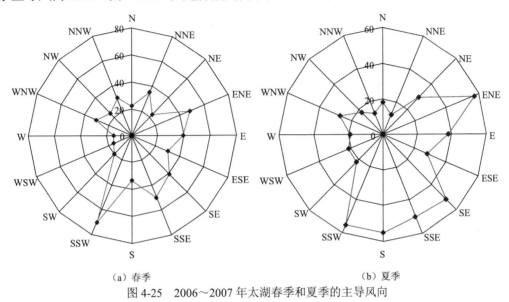

（a）春季　　　　　　　　　　　（b）夏季

图 4-25　2006～2007 年太湖春季和夏季的主导风向

　　不同风速、风向条件作用稳定后，计算出的蠡湖湖流分布情况如图 4-26 所示。

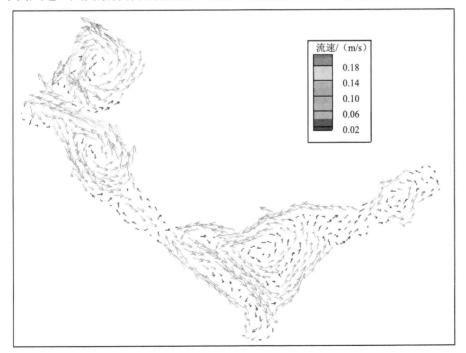

（a）东南风 5.0m/s

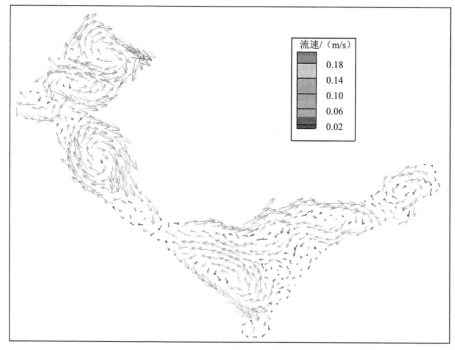

（b）西北风5.0m/s

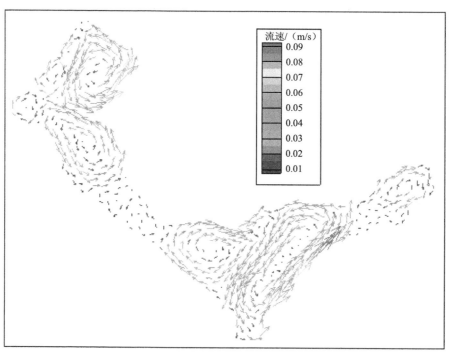

（c）西南偏南风4.1m/s

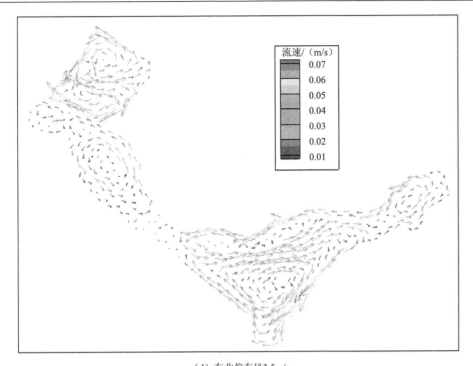

（d）东北偏东风3.5m/s

图 4-26　不同风速、风向条件下蠡湖中湖流的分布情况

蠡湖波浪数值模拟：在模拟湖流动同时，采用适合于计算太湖波浪特征的 SMB 公式，对蠡湖的波高分布进行数值计算。SMB 公式的具体形式为

$$\frac{gH}{W^2} = 0.283 \tan h \left[0.530 \left(\frac{gD}{W^2} \right)^{0.75} \right] \tan h \frac{0.0125 \left(gx / W^2 \right)^{0.42}}{\tan h \left[0.530 \left(gD / W^2 \right)^{0.75} \right]}$$

式中，H 为有效波的波高；W 为高于水面 10m 处的风速；x 为湖面风区长度，即起算点沿风向到计算点的距离；D 为水深；g 为重力加速度。

采用与湖流计算中相同的风场条件，计算出的蠡湖波高分布情况如图 4-27 所示。

图中数据显示：由于受地形及周边环境的影响，在不同风速、风向条件下，蠡湖不同区域水体中的波高差异较大，其中波高最大的区域出现在东蠡湖的中部（5.0m/s 东南风），最大波高约为 11cm[14,15]。

2. 水体循环情况

蠡湖的环湖水系隶属于滨湖区。按照地形特点，滨湖区的水系由东到西分为锡南、蠡湖及梅梁湾三个片区。滨湖区水系东连京杭大运河、西靠梅梁湖、南通太湖、北接梁溪河，形成一个闭合的水系体系（图 4-28）。南北向的主干河道有蠡溪河、骂蠡港、长广溪、蠡溪河、庙桥港，东西向主干河道有梁溪河、陆典桥河、曹王泾、南大港、板桥港、大溪港。蠡湖北面的河道及西南侧山丘区的河道以入湖为主，东南侧的河道则以出湖为主，正常时段的总体流速均很小，水体的流动性相对不大[16,17]。

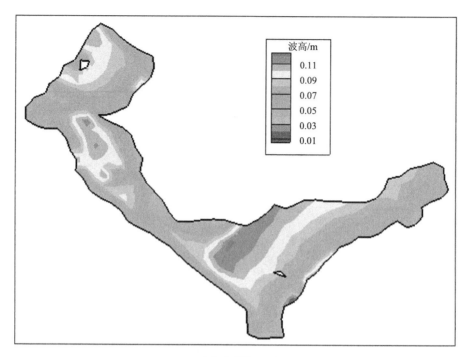

（a）东南风5.0m/s

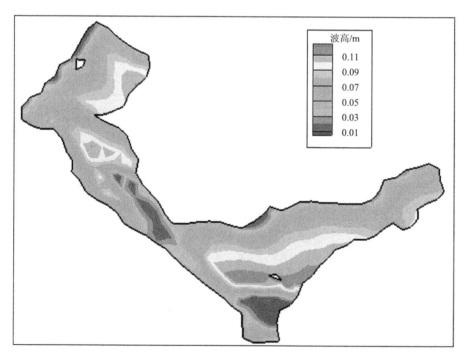

（b）西北风5.0m/s

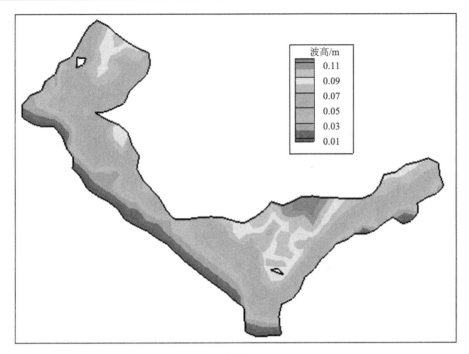

（c）西南偏南风4.1m/s

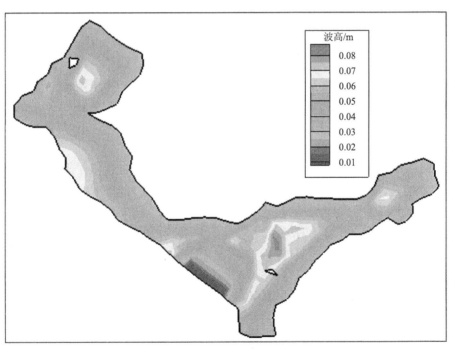

（d）东北偏东风3.5m/s

图 4-27　不同风速、风向条件下蠡湖中波高的分布情况

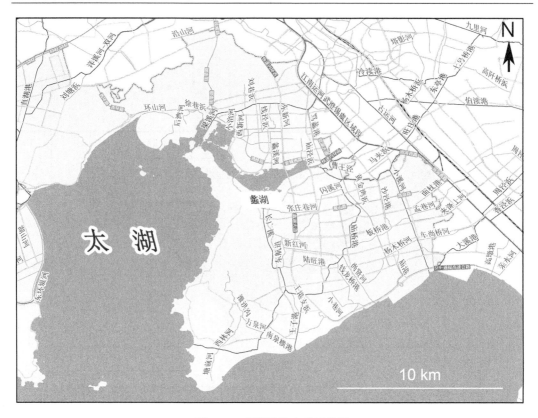

图 4-28　蠡湖周边水系示意图

目前，蠡湖沿湖建成的大型泵站、节制闸共 8 个，分别为梅梁湖进水闸、蠡湖进水闸、梅梁湖泵站、蠡湖出水闸、蠡湖节制闸、长广溪节制闸、曹王泾节制闸和骂蠡港节制闸，对入湖河道进行调控（图 4-29）。当遇暴雨洪水时，可通过节制闸、梅梁湖泵站向外排水，缺水时又能从太湖引水，具有一定的调节作用[18,19]。

为了让太湖、蠡湖及城市内河的水体有序地流动起来，改善蠡湖水体的流动性、提高水体自净能力，2002 年开始在蠡湖周边建设以区域调水为主的梅梁湖泵站枢纽工程，包括一座 50m^3/s 泵站、四座 16m 净宽节制闸及相关配套建筑。梅梁湖泵站枢纽工程 2004 年 8 月建成投入使用，投资 1.27 亿元[9,15]。

梅梁湖泵站枢纽工程建设完成后，目前蠡湖及周边区域的动力换水路线主要有三条（图 4-30）：

①引太湖水经过梅梁湖泵站至无锡市区

梅梁湖→梅梁湖进水闸→梅梁湖泵站→梁溪河

②引蠡湖水入市区

蠡湖→蠡湖进水闸→梅梁湖泵站→梁溪河出水闸→梁溪河

③引外太湖水经梅梁湖泵站补给蠡湖

梅梁湖→梅梁湖进水闸→梅梁湖泵站→蠡湖出水闸→蠡湖

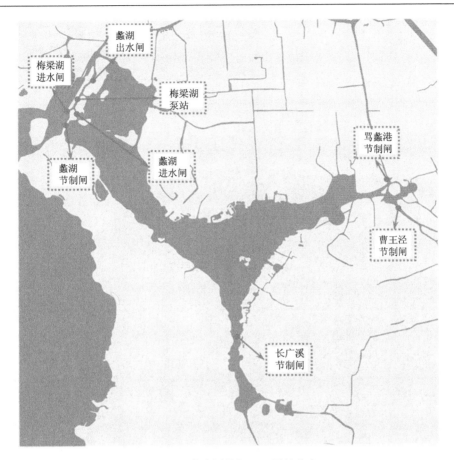

图 4-29　蠡湖周边闸口、泵站分布

4.5　蠡湖的水环境

4.5.1　水位与库容

蠡湖附近的代表性水位站，主要有位于梅梁湖犊山枢纽的犊山闸站和无锡南门站，据统计，犊山闸站多年平均水位 3.17m，多年平均最高日均水位 3.64m，多年平均最低日均水位 2.87m。五十年一遇设计洪水位 4.53m，蠡湖正常蓄水位 3.30m 左右，常年水位 3.07m，平均水深 1.80m，相应库容约 1800 万 m³。

中国科学院南京地理与湖泊研究所太湖站对蠡湖的监测数据显示：2003 年以来，由于大规模的底泥疏浚及封闭式保护、水深调控等方面的原因，蠡湖的水深较之前有明显的增加（图 4-31）。1998～2002 年监测点的平均水深为 2.2m，2003～2010 年 2 月的平均水深为 2.8m，平均增加了约 0.6m。2014 年后，蠡湖水深有所下降。

图 4-30　蠡湖及周边区域动力换水路线图

图中左为蠡湖，右为太湖梅梁湾

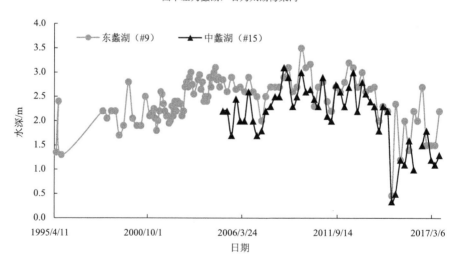

图 4-31　1995～2017 年间太湖站蠡湖监测点中水深的变化趋势

此外，蠡湖不同区域中水深的空间差异也较大。2019 年春季蠡湖水深测定显示，除一些近岸的区域外，蠡湖 90%区域中的水深均超过 2.0m，部分区域（约 15%）的水深甚至超过了 3.0m（东西蠡湖湖心、退渔还湖中心区等）。蠡湖水深分布见图 4-32。

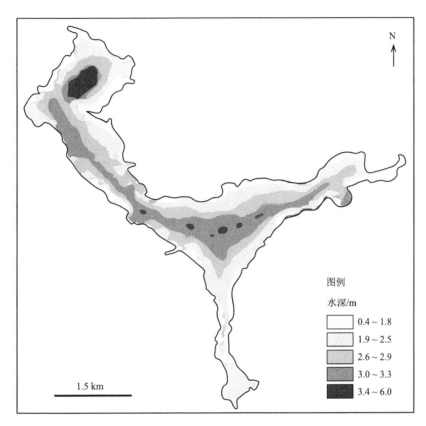

图 4-32　蠡湖水深空间分布图

4.5.2　水质

湖泊生态系统的结构会对水质产生影响，同时，水质的好坏也会直接影响湖泊的生态服务功能及湖泊生态系统的各组分。20 世纪 50 年代，蠡湖水草丰茂，清澈见底，水产丰富，水质还处于中营养水平，是无锡市区重要水源地[15]。20 世纪 60 年代后期，蠡湖开始大规模围湖造田、围网养殖，水域面积由原来的 9.5km² 缩小到 6.4km²，水生植被大面积消失，生态系统恶化。20 世纪 80 年代以后，随着周边区域城市化的兴起、人口聚集，蠡湖流域的外源污染快速增加，大量生产生活污水直接排入湖中。由于水浅、自身环境容量小，在受纳大量外源污染时，蠡湖的水质急剧恶化，导致原有的草型生态系统崩溃，曾经一度成为太湖地区富营养化最严重的区域[11]。2002 年开始，无锡市委、市政府对蠡湖实施了包括生态清淤、污水截流、退渔还湖、生态修复、湖岸整治和环湖林带建设等在内的水环境综合整治工程。经过多年的努力，蠡湖的水质和生态环境比整治前显著改善[12]。利用国家野外科学观测研究站——太湖湖泊生态系统研究站的长期监测数据及 2017 年的蠡湖全湖水质调查数据（调查点位见图 4-33），结合相关历史文献资料，探讨分析蠡湖各时间段的水质特征、空间异质性及综合整治后水环境质量的变化趋势。

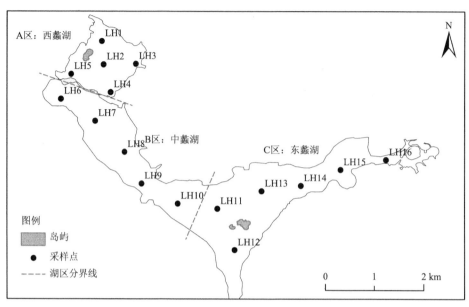

图 4-33　蠡湖水质监测点位

A 区为无锡市经过综合整治的退渔还湖区，位于蠡湖西部，与蠡湖中部通过蠡堤的涵桥相连；B 区为蠡湖中部水域，周边人类活动相对较小；C 区为蠡湖东部水域，周边人口密度大，入湖污染物浓度较高

1. 蠡湖水质参数的年际变化特征

太湖站长期监测数据显示：蠡湖水体的 TN 浓度从"八五"到"十三五"期间的每五年均值分别为 4.78mg/L、5.66mg/L、6.98mg/L、3.05mg/L、1.12mg/L、1.40mg/L，总体呈现出先升高后降低的趋势（图 4-34）。从 20 世纪 90 年代初开始，蠡湖 TN 的年均浓度呈现出波动上升的趋势，到 2003 年达到峰值（7.80mg/L），相比 1991 年的 2.65mg/L增长了 194%。2003 年后，TN 浓度得到有效控制，总体呈现下降趋势。2013 年降到最低值 1.07mg/L，达地表水Ⅳ类标准（GB 3838—2002），较 2003 年峰值降幅达 86%；但2016～2020 年，TN 浓度出现反弹态势，年均浓度分别为 1.21mg/L、1.58mg/L、1.24mg/L、1.68mg/L、1.29mg/L。

与 TN 的变化趋势类似，水体中 TP 浓度也呈现出明显的先升高后降低的趋势，从"八五"到"十三五"期间的五年均值分别为 0.140mg/L、0.199mg/L、0.152mg/L、0.126mg/L、0.086mg/L、0.10mg/L。TP 浓度在 1996 年达到峰值（0.230mg/L），相比 1991 年的 0.089mg/L增长了 158%；1996 年后开始波动下降，但 2007 年水体中的 TP 浓度出现异常升高的现象，与太湖梅梁湾暴发大规模蓝藻水华的时间点相对应，表明蠡湖水体中较高的磷浓度出现，可能与蓝藻水华发生有关。2015 年，蠡湖的 TP 年均浓度降至最低为 0.071mg/L，低于1991 年的 TP 浓度，较 1996 年的峰值降幅达 69%。值得注意的是，2016～2020 年间蠡湖水体中的 TP 浓度也出现反弹的现象，2017 年达到了 0.124mg/L，较 2015 年上升 74.6%。

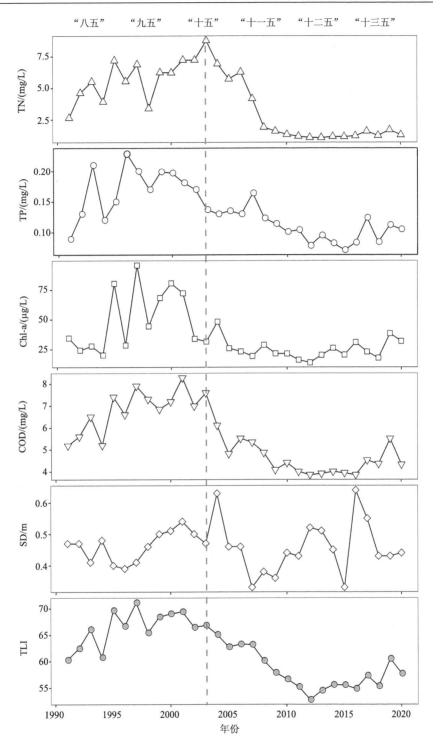

图 4-34　蠡湖水质长期变化特征（1991～2020 年）

图中竖虚线为综合整治时间点

随着蠡湖水体中营养盐浓度得到控制,Chl-a 的浓度也发生明显变化。Chl-a 在 1997～2001 年期间达最高浓度水平,五年平均值为 72.3μg/L,在 1997 年达最大值(95.7μg/L)。此后,呈现下降趋势,到"十二五"期间,其五年均值下降至 19.3μg/L,较治理前最高浓度水平降幅达 73%。但"十三五"期间又有所反弹,Chl-a 的均值达到了 28.4μg/L。

COD 与 TN 整体变化趋势相同,2003 年以前呈波动上升趋势,2003 年之后呈现下降趋势。COD 在九五前后(1997～2001 年)处于高浓度,其五年均值为 7.50mg/L,并在 2001 年达最大值(8.28mg/L)。到"十二五"期间,COD 五年平均值下降至 3.94mg/L,较历史最高五年平均值(7.50mg/L)降幅达 47%;"十三五"期间,COD 也有所反弹,2019 年达到了 5.51mg/L。

SD 在过去十几年中相比于其他指标波动较多,有几个明显峰点,一个峰值(0.63m)出现在 2004 年,随后几年呈现下降趋势;2007 年后 SD 逐渐升高,在 2012 年出现另一个峰值(0.52m),而后几年又出现下降,到 2015 年达最小值,仅有 0.33m,为近十几年最低点;还有一个峰值在 2016 年,SD 陡然升高到 0.64m,较上一年上涨 94%;2017 年又降为 0.55m,2018～2020 年稳定在 0.44m 左右。表明蠡湖透明度没有得到有效改善。

TLI 分析结果表明,21 世纪之前,蠡湖水质一直处于中度富营养化水平,1997 年最为严重($TLI_{1997} = 71$),为重度富营养化;进入 21 世纪,富营养化程度得到缓解,富营养化指数开始下降,2012 年降到最低值($TLI_{2012} = 52$),但仍然处于轻度富营养化状态;值得注意的是从 2012 年往后,富营养化指数出现反弹,2019 年达到了 60.5 的高值,说明蠡湖整体上富营养化问题没有得到有效解决。

氮、磷是藻类生长的重要基础物质,也是在防治水体富营养化中首要控制指标[20,21],COD 是表征水体中有机污染物含量的重要参数,Chl-a 可以表示水体中藻类生物量的多少,SD 是湖泊水质重要的感观表现之一。作为评价蠡湖水体富营养化的指标,TN、TP、COD 和 Chl-a 在过去三十多年发生了显著变化。"八五"初期,蠡湖 TN、TP 分别达到 2.65mg/L 和 0.089mg/L,COD 和 Chl-a 分别为 5.19mg/L、34.5μg/L,水质低于地表Ⅴ类水标准。到"八五""九五"期间,受水产养殖、入河污染物、入湖污染物等多种因素影响,湖体中各项水质指标呈现一定波动,但总体呈上升趋势,浮游植物也随营养盐升高而大量生长,Chl-a 呈上升趋势。由于湖体日渐缩小,水环境容量已超负荷,在外源污染又得不到有效治理的处境下,蠡湖水质急剧恶化,蓝藻水华频繁暴发,严重影响当地居民日常生活和经济的可持续发展。世纪交替期间(1997～2003 年)蠡湖水质最差,各项指标出现峰值,TN、TP、COD 和 Chl-a 最大值分别为 7.80mg/L、0.230mg/L、8.28mg/L 和 95.7μg/L。"十五"期间,是蠡湖水质出现好转的关键时期,2002 年国务院批准了《蠡湖综合整治工程》,无锡市政府开始对蠡湖地区重新进行区域规划,并展开了一系列治理措施[22,23],主要措施:①污水截留,完善污水管网,对周边工业生活污水统一进入污水厂处理;②生态疏浚,对湖底进行生态疏浚,清除底部淤泥,减轻内源负荷;③退渔还湖,拆除鱼塘围堰,实施干湖清淤,扩大蠡湖水域面积,增加水环境容量;④生态修复,以 863 项目生态重建的工程为依托,进行水生植被重建和稳态调控,投放鲢鳙鱼类、螺蚌类;⑤湖岸整治和环湖林带建设,搬迁污染企业,建设湖滨绿化带,严格管控;⑥动力换水,修建梅梁湖泵站,加快水体交换,改善蠡湖水质。通过一系列综合整治工程,蠡湖营养盐浓度不再上涨，COD 大幅下降，Chl-a 持续下降，透明度得到短暂提升，水体富营养化得到控制。"十一五"时期，蠡湖水质进一步得到改善，各项水质指标均呈现下降。这得力于从 2007 年开始，对蠡湖和梅梁湾的水流交换实施闸控，保持蠡湖常年高水位，防止周边河流污水流入和渗入。此外，章铭等[24]在西蠡湖北岸渔父岛建立修复区，进行生态系统修复示范。"十二五"时期，基于前期治理的工程经验，无锡市政府在整合已有的环境资源和集成综合应用技术下，把污染源控制和生态修复有机结合，对蠡湖实施区域的联防联治[25]。蠡湖水质整体上开始由中度富营养化过渡到轻度富营养化水平，各项水质指标基本维持稳定，TN、TP、COD 和 Chl-a 五年平均值分别为 1.12mg/L、0.086mg/L、3.94mg/L 和 19.3μg/L，较最差时期（1997~2003 年）分别下降了 82%、52%、69%和46%，水质改善明显。进入"十三五"，蠡湖部分水质指标出现反弹，2016 年营养盐浓度上升可能是因为这一年降水比历史平均值严重偏高，雨水携带大量污染物质入湖，藻类生物量增加[26,27]。另一方面，水位升高也使得蠡湖水环境容量增加，透明度出现短暂高值。此外，由于气候变暖，蓝藻水华暴发时间较往年提前，且强度高于往年，水体中实际存在的有机颗粒态磷含量很高。蓝藻水华暴发使水体 pH 升高，水底溶解氧降低，促进底泥中磷释放。而底泥中磷释放反过来促进蓝藻生长和水华暴发，形成恶性循环，将更多磷以藻体颗粒等形式储存在水相中。这也是近几年水体磷浓度异常增高的一个主要原因。

2. 蠡湖水质参数的空间异质性特征

课题组现场调查数据显示[28]：夏季蠡湖 TN 高值主要分布在 C 区金城湾附近，水质全部差于Ⅳ类水，个别点位水质甚至为劣Ⅴ类（图 4-35、图 4-36）。B 区水质处于Ⅳ~Ⅴ类，而 A 区西蠡湖整体已达Ⅲ类水质。TP 浓度显示 A 区为Ⅲ类，B 区为Ⅳ~Ⅴ类，C区全部为劣Ⅴ类。A 区 COD 要优于 B 区和 C 区，均值分别为 6.03mg/L、7.36mg/L 和 7.98mg/L。Chl-a 也呈现较显著的空间差异性，在退渔还湖的 A 区，夏季均值为 51.8μg/L，在生态修复的 B 区，夏季均值为 93.0μg/L，在居民密集的 C 区，夏季均值达 151.5μg/L。透明度 A 区>B 区>C 区。

冬季蠡湖水质较夏季有一定提升，但是 TN、TP 和 COD 在空间分布上仍与夏季相似，即 A 区<B 区<C 区。Chl-a 浓度受温度影响冬季整体处于较低水平，各区域平均值分别为 10.51μg/L、14.63μg/L、17.34μg/L，空间差异不明显。透明度在空间上分布与夏季一致，最大值在 A 区为 0.7m，最小值在金城湾和宝界桥附近，仅有 0.37m。从富营养化指数 TLI 结果看，从 A 区到 C 区分别为中度营养、轻度富营养化和中度富营养化水平。

2017 年 TN、TP、COD、Chl-a 和 SD 年平均值分别为 1.39mg/L、0.126mg/L、58.22mg/L、6.55μg/L 和 0.50m，整体水质处于Ⅲ~Ⅴ类。显著性分析表明：蠡湖不同区域各水质指标差异均达到显著水平（$P < 0.05$）。综合各项指标，蠡湖 A 区水质较其他区域好，B 区次之，C 区最差。从西北退渔还湖区向东蠡湖至金城湾水质总体呈现由好到差的趋势。

整体来看，目前西蠡湖水质仍要明显优于东蠡湖，特别是西蠡湖北部退渔还湖区（A区）已基本达到Ⅲ类水质标准，B 区 TN、TP 基本处于Ⅳ类水平，而金城湾水域（C 区）仍处于Ⅴ类水，个别点 TP 为劣Ⅴ类。COD、Chl-a 和 SD 在空间分布上与 TN、TP 一致，

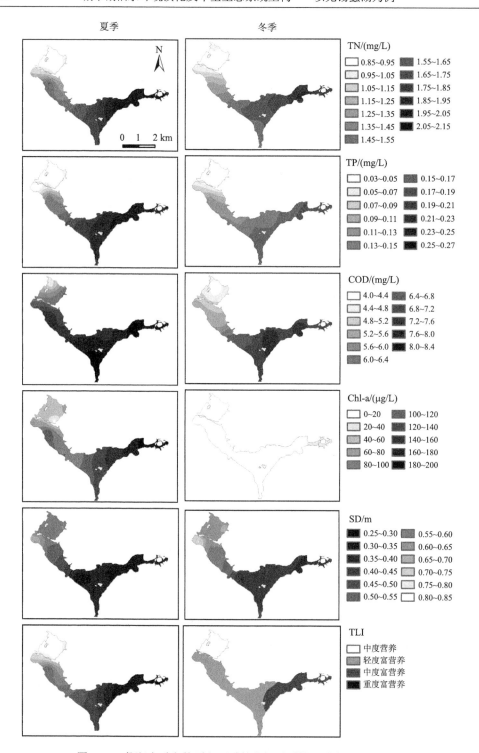

图 4-35　蠡湖水质参数夏冬两季的空间异质性（改自文献[28]）

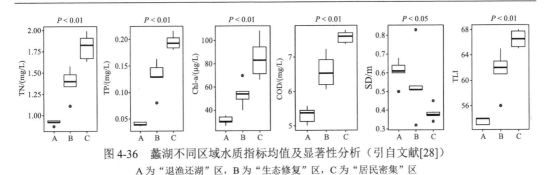

图 4-36　蠡湖不同区域水质指标均值及显著性分析（引自文献[28]）
A 为"退渔还湖"区，B 为"生态修复"区，C 为"居民密集"区

表现出显著的区域差异。这种空间分布与蠡湖综合整治实施状况较为一致，说明退渔还湖、生态清淤、水生植被重建及流域治理措施效果显著。一方面，底泥疏浚很大程度上清除了蠡湖底泥氮磷营养盐，有效地减少了内源污染负荷；另一方面，水生植被恢复增加了对湖体氮磷的吸收，并且抑制、减少底泥再悬浮和营养盐的释放。其次，C 区周边多住宅区和商业区，其居民生活污水对蠡湖水质有较大威胁。调查发现，东蠡湖有三条完全连通河流、三条半连通河流流入，金城湾共有一条完全连通河流、两条半连通河流流入，且水质均为Ⅴ类及劣Ⅴ类。河流水源多为面源雨水、农业面源水和少量生活污水，污染严重，对蠡湖水体造成一定影响。针对目前蠡湖东西湖区水质差异的现状，需要因地制宜对蠡湖实施分区治理。在水质较好的西蠡湖北部，可进一步开展水环境深度改善工程，扩大水生植被面积，适当调整鱼类、蚌类和螺类等生物类群，构建完善的食物网，提高物种多样性，形成稳定健康的草型生态系统，以期早日恢复蠡湖的水清草茂。在污染仍然严重的金城湾地区，加强对外源性污染来源的控制，对生产生活污水妥善疏导，集中处理；对周围连接河流、断头浜逐一排查，实施管控，杜绝污水入湖。充分利用泵站加快区域换水，待区域营养盐含量降低时再进行水生植被恢复。

纵观近三十年蠡湖水质变化情况，不难发现，蠡湖水环境质量相比于工程治理和生态修复前显著提高，TN、TP 营养盐水平明显降低，Chl-a 和 COD 得到有效控制，但透明度改善并不明显，整体水质仍然处于轻度富营养化状态。气候变化引起的水质波动，给蠡湖水质改善带来了更大的压力。需要思考的是，目前的工程治理手段——单纯控制污染的输入和清淤，随着时间的推移是否到达了对浅水富营养化湖泊修复能力的瓶颈？怎样才能形成维持湖泊稳态的长效机制？一方面，这需要我们坚持和完善对湖泊水质连续的长时间定期监测工作，做好对水质变化趋势的分析；另一方面，要想将富营养湖泊由浊水态过渡到清水稳态，真正实现水质有效改善，必须要构建以沉水植物为主体的健康草型生态系统。西蠡湖目前污染源已得到控制，且水体营养盐水平相对较低，已具备进行草型生态系统重构的基础。

4.5.3　蠡湖水下光场的特征及主要影响因素

水下光场特征是影响沉水植被恢复的关键因素，而透明度是表征水下光场强度的最直观因素。为了掌握蠡湖透明度空间分布情况，于 2019 年 4 月对蠡湖透明度进行了全湖调查。调查结果显示，蠡湖透明度最高的湖区为蠡湖西北部湖区，最高可以达到 90cm；全湖透明度呈现西高东低的趋势，最低点在蠡湖东部区域，约 20～30cm（图 4-37）。

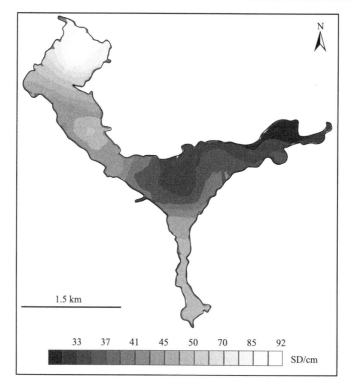

图 4-37　蠡湖透明度分布情况

影响水体透明度的因素主要有水体中的悬浮物浓度、浮游藻类及溶解性有机物浓度。根据前人对蠡湖透明度的研究，蠡湖水体中的透明度与悬浮物浓度、藻类叶绿素 a 浓度均存在显著的负相关，说明总悬浮颗粒物、藻源性的有机物等是影响蠡湖水体透明度的重要因素[29]（图 4-38）。杨顶田等根据 1999～2002 年太湖站常规监测及周年试验资料分析认为，浮游藻类和 TSS 是影响蠡湖水体 SD 空间分布的主要因子，随着水体中 Chl-a 和 TSS 浓度的增加，水体 SD 下降，而反映可溶性有机物的指标 DOC 和高锰酸盐指数浓度则与 SD 的关系不大[30]。

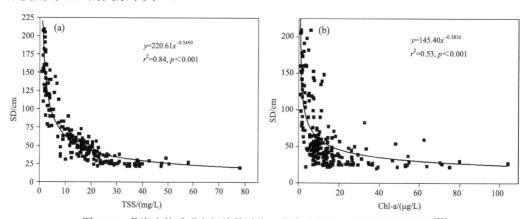

图 4-38　蠡湖水体透明度与总悬浮物、藻类叶绿素 a 浓度的相关关系[22]

4.6 蠡湖的沉积环境

为掌握蠡湖沉积物现状，于 2018 年 4 月、2018 年 7 月、2018 年 10 月和 2019 年 1 月对蠡湖进行了 4 次沉积物采样及调查，调查点位如图 4-33 所示。现场采用彼得森采泥器抓取表层沉积物，保鲜封装后，带回实验室，采用烘箱 70℃恒温烘干，冷却后研磨过筛，制备成样品后采用化学消解法检测。主要调查指标为沉积物总碳、总氮和总磷。

调查结果显示，蠡湖沉积物总碳含量呈现出东高西低的趋势（图 4-39）。具体来说就是，西蠡湖沉积物总碳含量最低，东蠡湖次之，最高浓度出现在金城湾，这可能与近年来的蠡湖清淤有关。西蠡湖沉积物总碳含量在 8.26～12.12g/kg，东蠡湖为 12.12～19.18g/kg，金城湾最高，处于 19.18～21.92g/kg，蠡湖沉积物总碳含量平均值约为 12.71g/kg。总体来说，西蠡湖沉积物有机质含量低，容易进行沉水植物的恢复和重建。

蠡湖沉积物总氮含量仍然呈现出东高西低的趋势（图 4-40）。具体来说，西蠡湖沉积物总氮含量最低，东蠡湖次之，最高浓度出现在金城湾。西蠡湖沉积物总氮含量在 0.71～0.85g/kg，东蠡湖为 0.85～1.39g/kg，金城湾最高，处于 1.39～1.61g/kg。沉积物总氮含量平均值约为 1.081g/kg，根据美国环境保护署制定的底泥分类标准，处于中度污染区（1～2g/kg）。总体来说，西蠡湖沉积物总氮含量低，沉水植物比较容易生存、定植和扩散。

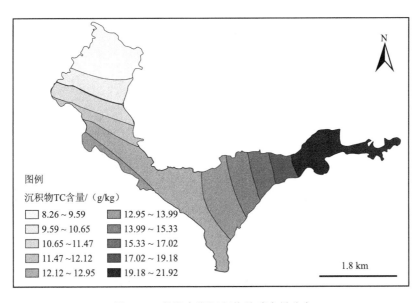

图 4-39　蠡湖全湖沉积物总碳含量分布

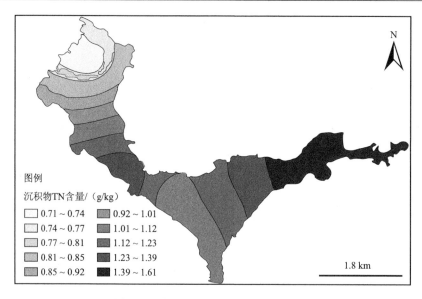

图 4-40　蠡湖全湖沉积物总氮含量分布

　　蠡湖沉积物总磷含量仍然呈现出东高西低的趋势（图 4-41）。西蠡湖沉积物总磷含量最低，东蠡湖次之，最高浓度出现在金城湾。西蠡湖沉积物总磷含量在 0.53~0.61g/kg，东蠡湖为 0.61~1.04g/kg，金城湾最高，处于 1.04~1.18g/kg。沉积物总磷含量平均值约为 0.715g/kg，根据美国环境保护署制定的底泥分类标准，显著高于 TP 重污染阈值（0.65g/kg）。总体来说，西蠡湖沉积物总磷污染较低，沉水植物相对较容易生存和恢复。

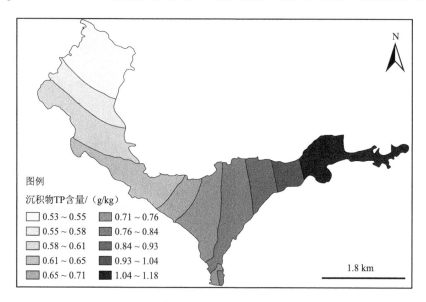

图 4-41　蠡湖全湖沉积物总磷含量分布

　　总而言之，蠡湖全湖沉积物总碳、总氮和总磷含量呈现出东高西低的趋势。西蠡湖沉积物营养含量最低（总碳：8.26~12.12g/kg；总氮：0.71~0.85g/kg；总磷：0.53~

0.61g/kg)，东蠡湖营养含量处于中间位置（总碳：12.12～19.18g/kg；总氮：0.85～1.39g/kg；总磷：0.61～1.04g/kg)，金城湾营养浓度最高（总碳：19.179～21.92g/kg；总氮：1.39～1.61g/kg；总磷：1.04～1.18g/kg)。全湖总碳、总氮和总磷含量平均值分别为12.71g/kg、1.081g/kg 和 0.715g/kg。根据美国环境保护署制定的底泥分类标准，沉积物总氮处于中度污染区（1～2g/kg)，总磷显著高于 TP 重污染阈值（0.65g/kg)。

参 考 文 献

[1] 无锡市滨湖区人民政府. 滨湖区概况. 滨湖区政府网[2020-04-27]. https://www.wxbh.gov.cn/zxzx/dqgk/index.shtml.

[2] 高光, 张运林, 邵克强. 浅水湖泊生态修复与草型生态系统重构实践——以太湖蠡湖为例. 科学, 2021, 73(3): 9-12.

[3] 无锡市蠡湖风景区管理处. 蠡湖. [2021-03-12]. https://www.wxlihu.com/history.asp?plt=49&pone=4&ptwo=7.

[4] 水利部太湖流域管理局, 中国科学院南京地理与湖泊研究所. 太湖生态环境地图集. 北京: 科学出版社, 2000.

[5] 秦伯强, 张运林, 高光, 等. 湖泊生态恢复的关键因子分析. 地理科学进展, 2014, 33(7): 918-924.

[6] 无锡市史志办公室. 无锡年鉴. 北京: 方志出版社, 2017.

[7] 中国科学院南京地理研究所. 太湖综合调查初步报告. 北京: 科学出版社, 1965.

[8] 无锡市太湖水污染防治办公室. 蠡湖水环境深度治理和生态修复规划(报批稿), 2010.

[9] 无锡市滨湖区人民政府. 2020 年滨湖区国民经济和社会发展统计公报. 滨湖区政府网[2021-3-26]. https://www.wxbh.gov.cn/doc/2021/03/26/3236272.shtml.

[10] 乔红霞, 杨小龙, 王俊力, 等. 蠡湖沉积物现状调查及表层沉积物污染评价. 上海农业学报, 2021, 37(2): 1-8.

[11] 李文朝. 五里湖富营养化过程中水生生物及生态环境的演变. 湖泊科学, 1996, 8(S1): 37-45.

[12] 蔡琳琳, 朱广伟, 王永平, 等. 五里湖综合整治对湖水水质的影响. 河海大学学报(自然科学版), 2011, 39(5): 482-488.

[13] 徐卫东, 毛新伟, 吴东浩, 等. 太湖五里湖水生态修复效果分析评估. 水利发展研究, 2012, 12(8): 60-63.

[14] 庄严, 汤小健, 盛翼, 等. 蠡湖综合整治十年来水环境变化的研究. 干旱环境监测, 2014, 28(2): 49-54.

[15] 柏祥, 陈开宁, 黄蔚, 等. 五里湖水质现状与变化趋势. 水资源保护, 2010, 26(5): 6-10.

[16] 姜霞, 王书航, 杨小飞, 等. 蠡湖水环境综合整治工程实施前后水质及水生态差异. 环境科学研究, 2014, 27(6): 595-601.

[17] 李英杰, 年跃刚, 胡社荣, 等. 太湖五里湖水生植物群落演替及其驱动因素. 水资源保护, 2008, 24(3): 12-16.

[18] 王雯雯, 王书航, 姜霞, 等. 蠡湖沉积物不同形态氮赋存特征及其释放潜力. 中国环境科学, 2017, 37(1): 292-301.

[19] 王华, 王晓, 张甦. 浅水湖泊水生植被恢复判别模型研究与应用. 北京工业大学学报, 2012, 38(1): 132-138.

[20] Conley D J, Paerl H W, Howarth R W, et al. Controlling eutrophication: Nitrogen and phosphorus. Science, 2009, 323(5917): 1014-1015.

[21] Smith V H, Wood S A, McBride C G, et al. Phosphorus and nitrogen loading restraints are essential for successful eutrophication control of Lake Rotorua, New Zealand. Inland Waters, 2016, 6(2): 273-283.

[22] 顾岗, 陆根法. 太湖五里湖水环境综合整治的设想. 湖泊科学, 2004, 16(1): 56-60.

[23] 王栋, 孔繁翔, 刘爱菊, 等. 生态疏浚对太湖五里湖湖区生态环境的影响. 湖泊科学, 2005, 17(3): 263-268.

[24] 章铭, 于谨磊, 何虎, 等. 太湖五里湖生态修复示范区水质改善效果分析. 生态科学, 2012, 31(3): 240-244.

[25] 姜伟立, 吴海锁, 边博. 五里湖水环境治理经验对"十二五"治理的启示. 环境科技, 2011, 24(2): 62-64.

[26] 车蕊, 林澍, 范中亚, 等. 连续极端降雨对东江流域水质影响分析. 环境科学, 2019, 40(10): 4440-4449.

[27] 朱伟, 谈永琴, 王若辰, 等. 太湖典型区 2010—2017 年间水质变化趋势及异常分析. 湖泊科学, 2018, 30(2): 296-305.

[28] 田伟, 杨周生, 邵克强, 等. 城市湖泊水环境整治对改善水质的影响: 以蠡湖近30年水质变化为例. 环境科学, 2020, 41(1): 183-193.

[29] 王书航, 姜霞, 王雯雯, 等. 蠡湖水体透明度的时空变化及其影响因素. 环境科学研究, 2014, 27(7): 688 -695.

[30] 杨顶田, 陈伟民, 曹文熙. 太湖梅梁湾水体透明度的影响因素分析. 上海环境科学, 2003, (S2): 34-38.

第5章 蠡湖生态系统结构特征及演化过程

5.1 蠡湖的浮游植物群落

5.1.1 蠡湖浮游植物群落结构

1998 年以来的监测数据显示：蠡湖中共鉴定有浮游植物 7 门 76 属，包括蓝藻门、硅藻门、绿藻门、隐藻门、裸藻门、甲藻门和金藻门（表 5-1）。其中蓝藻门、隐藻门、绿藻门和硅藻门是蠡湖的主要优势门类。优势属主要包括隐藻门的隐藻属（*Cryptomonas*）、裸藻门的裸藻属（*Euglena*）、硅藻门的直链藻属（*Aulacoseira*）、小环藻属（*Cyclotella*）和蓝藻门的浮丝藻属（*Planktothrix*）。

表 5-1 蠡湖水体中浮游植物名录

门	纲	属	拉丁属名	相对优势度
硅藻门	羽纹纲	布纹藻属	*Gyrosigma*	−
硅藻门	羽纹纲	脆杆藻属	*Fragilaria*	+
硅藻门	羽纹纲	直链藻属	*Aulacoseira*	++
硅藻门	羽纹纲	菱形藻属	*Nitzschia*	−
硅藻门	羽纹纲	卵形藻属	*Cocconeis*	−
硅藻门	羽纹纲	桥弯藻属	*Cymbella*	−
硅藻门	羽纹纲	曲壳藻属	*Achnanthes*	− − −
硅藻门	羽纹纲	双菱藻属	*Surirella*	−
硅藻门	羽纹纲	星杆藻属	*Asterionella*	−
硅藻门	羽纹纲	异极藻属	*Gomphonema*	−
硅藻门	羽纹纲	针杆藻属	*Synedra*	+
硅藻门	羽纹纲	舟形藻属	*Navicula*	
硅藻门	中心纲	根管藻属	*Rhizosolenia*	− −
硅藻门	中心纲	四棘藻属	*Attheya*	− −
硅藻门	中心纲	小环藻属	*Cyclotella*	++
甲藻门	甲藻纲	薄甲藻属	*Glenodinium*	−
甲藻门	甲藻纲	多甲藻属	*Peridinium*	
甲藻门	甲藻纲	角甲藻属	*Ceratium*	
甲藻门	甲藻纲	裸甲藻属	*Gymnodinium*	−
金藻门	黄群藻纲	黄群藻属	*Synura*	
金藻门	黄群藻纲	鱼鳞藻属	*Mallomonas*	− − −
金藻门	金藻纲	锥囊藻属	*Dinobryon*	
蓝藻门	蓝藻纲	泽丝藻属	*Limnothrix*	−

续表

门	纲	属	拉丁属名	相对优势度
蓝藻门	蓝藻纲	浮丝藻属	*Planktothrix*	++
蓝藻门	蓝藻纲	伪鱼腥藻属	*Pseudoanabaena*	
蓝藻门	色球藻纲	色球藻属	*Chroococcus*	− −
蓝藻门	色球藻纲	裂面藻属	*Merismopedia*	
蓝藻门	色球藻纲	拟指球藻属	*Dactylococcopsis*	−
蓝藻门	色球藻纲	微囊藻属	*Microcystis*	+
蓝藻门	色球藻纲	隐球藻属	*Aphanocapsa*	
蓝藻门	藻殖段纲	尖头藻属	*Raphidiopsis*	−
蓝藻门	藻殖段纲	螺旋藻属	*Spirulina*	
蓝藻门	藻殖段纲	鞘丝藻属	*Lyngbya*	− −
蓝藻门	藻殖段纲	束丝藻属	*Aphanizomenon*	+
蓝藻门	藻殖段纲	席藻属	*Phormidium*	
蓝藻门	藻殖段纲	项圈藻属	*Anabaenopsis*	− − −
蓝藻门	藻殖段纲	鱼腥藻属	*Anabaena*	+
裸藻门	裸藻纲	囊裸藻属	*Trachelomonas*	+
裸藻门	裸藻纲	扁裸藻属	*Phacus*	+
裸藻门	裸藻纲	裸藻属	*Euglena*	++
绿藻门	黄藻纲	黄丝藻属	*Tribonema*	
绿藻门	绿藻纲	并联藻属	*Quadrigula*	−
绿藻门	绿藻纲	顶棘藻属	*Lagerheimiella*	− − −
绿藻门	绿藻纲	多芒藻属	*Golenkinia*	− −
绿藻门	绿藻纲	弓形藻属	*Schroederia*	
绿藻门	绿藻纲	集星藻属	*Actinastrum*	−
绿藻门	绿藻纲	空球藻属	*Eudorina*	−
绿藻门	绿藻纲	空星藻属	*Coelastrum*	
绿藻门	绿藻纲	卵囊藻属	*Oocystis*	
绿藻门	绿藻纲	绿柄球藻属	*Stylosphaeridium*	− −
绿藻门	绿藻纲	拟新月藻属	*Closteriopsis*	
绿藻门	绿藻纲	盘星藻属	*Pediastrum*	+
绿藻门	绿藻纲	十字藻属	*Crucigenia*	
绿藻门	绿藻纲	双囊藻属	*Didymocystis*	− − −
绿藻门	绿藻纲	丝藻属	*Ulothrix*	
绿藻门	绿藻纲	四鞭藻属	*Carteria*	−
绿藻门	绿藻纲	四棘藻属	*Treubaria*	− − −
绿藻门	绿藻纲	四角藻属	*Tetraedron*	
绿藻门	绿藻纲	四星藻属	*Tetrastrum*	−
绿藻门	绿藻纲	蹄形藻属	*Kirchneriella*	− − −
绿藻门	绿藻纲	微芒藻属	*Micractinium*	−
绿藻门	绿藻纲	韦氏藻属	*Westella*	− −

续表

门	纲	属	拉丁属名	相对优势度
绿藻门	绿藻纲	纤维藻属	*Ankistrodesmus*	+
绿藻门	绿藻纲	小球藻属	*Chlorella*	−
绿藻门	绿藻纲	衣藻属	*Chlamydomonas*	
绿藻门	绿藻纲	翼膜藻属	*Pteromonas*	−
绿藻门	绿藻纲	游丝藻属	*Planctonema*	
绿藻门	绿藻纲	月牙藻属	*Selenastrum*	−
绿藻门	绿藻纲	栅藻属	*Scenedesmus*	+
绿藻门	石莼纲	网球藻	*Dictyosphaeria*	−
绿藻门	双星藻纲	鼓藻属	*Cosmarium*	−
绿藻门	双星藻纲	角星鼓藻属	*Staurastrum*	−
绿藻门	双星藻纲	新月藻属	*Closterium*	+
绿藻门	双星藻纲	转板藻属	*Mougeotia*	−
隐藻门	隐藻纲	蓝隐藻属	*Chroomonas*	+
隐藻门	隐藻纲	隐藻属	*Cryptomonas*	+++

　　蠡湖水体中浮游植物的生物量存在显著的季节差异。多年平均值显示冬季的生物量最低，约 1.6mg/L；春季则明显升高，约 6.7mg/L；夏季达到峰值，约 9.3mg/L；秋季又开始回落，约 6.1mg/L（图 5-1）。冬季水体中浮游植物的主要优势门类为隐藻和硅藻，裸藻次之，主要包括隐藻属、直链藻属、裸藻属；春季的主要优势门类为隐藻，其次为蓝藻和硅藻，绿藻和裸藻又次之，金藻门占比较低，主要包括隐藻属、小环藻属和针杆藻

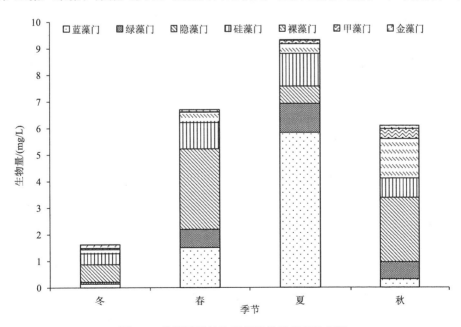

图 5-1　蠡湖浮游植物群落结构季节变化规律

属（*Synedra*）；夏季则以蓝藻门为主要优势门类，生物量占比超过 50%，主要有微囊藻属（*Microcystis*）、浮丝藻属，其次为硅藻和绿藻，隐藻、裸藻等占比较低；秋季蓝藻的优势度迅速下降，隐藻和裸藻成为主要的优势门类，硅藻和绿藻次之。

5.1.2 蠡湖浮游植物群落结构的演替过程

蠡湖经历了污染、修复等过程，在此期间伴随着蠡湖生态环境的改变，水体中浮游植物的群落结构也发生了显著的演替。综合来看，蠡湖浮游植物群落结构的演替大致可以分为以下几个阶段。第一阶段为 20 世纪 50~80 年代初期：20 世纪初期蠡湖浮游植物的研究和报道并不多，根据中国科学院水生生物研究所早期的调查报告，50 年代蠡湖水草茂盛（覆盖率近 100%）、浮游植物特别少，优势门类主要以硅藻为主，其次为隐藻、蓝藻和绿藻等；这一阶段浮游植物生物量低，因此为增加蠡湖的渔业产量，人工投入了大量营养盐来促进浮游植物的生长。第二个阶段为 20 世纪 80 年代至 21 世纪初期：由于人类干扰导致水环境逐渐恶化，20 世纪 80 年代时，基本无大面积天然水生植被，直到 1996 年天然水生植被基本灭绝，这一时期浮游植物生物量也逐渐上升，到 2001 年时达到最大值（40mg/L）。这一时期初期浮游植物以颤藻、平裂藻等为优势种属，后期则主要以隐藻、小环藻和针杆藻为优势种属。第三个阶段为 21 世纪初至 10 年代：强烈的人类活动干扰导致蠡湖水质下降，政府开始对水体进行修复，因此浮游植物生物量也在这一时期逐渐下降；2002 年蠡湖浮游植物生物量迅速降低后基本维持在 5mg/L 以下，2005 年时浮游植物总生物量最低，仅为 1.4mg/L，但浮游植物重要门类和优势种属没有发生大的变化，仍然以隐藻和硅藻为主要门类。第四个阶段为 21 世纪 10 年代至今：受强烈的气候变化等影响，浮游植物生物量在这个阶段又呈现上升趋势，2017 年总生物量已超过 17mg/L。2011 年开始，蠡湖浮游植物优势门类也开始发生变化，蓝藻成为主要的类群，浮丝藻和微囊藻为优势种。此外具备固氮功能的蓝藻比例亦呈上升趋势（图 5-2），其中仅鱼腥藻的生物量在 2011 年和 2017 年就超过了非固氮蓝藻，其异形胞的比例也明显上升，2012 年至 2017 年的异形胞比率为 3.18%，说明蠡湖中浮游植物在这一时期可能存在一定的氮限制。

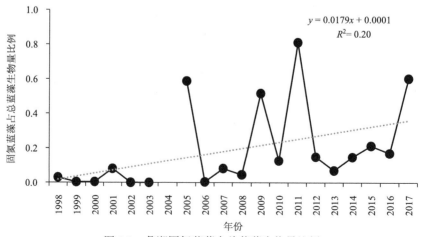

$$y = 0.0179x + 0.0001$$
$$R^2 = 0.20$$

图 5-2　蠡湖固氮蓝藻占总蓝藻生物量比例

在大多数恢复的湖泊中，营养盐浓度下降是导致浮游植物群落变化的主要驱动力，这是因为恢复后的营养盐浓度通常会显著下降[1]。随机森林分析表明，营养盐浓度下降，尤其是氮浓度和 N∶P 下降，是蠡湖夏季和秋季蓝藻优势增加的主要驱动力（图 5-3）。虽然在修复的湖泊中浮游植物优势门类并不一定会朝着蓝藻演替，但氮浓度显著下降可能诱导了蠡湖修复后固氮蓝藻优势的出现。除了营养盐浓度变化外，气候状况同样会影响湖泊修复的过程。据报道全球变暖促进了蓝藻的优势地位[2]。分析表明，风速变化也是引起蠡湖浮游植物群落结构演替的主要因素之一。降雨和夜间温度升高也起着重要的作用，但不同季节之间存在差异。风速降低会增加水柱的稳定性，有利于蓝藻水华的发生，因为蓝藻具有形成伪空泡的能力，可使细胞上浮至表层并通过竞争抑制其他藻类生长。

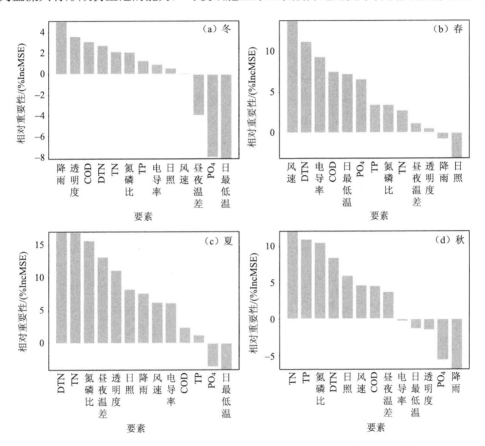

图 5-3　蠡湖蓝藻占总浮游植物生物量比例变化驱动要素及季节差异

5.2　蠡湖的浮游动物群落

5.2.1　蠡湖浮游动物的种群组成和生物量

浮游动物是淡水湖泊生态系统中重要的生物类群，在维持水生态系统结构和功能的完整性以及贡献水体次级生产力等方面具有重要意义，同时也是食物链（网）重要的一环，具有维持生态平衡、调节水体的自净能力等功能。浮游动物对环境反应敏感，是水体中重要的指示物种。影响浮游动物群落结构的主要因素包括非生物因素（如水温、富营养化等）和生物因素（如竞争、捕食等）。浮游动物作为介于高级消费者和初级生产者之间的中间营养层，受自上而下和自下而上两种机制的影响。因此物理和化学因素以及鱼类和浮游植物生物量均会对浮游动物群落结构产生影响。一般而言，浮游动物不同类群间拥有着不同的繁殖策略，也拥有不同的扩散方式，例如枝角类和轮虫的休眠卵可以被不同媒介携带（如风、鱼和鸟等），使浮游动物能够在不同的空间尺度上拓展它们的栖息地。此外，较小的浮游动物有更高的丰度，也更容易转移。对于富营养化湖泊而言，生境多样性丧失将会导致浮游动物物种单一化、多样性下降、桡足类难以形成优势种。

根据多年监测数据结果，蠡湖浮游动物个数（含原生动物）大约为 65.7 万个/L，原生动物个数占据绝对优势。蠡湖浮游动物生物量平均值为 15.1mg/L，从生物量上来看，枝角类是主要优势类群，其次为桡足类。原生动物虽然数量庞大，但是由于个体较小，生物量所占比例并不高。总体而言，多肢轮虫、象鼻溞、晶囊轮虫、臂尾轮虫、秀体溞、透明溞、龟甲轮虫、中剑水蚤、汤匙华哲水蚤、裸腹溞、网纹溞、三肢轮虫、义角聚花轮虫、剑水蚤、指状许水蚤、窄腹剑水蚤等是主要的优势种属。

受温度和食物资源的影响，蠡湖浮游动物季节变化显著，而且浮游动物丰度与浮游动物生物量呈现不同趋势（图 5-4）。浮游动物丰度最高的季节出现在春季（约 105.5 万个/L），其次为秋季（约 88.8 万个/L），夏季最低，仅有 12.4 万个/L，主要是因为原生动物在夏季数量下降明显。浮游动物生物量在冬季最低、春季迅速增加、夏季达到峰值、秋季又开始下降。夏季枝角类和桡足类等大个体类群数量较大，因此与浮游动物丰度季节趋势不同，夏季生物量较大。

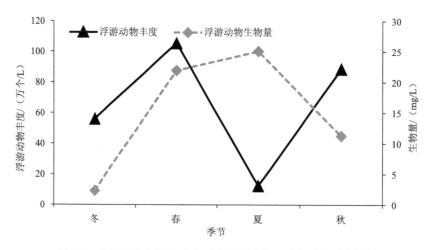

图 5-4　蠡湖水体中浮游动物（含原生动物）现存量的季节差异

原生动物数量在春季最高、秋季次之，夏季最低，主要是因为原生动物对环境变化敏感，数量随温度变化明显，且最适生长温度为 10～25℃，蠡湖地区春秋季温度适宜原生动物生长；轮虫丰度在冬季最高，之后开始下降，夏季达到最低值，也主要是因为夏季温度偏高，超过了轮虫的最适生长温度范围。枝角类和桡足类季节变化趋势类似，二者均在冬季密度最低，夏季密度最高，枝角类和桡足类许多种类以滤食细菌为主，6～10月水温较高，细菌大量繁殖，为其提供了丰富的食物来源。

5.2.2　蠡湖浮游动物群落的演替过程

20 世纪 50 年代，由于大型植物的存在，浮游动物拥有良好的栖息环境，它们得以繁盛，浮游动物（不含原生动物，下同）大约 190 种，年平均数量 5600 个/L，高峰期出现在春季。大型枝角类和桡足类年平均数量 148 个/L，主要出现在夏秋季节，这与大型植物的繁盛期相一致。1981 年调研结果显示蠡湖的浮游动物资源依然非常丰富，个体数为 5934 个/L，生物量为 6.79mg/L。但随着渔业的发展，草食性鱼类增加，大型水生植物消失。1991 年浮游动物平均密度为 902 个/L，比 1951 年减少了近 84%。随着蠡湖水质持续恶化，富营养化迅速，浮游动物数随之锐减，2002 年 7 月仅记录 9 种，优势种为轮虫类，占生物总量的 70.2%，常见的有萼花臂尾轮虫、剪形臂尾轮虫和跃进三肢轮虫。2004 年春季的调查轮虫数量在 62～1232 个/L 之间，要显著高于同一时期的太湖梅梁湾的数量。2014～2015 年对蠡湖湖滨带的调查共鉴定浮游动物 207 种，物种数明显回升，其中原生动物 88 种、轮虫 76 种、枝角类 29 种、桡足类 14 种。浮游动物的丰度也有明显回升，达到 3135 个/L，以原生动物和轮虫为主，二者占比高达 94.87%；生物量为 2.38mg/L，其中轮虫相对生物量为 66.96%，是贡献最大的类群，其次为桡足类，相对生物量为 21.26%。

浮游动物的年际变化与蠡湖推行的生态修复工程息息相关。为恢复蠡湖的生态环境，无锡市政府对蠡湖开展了生态清淤、污水截流、退渔还湖、动力换水、生态修复、湖岸整治和环湖林带建设工程；并于 2006 年起实施了保水渔业项目，经生态治理后，蠡湖水环境得到明显改善，且生态系统的净化能力和稳定性显著提高。根据太湖站持续观测资料，蠡湖浮游动物丰度在 2008 年后明显下降（图 5-5），其中 2008 年全年浮游动物平均

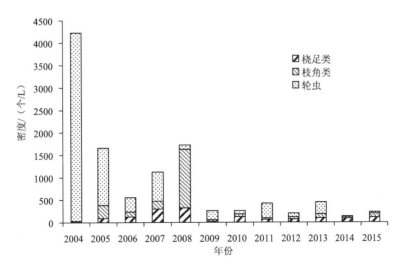

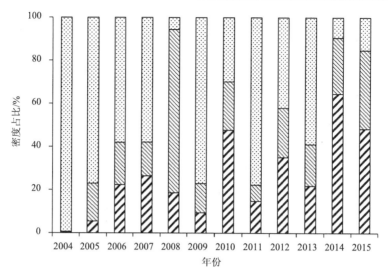

图 5-5　蠡湖 2004～2015 年浮游动物密度年际变化

丰度为 1907 个/L，而 2009～2015 年浮游动物平均密度仅为 279 个/L，下降了 85%，轮虫、枝角类数量下降尤为明显。不同类群占比来看，轮虫数量占比逐渐下降，桡足类占比多年来一直波动上升。由于桡足类多生长在水生植物较为丰富的水域，因此水生植物的恢复使得生境多样性提高，是蠡湖桡足类丰度所占比例上升的直接原因。蠡湖浮游动物优势种多数为轮虫中富营养化耐污种，而轮虫的数量减少也是蠡湖富营养化改善的直接体现。

5.3　蠡湖的底栖动物群落

5.3.1　蠡湖底栖动物的种群组成及生物量

在 2019 年 1 月、4 月、7 月和 10 月，分别对分布于西蠡湖和东蠡湖的两个点位进行了底栖动物群落结构调查（图 5-6）。调查期间，共发现底栖动物物种 20 种，分属三门六纲，包括环节动物门寡毛纲物种 3 种、蛭纲物种 3 种，节肢动物门软甲纲物种 2 种、水生昆虫 8 种，以及软体动物门双壳纲 1 种、腹足纲 3 种。在不同时间，以 4 月物种数最多，为 14 种，其余时间均为 8 种。在不同湖区，西蠡湖共发现 15 种，物种数在 4 月最高，为 9 种，1 月最低，仅检出 4 种；东蠡湖共发现 13 种，在 4 月同为 9 种，其次为 1 月，物种数为 8 种，剩余两个月份均为 4 种。

底栖动物的总密度随时间变化呈不断下降趋势（图 5-7），在 1 月最高，为 1693 个/m^2，10 月最低，仅为 173 个/m^2。1 月，检出物种分属三纲，以昆虫纲密度最高，为 1307 个/m^2，其中西蠡湖以中国长足摇蚊（*Tanypus chinensis*）和红色裸须摇蚊（*Propsilocerus akamusi*）的优势度最高；而东蠡湖优势种除包含以上两个物种之外，还包括霍甫水丝蚓（*Limnodrilus hoffmeisteri*）。4 月，底栖动物密度降为 683 个/m^2，但物种数量最多，分属六纲，西蠡湖优势度最高的物种同样为中国长足摇蚊、红色裸须摇蚊以及霍甫水丝蚓，

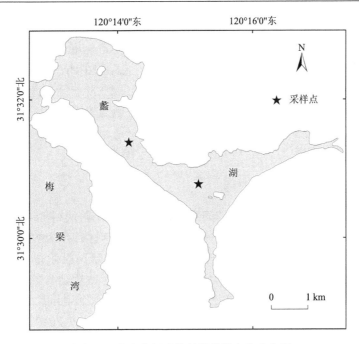

图 5-6　蠡湖底栖动物长期监测点位分布图

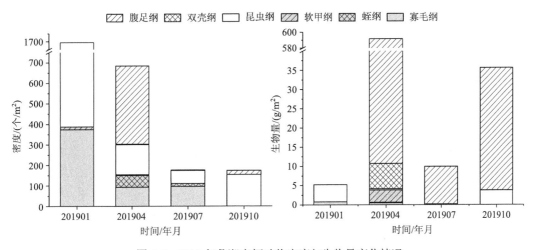

图 5-7　2019 年蠡湖底栖动物密度与生物量变化情况

而扁舌蛭（*Glossiphonia complanata*）亦成为此时的优势种，东蠡湖中梨形环棱螺（*Bellamya purificata*）成为优势度最高的优势种，其他优势种还包括霍甫水丝蚓和红裸须摇蚊，底栖动物密度亦处于较高水平（747 个/m²）。7 月和 10 月，底栖动物密度接近，优势种同样以寡毛纲和昆虫纲物种为主，但在 10 月未发现寡毛纲物种，而铜锈环棱螺（*Bellamya aeruginosa*）开始成为此时的优势种。物种 Shannon 生物多样性指数同样在 4 月最高（1.30），1 月最低，全年平均为 1.14，其中最大值出现在 4 月的西蠡湖，为 1.72。西蠡湖生物多样性指数仅在 1 月略低于东蠡湖，其他时间均高于东蠡湖。

在不同月份，生物量仅在 1 月为昆虫纲物种占比最高，达到 84.97%，其他月份均为腹足纲物种生物量占比最高，平均可达 95.21%。底栖动物生物量在 4 月达到最大值 591.4g/m^2，在 1 月最低，仅为 5.3g/m^2，全年平均值为 160.6g/m^2。与密度分布情况相似，东蠡湖底栖动物生物量在大部分时间均高于西蠡湖，仅在 10 月低于西蠡湖，东蠡湖与西蠡湖生物量平均值分别为 302.6g/m^2 和 18.5g/m^2。在 1 月，除腹足纲之外，寡毛纲生物量占比最高，为 14.56%。4 月，双壳纲占比 1.11%，之后为软甲纲和寡毛纲，占比分别为 0.54% 和 0.08%。7 月，昆虫纲和寡毛纲生物量占比分别为 0.86% 和 0.83%。而 10 月，除腹足纲之外，其余物种均为昆虫纲，生物量占比为 10.57%。

5.3.2 蠡湖底栖动物群落的演替过程

近几十年来，蠡湖底栖动物密度的演变过程可分成数个阶段（图 5-8）。在 1987～1992 年期间，底栖动物密度较低，平均仅为 789 个/m^2，在 1995 年达到阶段密度峰值 3860 个/m^2。在 2006 年，底栖动物密度降至 1008 个/m^2，并在 2007 年升至阶段峰值 2295 个/m^2，2009 年再次降至谷值 1059 个/m^2。2010～2013 年期间，底栖动物密度均较高，平均为 3151 个/m^2，在 2013 年达到最大值 3920 个/m^2。2014～2017 年期间，蠡湖底栖动物密度一直较低，平均仅为 844 个/m^2，期间在 2015 年密度略高，在 2017 年达到密度最小值 460 个/m^2。

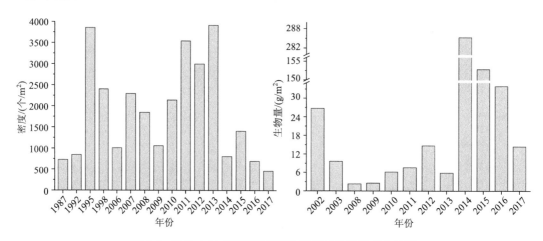

图 5-8 近几十年来蠡湖底栖动物密度及生物量变化情况

2002 年，蠡湖底栖动物生物量较高，为 26.75g/m^2[3]，之后显著下降，并在 2008 年达到最小值 2.32g/m^2。在 2008～2013 年，底栖动物生物量先升高后降低，平均仅为 6.97g/m^2，在 2012 年达到峰值 14.69g/m^2。2014 年，底栖动物生物量突然升高，达到最大值 285.3g/m^2，之后开始下降，但仍处于较高值。

关于 20 世纪蠡湖中底栖动物物种数量的历史资料很少，但可以发现，20 世纪 50 年代，蠡湖内底栖动物物种十分丰富，仅水生昆虫就有数百种，底栖动物物种多样性亦极高，但自 60 年代开始，底栖动物物种数量大量减少[4]。从图 5-9 中可以看出，在 2007～2013 年，底栖动物物种数量在大部分年份仅为个位数，且多样性处于较低水平。2014 年开始，底栖动物物种数明显升高，在 2015 年达到近几年的最大值 19 种，但 Shannon

多样性指数在 2016 年达到最大值。从整体上看，近十年来蠡湖底栖动物生物多样性在大部分年份均处于一般水平（1～2），在少部分年份处于较差水平。

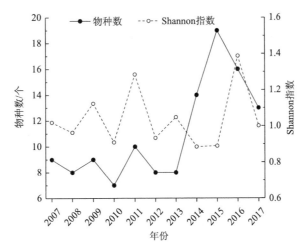

图 5-9　2007～2017 年蠡湖底栖动物物种数及 Shannon 多样性指数变化情况

在 20 世纪 50 年代，蠡湖内大型底栖动物众多，优势种密度以日本沼虾为最高，其次为大型软体动物。但从 60 年代开始，大型底栖动物基本消失，到 90 年代时，富营养化水体耐污种寡毛类和摇蚊幼虫等已成为蠡湖的优势种[4]。在之后的近二十年时间里，蠡湖底栖动物在大部分年份均以霍甫水丝蚓优势度为最高，少数年份以中国长足摇蚊优势度为最高。在 2007～2013 年和 2017 年期间，蠡湖内底栖动物优势种均为霍甫水丝蚓和摇蚊幼虫，但在 2014～2016 年，几种大型腹足纲软体动物和扁舌蛭亦成为优势种，特别是铜锈环棱螺，在三年中均为优势种（表 5-2）。

表 5-2　蠡湖底栖动物优势种变化情况

年份	优势种（优势度）				
2007	霍甫水丝蚓	中国长足摇蚊	红裸须摇蚊	多巴小摇蚊	花翅前突摇蚊
	（0.39）	（0.14）	（0.11）	（0.03）	（0.02）
2008	霍甫水丝蚓	中国长足摇蚊	红裸须摇蚊	花翅前突摇蚊	
	（0.36）	（0.23）	（0.06）	（0.06）	—
2009	霍甫水丝蚓	中国长足摇蚊	多巴小摇蚊	花翅前突摇蚊	红裸须摇蚊
	（0.28）	（0.16）	（0.12）	（0.09）	（0.06）
2010	霍甫水丝蚓	中国长足摇蚊	红裸须摇蚊	多巴小摇蚊	花翅前突摇蚊
	（0.23）	（0.13）	（0.11）	（0.06）	（0.05）
2011	中国长足摇蚊	霍甫水丝蚓	多巴小摇蚊	花翅前突摇蚊	红裸须摇蚊
	（0.41）	（0.20）	（0.09）	（0.07）	（0.05）
2012	霍甫水丝蚓	红裸须摇蚊	中国长足摇蚊	花翅前突摇蚊	多巴小摇蚊
	（0.25）	（0.23）	（0.16）	（0.04）	（0.03）

年份	优势种（优势度）				
2013	霍甫水丝蚓 （0.64）	中国长足摇蚊 （0.24）	红裸须摇蚊 （0.03）	—	—
2014	中国长足摇蚊 （0.38）	红裸须摇蚊 （0.06）	长角涵螺 （0.05）	铜锈环棱螺 （0.02）	花翅前突摇蚊 （0.02）
2015	霍甫水丝蚓 （0.20）	花翅前突摇蚊 （0.15）	中国长足摇蚊 （0.06）	扁舌蛭 （0.04）	铜锈环棱螺 （0.03）
2016	霍甫水丝蚓 （0.18）	扁舌蛭 （0.07）	花翅前突摇蚊 （0.07）	红裸须摇蚊 （0.05）	中国长足摇蚊 （0.04）	铜锈环棱螺 （0.02）
2017	中国长足摇蚊 （0.08）	霍甫水丝蚓 （0.06）	多巴小摇蚊 （0.05）	花翅前突摇蚊 （0.05）	红裸须摇蚊 （0.03）	摇蚊属一种 （0.03）

综上所述，我们可以将蠡湖底栖动物群落演变过程分为以下几个阶段。第一个阶段为 20 世纪 60 年代初期及以前，此阶段为人为干扰相对较少的自然演变阶段。虽然，关于 1950 年以前蠡湖底栖动物群落结构的调查资料很少，但从部分文献[4, 5]对蠡湖 20 世纪 60 年代初期以前底栖动物群落结构的描述可以看出，60 年代初期以前，蠡湖基本处于自然状态，底栖动物群落物种多样性程度极高，大型底栖动物物种丰富，优势种以日本沼虾和软体动物为主。第二阶段为 20 世纪 60 年代末期到 80 年代末期，此阶段为剧烈人为负面干扰参与底栖动物群落快速退化阶段。在此期间，围湖造田活动活跃，加之 60 年代末期开始全湖放养草鱼，并进行围地养殖，底栖动物生境遭到严重破坏，大型软体动物基本消失，耐污性物种开始成为优势种[4, 6]。第三阶段为 20 世纪 90 年代初期到 21 世纪初期，此阶段已开始对蠡湖生态系统开展生态修复，但底栖动物群落仍以寡毛类和摇蚊幼虫等耐污种为优势种。在此期间，蠡湖生态修复经历了局部修复、污染源控制、综合整治等数个阶段[7, 8]，但其中生态清淤等措施对底栖动物群落破坏性较大，且短期内不利于大型底栖动物物种的生存，而生态修复中投放的软体动物成活率亦较低[6]，所以，此阶段蠡湖底栖动物群落生物多样性仍处于较低水平，优势种仍为耐污种。第四阶段为 2014 年之后的底栖动物群落缓慢恢复期。在此阶段，蠡湖生态修复工程初见成效，水质和其他生境条件得到一定程度的改善[6, 9-10]，底栖动物生物多样性存在一定的转好趋势，几种大型软体动物物种已成为常见种，并在某些年份中占优势。

5.4 蠡湖的水生植物群落

5.4.1 蠡湖水生植物的种群组成和现存量

作者团队于 2018～2020 年开展了蠡湖的水生植物调查，调查内容为水生植被覆盖率、水生植物种类、生物量等。调查共布设 8 个监测断面，每条线上设置 3～4 个监测点（图 5-10）。

图 5-10　水生植物调查点位

　　各点位水生植物种类、覆盖度及生物量调查结果见表 5-3，水生植物分布见图 5-11。
蠡湖水生植物种类的调查结果见表 5-4，共发现水生植物 10 科 12 属 14 种，其中挺水植
物 5 种，以芦苇、菰为主；浮叶植物 3 种，以菱、荇菜为主；沉水植物 6 种，以菹草、
金鱼藻为主。

表 5-3　蠡湖不同监测点位水生植物种群、生物量的差异

采样点	植物类型	植物名称	覆盖度/%				生物量/（g/m²）			
			春	夏	秋	冬	春	夏	秋	冬
1#	挺水植物	芦苇	7	10	7	5	1562	2586	1986	1250
		香蒲								
	浮叶植物	荇菜		5	2			256	221	
	沉水植物	菹草	5			5	120			232
		狐尾藻		3				156		
		金鱼藻			1				33	
2#	挺水植物									
	浮叶植物									
	沉水植物	狐尾藻	3				113			
		竹叶眼子菜		5				169		
		微齿眼子菜			3				169	
		菹草				1				56

续表

采样点	植物类型	植物名称	覆盖度/%				生物量/（g/m²）			
			春	夏	秋	冬	春	夏	秋	冬
3#	挺水植物									
	浮叶植物									
	沉水植物									
4#	挺水植物	香蒲	2	5	5		180	1752	1365	
		菰								
	浮叶植物	荇菜	1	5	5		30	263	263	
		睡莲				3				265
	沉水植物	狐尾藻	1	1			26	26		
		菹草	6			1	258			122
		微齿眼子菜			1				62	
5#	挺水植物	芦苇	5	5	6	5	1068	1256	987	1105
		香蒲								
	浮叶植物	荇菜	1	5	3		47	356	169	
	沉水植物	狐尾藻	1				29			
		苦草		2				66		
		黑藻			1				23	
		微齿眼子菜				1				69
6#	挺水植物									
	浮叶植物									
	沉水植物	菹草	1				36			
		狐尾藻			1				95	
		微齿眼子菜			1				25	
7#	挺水植物									
	浮叶植物									
	沉水植物									
8#	挺水植物	菰	1	5	2		59	254	98	
		李氏禾		1				95		
		鸢尾				2				156
	浮叶植物	荇菜	1	1			33	25		
	沉水植物	菹草	3		1	2	186		30	102
		狐尾藻		5				398		
9#	挺水植物	芦苇	5	5	5	5	1536	1865	1256	1086
	浮叶植物	荇菜	1	1	1		38	29	120	
		睡莲				2				356
	沉水植物	狐尾藻	1				24			
		苦草		1				33		

续表

采样点	植物类型	植物名称	覆盖度/%				生物量/（g/m²）			
			春	夏	秋	冬	春	夏	秋	冬
10#	挺水植物									
	浮叶植物									
	沉水植物	狐尾藻	2		1		47		109	
		菹草								
		苦草		2					65	
11#	挺水植物	芦苇	5	5	5	5	1356	1965	1562	968
	浮叶植物	荇菜		5				185		
	沉水植物	菹草	5			1	168			98
		狐尾藻		1	1				125	136
12#	挺水植物									
	浮叶植物	荇菜	1	5	2		65	256	49	
	沉水植物	苦草	1	1			132	162		
		菹草				3				81
13#	挺水植物									
	浮叶植物									
	沉水植物	狐尾藻	2				95			
		菹草								
		竹叶眼子菜		1					182	
		金鱼藻				1			52	
14#	挺水植物	芦苇	5	5	5		1124	2210	1125	
	浮叶植物	荇菜	1	5	3		46	362	95	
		睡莲			3					235
	沉水植物	菹草	1			1	45			25
		狐尾藻		1				65		
15#	挺水植物	芦苇	5	5	5	5	956	1562	1562	1289
	浮叶植物	荇菜		5	5			265	169	
	沉水植物	菹草	2		1	1	78		21	36
		苦草		1				156		
16#	挺水植物									
	浮叶植物									
	沉水植物	菹草	2				69			
		黑藻								
		狐尾藻		2				99		
17#	挺水植物	芦苇	5	5	5	3	786	1695	965	796
	浮叶植物	荇菜	1	5	2		28	156	85	
	沉水植物	菹草	1			1	49			56
		狐尾藻		1	1				33	65

续表

采样点	植物类型	植物名称	覆盖度/%				生物量/（g/m²）			
			春	夏	秋	冬	春	夏	秋	冬
18#	挺水植物	芦苇	5	9	6	5	968	2162	2653	925
		香蒲								
	浮叶植物	荇菜		5	5			263	389	
	沉水植物	狐尾藻	5	5			156	453		
		金鱼藻			1				56	
		菹草				1				77
19#	挺水植物									
	浮叶植物									
	沉水植物	菹草	6			2	289			92
		竹叶眼子菜		8				335		
20#	挺水植物									
	浮叶植物									
	沉水植物									
21#	挺水植物	芦苇	2				568			
		菰		8	6			885	856	
		香蒲								
	浮叶植物	荇菜	1	5	2		41	274	234	
		睡莲			5					365
	沉水植物	狐尾藻	1	1	1		38	74	68	
		菹草	1			5	47			114
22#	挺水植物	芦苇	5	5	5	3	695	1784	1588	1352
	浮叶植物	荇菜		5	2			257	221	
	沉水植物	菹草	5			1	221			67
		苦草		1				28		
23#	挺水植物									
	浮叶植物									
	沉水植物	菹草	7				265			
		黑藻		2	1			58	33	
		狐尾藻								
24#	挺水植物	芦苇		5	5	1		1725	1185	236
	浮叶植物	荇菜	1	2	2		39	294	95	
	沉水植物	菹草	5			3	145			105
		狐尾藻		1	1			79	65	
25#	挺水植物	芦苇	5	5	5	3	895	887	756	996
	浮叶植物	荇菜		2	1			51	97	
	沉水植物	菹草	8			1	223			56
		黑藻		1				85		

续表

采样点	植物类型	植物名称	覆盖度/%				生物量/（g/m²）			
			春	夏	秋	冬	春	夏	秋	冬
26#	挺水植物									
	浮叶植物									
	沉水植物	狐尾藻	1		1		36		65	
		黑藻		2				95		
		苦草								
27#	挺水植物	芦苇	5	5	5	5	996	1258	584	458
	浮叶植物	荇菜		3	2			241	85	
	沉水植物	菹草	5		1	3	236		22	125
		穗状狐尾藻		1				108		

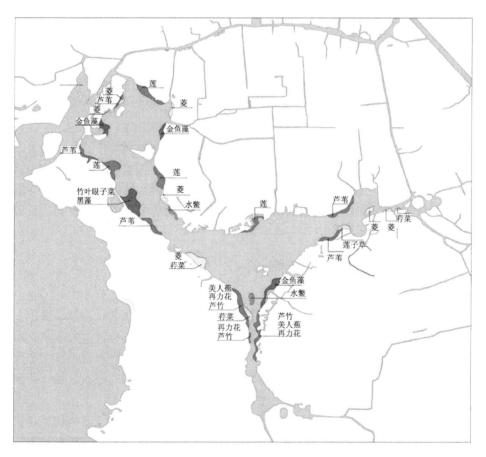

图 5-11　蠡湖大型水生植物分布图

表 5-4　蠡湖主要水生植物品种

品种	拉丁名	科	属	生活型
芦苇	*Phragmites australis*	禾本科	芦苇属	挺水草本
菰	*Zizania latifolia*	禾本科	菰属	挺水草本
李氏禾	*Leersia hexandra*	禾本科	假稻属	挺水草本
香蒲	*Typha orientalis*	香蒲科	香蒲属	挺水草本
鸢尾	*Iris tectorum*	鸢尾科	鸢尾属	挺水草本
睡莲	Nymphaea tetragona	睡莲科	睡莲属	浮叶草本
荇菜	*Nymphoides peltatum*	龙胆科	荇菜属	浮叶草本
金鱼藻	*Ceratophyllum demersum*	金鱼藻科	金鱼藻属	沉水草本
苦草	*Vallisneria natans*	水鳖科	苦草属	沉水草本
菹草	*Potamogeton crispus*	眼子菜科	眼子菜属	沉水草本
黑藻	*Hydrilla verticillata*	水鳖科	黑藻属	沉水草本
竹叶眼子菜	*Potamogeton wrightii*	眼子菜科	眼子菜属	沉水草本
微齿眼子菜	*Potamogeton maackianus*	眼子菜科	眼子菜属	沉水草本
狐尾藻	*Myriophyllum verticillatum*	小二仙草科	狐尾藻属	沉水草本

　　调查发现，蠡湖的水生态系统结构较为单一、脆弱，无法维持蠡湖水生态系统的可持续发展。在蠡湖草型生态系统重构前，其开敞水域中基本上已没有沉水植被，仅在四个功能区岸边零星分布少量挺水植物，主要集中在蠡园、渤公岛、渔夫岛、金城公园、长广溪湿地沿岸。其中，长广溪湿地公园附近挺水植物分布最为集中且面积较大，挺水植物种类主要为：再力花、芦竹、美人蕉、荷花、芦苇。水生态系统的结构较为单一，且处于一种非常不稳定的状态，对水质的维持非常不利。沉水植物的缺失，会导致底泥悬浮和内源释放的增强；没有挺水植物，来自陆地的污染物就失去了天然的拦截屏障，这些都不利于蠡湖水体水质的改善和维护。

5.4.2　蠡湖水体中水生植物群落的演替过程

　　1951 年，蠡湖基本保持着自然的湖泊形态，晨看"烟收远树山徐出"，暮见"月落寒涛水正平"，沿岸有较大面积的浅滩，生长着茂密的芦苇、水鳖、苦草、菹草、狐尾藻等大型水生植物（图 5-12）。湖面几乎全为沉水植物覆盖，优势种类为苦草、菹草和狐尾藻[4,11-12]。文献显示[13,14]，苦草、菹草和狐尾藻这 3 种水草均具有耐不良生态环境的策略，如大部分植株集中于水表层、为适应弱光环境幼苗期增大叶绿素含量、防鱼类取食的化学防御机制、低光补偿点和再生能力强等。

　　蠡湖出现显著的人类干扰开始于 20 世纪 60 年代。因此，可推断 50 年代已是蠡湖水生植物自然演替的中后期，50 年代以前蠡湖长期处于水生植物丰富的清水状态。1960年，蠡湖仍保持着大型水生植物占优势的清水特征[4]。20 世纪 70 年代，蠡湖部分沿岸带水生植物萎缩，一些水域天然水生植被消失[15]。1980～1981 年，蠡湖基本无大面积天然水生植被，沉水植被消失，沿岸残存芦苇、菰等挺水植物[12]。进入 20 世纪 90 年代，沉水植物几近灭绝[15]。据 1990～1991 年调查[4,16]，蠡湖的大型水生植物几乎绝迹，在个别河口和小湖湾，人工放养的凤眼莲生长良好，密度达 20kg/m²；浮游藻类平均数量达 4174 万个/L，是 1951 年的 156 倍，蓝藻和绿藻分别占藻类总数的 53.9%和 19.6%。1996 年，天然水生植被基本消失，浮游植物以颤藻和平裂藻为优势种[15]。2002 年 7 月，沉水植物几乎绝迹，湖心可见浮水植物凤眼莲、莲子草、浮萍、紫萍和水鳖，优势种为凤眼莲和莲子草；在入湖河口的缓流水域，莲子草和凤眼莲形成单优群落，水面覆盖率达 90% 以上；在河岸浅滩上分布有残存的挺水植物芦苇、菰[15]。

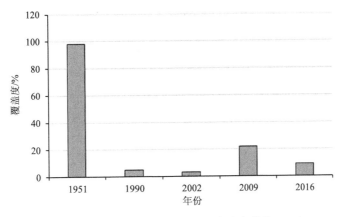

图 5-12 蠡湖沉水植物覆盖度演变趋势

2003～2005 年，湖面基本无自然生长的大型水生植物，湖内沉水植物几乎绝迹，成片的莲子草和凤眼莲残存于个别湖岸边及河口区[17]。湖周围挺水植物稀少，少量芦苇仅分布在渤公岛东侧岸边、渔夫岛南侧岸边、亚洲城遗址、骂蠡港入湖河口、北祁头村附近湖岸边和长广溪河口东侧湖滨洼地，其中长广溪河口东侧湖滨洼地分布面积最大；芦苇群落内伴生湿生杂草（蓼科植物及莎草科植物）、香蒲和菰等。随着"863"项目"太湖水污染控制与水体修复"示范工程的开展，蠡湖水质和生态状况有了明显改善[8]。2002 年开始，针对蠡湖恶劣的水环境条件，结合国内外治理湖泊的理论与实践，以及西蠡湖作为城市景观湖泊的治理目标，确定西蠡湖生态修复以沉水植物为主，采取环保疏浚、人工浮床、基底改造、生物操纵、降低水位和控制外源等多种工程技术措施恢复水生植被。示范工程区内调查结果与文献[4]一致，2005 年示范工程区内已初步建立起一个结构较完善、有多种水生植物生长、具有较好景观功能的水生生态系统，芦苇、莲、黑藻、荇菜和狐尾藻等水生植物均得到一定程度的恢复，植被覆盖度约 40%。2005 年，工程区外湖滨浅水区水生植物也有了自然恢复的迹象，在东蠡湖北岸浅水区发现多个金鱼藻稀疏生长的岸段；宝界桥西南侧有零星的金鱼藻及少量苦草生长，宝界桥西北侧的小湖湾里有苦草、金鱼藻、荇菜、竹叶眼子菜和黑藻多种水生植物的生长，覆盖度约 15%。

总体而言，蠡湖水生植物群落的演替过程可划分为 3 个阶段：①20 世纪 70 年代以前，此阶段大型水生植物生长茂盛，生活型丰富，植被覆盖度高，水生植物群落主要处在自然演替阶段。②20 世纪 70 年代至 2002 年，这个阶段由于富营养化的影响，蠡湖大型水生植物迅速消失，小河道和湖边池塘等浅水、静水水域成为水生植物的最后避难所，水生植物总体处于退化消失阶段。③2002 年至今，在"蠡湖综合整治工程"及水专项支持的生态修复项目的支撑下，西蠡湖示范工程区内初步建立起一个水生植物生长茂盛的生态系统，工程区外湖滨浅水区水生植物也有了自然恢复的迹象，水生植物总体处于恢复阶段。

5.5　蠡湖的鱼类群落

5.5.1　蠡湖敞水区中鱼类的种群组成

在 2014～2018 年，通过多网目丝网调查了蠡湖敞水区的鱼类种类及群落结构特征；丝网由 8 种网目组成（5mm、10mm、15mm、20mm、25mm、30mm、35mm 和 40mm），每种网目高 1.5m、长 10m。根据鱼类的主要食性及其生境特征，将鱼类划分为浮游动物食性鱼类（主要以浮游动物为食）、肉食性鱼类（主要以鱼、虾等水生生物为食）、草食性鱼类（主要以水生植物为食）和杂食性鱼类（可同时摄食植物性饵料和动物性饵料的鱼类）。根据鱼类的主要生境，又可将杂食性鱼类进一步划分为杂食-浮游动物食性鱼类和杂食-底栖食性鱼类。

在蠡湖敞水区共采集到 10 种鱼类，分别是鳌、似鳎、鲫、鲤、湖鲚、翘嘴鲌、似鳊、黄颡鱼、细鳞斜颌鲴和大鳍鳎。目前，蠡湖鱼类的群落结构主要以小型种类为主，但各年度间的优势种不同。2014 年的优势种为似鳎、鲫和鳌；2015 年的优势种为鳌、似鳎和翘嘴鲌；2016 年的优势种为鳌、鲫和似鳊；2017 年的优势种为似鳊、似鳎和翘嘴鲌；2018 年的优势种为似鳎、鲫、细鳞斜颌鲴和似鳊（图 5-13）。综合多年数据，小型鱼类似鳎和鳌是渔获物的主要组成，而肉食性鱼类的比例非常低，这两种鱼在浊水态水体中主要以浮游动物为食。似鳎属于浮游动物食性鱼类，以浮游动物为食；细鳞斜颌鲴和鲫属于杂食-底栖鱼类，以沉积物中的底栖动物为食（如摇蚊幼虫和水丝蚓）。

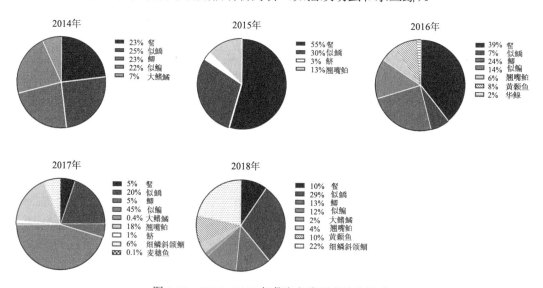

图 5-13　2014～2018 年蠡湖鱼类群落结构组成

根据鱼类食性，可将蠡湖鱼类分为四个主要类群：浮游动物食性鱼类（Zooplanktivore）、杂食-浮游动物食性鱼类（Omni-zooplanktivore）和杂食-底栖食性鱼类（Omni-benthivore）和肉食性鱼类（Piscivore）。蠡湖的鱼类群落以杂食-浮游动物食性和浮游动物食性鱼类为主（图 5-14）。其中，杂食-浮游动物食性鱼类平均贡献 51%（范围为 22%～72%），浮游动物食性鱼类平均占比 25%（范围为 17%～33%）。这两个类群的鱼类均可摄食浮游动物，两者合计平均占比 75%（范围为 51%～89%），说明浮游动物面临的捕食压力很大。蠡湖渔获物的肉食性鱼类比例很低，平均为 8%（范围为 0～17.4%），且肉食性鱼类的个体较小，捕食其他鱼类的能力较弱。

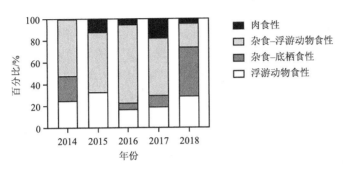

图 5-14 2014～2018 年蠡湖不同食性鱼类的比例

5.5.2 蠡湖鱼类群落的演替特征

在 1951 年的蠡湖调查中，鱼类资源十分丰富，共有 18 科 63 种之多，其中主要以肉食性鱼类为主，底栖杂食性鱼类也相对较多[5]。

在 20 世纪 60 年代后期，蠡湖开始放养草食性鱼类，随后大型水生植物迅速消失，水质向富营养化方向发展，其鱼类的饵料资源也发生了较大变化。例如 1990～1991 年调查的浮游植物丰度是 1951 年的 156 倍，藻类水华现象严重；1991 年的浮游动物平均丰度相比 1951 年减少了 84%；螺、蚌、虾等大型底栖动物生物量急剧下降，霍甫水丝蚓和摇蚊幼虫成为主要的底栖动物类群。

蠡湖在 1991 年的鱼类群落结构主要以放养的种类为主（如鲢和鳙），年产量为 600～750kg/hm^2。而浮游动物生物量下降，可能限制了肉食性鱼类的种群发展，因为肉食性鱼类仔稚鱼主要以浮游动物为食。据调查，蠡湖在 20 世纪 50 年代常见的肉食性鱼类，在 1991 年左右已基本灭绝，或其种群规模已下降至非常低的水平。

在 2002 年以前，蠡湖为养殖湖泊，每年春季投放鱼类苗种，冬季捕捞。在 2002 年开始实施综合治理后，蠡湖由养殖湖泊逐步向天然湖泊转变，鱼类群落结构也随之发生改变，"四大家鱼"的优势度开始下降。期间，政府部门还每年向蠡湖投放鲢、鳙，想要通过这种方式达到改善水质的效果。例如在 2007 年 6 月，大约 150 万尾不同规格的鲢和鳙被投放到蠡湖中[18]。然而，类似的鱼类放流活动，对水质的改善效果不佳[18]。

2007～2008 年调查中，记录到 38 种鱼类，其中鲤形目 28 种[19]。鱼类相对重要性指数（IRI）数据显示，青梢红鲌（Erythroculter dabryi）、湖鲚（Coilia ectenes taihuensis）、鲢（Hypophthalmichthys molitrix）和鲫（Carassius auratus）是蠡湖的优势鱼类，其中青梢红鲌的优势度最高，其次为湖鲚。青梢红鲌成鱼为肉食性鱼类，但此次调查中该鱼类的平均体长仅为 12.7cm（平均体重 28g），而仅当鲌的体长大于 13cm 时，鱼和虾在其食谱中的比例才逐渐增高；体长小于 13cm 的鲌，主要以浮游动物为食[20]。此次调查中，湖鲚的规格也相对较小，其平均体长仅为 18cm（平均体重 23g）。在另外一项研究中，通过分析太湖贡湖湾不同规格湖鲚（体长范围 7.7～26.2cm）食性的季节变化，发现这些体长范围内的湖鲚主要摄食浮游动物[21]。如此，在张红燕等[19]的调查中，蠡湖的鱼类群落结构主要以可摄食浮游动物的鱼类（鲢、湖鲚和肉食性鱼类幼鱼）和底栖杂食性鱼类（鲫）为主。

在最近的一项研究中[22]，于 2016 年 4～10 月调查了蠡湖仔稚鱼的时空分布特征，在采集的 70678 尾样本中，共鉴定出 20 种（属），隶属于 7 目 8 科 18 属。蠡湖仔稚鱼密度平均为 3825 尾/100m³，主要优势种为鳘属（Hemiculter sp.），其数量占比为 69%；其次为鲫（数量占比为 11%）和子陵吻虾虎鱼（数量占比为 9%）。由此可见，与 1950 年的调查相比，蠡湖鱼类种类数量已明显下降，由 1951 年的 63 种下降至 2016 年的 20 种。

综合现有的研究文献报道和历史资料，蠡湖的鱼类种群总体由 20 世纪 50 年代的肉食性鱼类为主，逐渐转变为以鳘、似鳊、湖鲚等小型浮游动物食性和杂食性鱼类为主。这种变化趋势与太湖[23]、洪泽湖[24]和呼伦湖[25]等湖泊的渔业资源变化趋势相似，均向种类数量下降、小型鱼类种类占优势的方向发展。建议蠡湖管理部门每 2～3 年开展一次渔业资源调查，根据现有鱼类群落结构特征，基于水质与生态系统服务功能提升的角度，合理制定蠡湖的鱼类群落结构调控策略，以更好地服务于蠡湖的水生态系统恢复与保护工作。

参 考 文 献

[1] Chaffin J D, Bridgeman T B, Bade D L. Nitrogen constrains the growth of late summer cyanobacterial blooms in Lake Erie. Advances in Microbiology, 2013, 3: 16.

[2] Paerl H W, Huisman J. Blooms like it hot. Science, 2008, 320(5872): 57-58.

[3] 沈亦龙. 太湖五里湖清淤效果初步分析. 水利水电工程设计, 2005, 24(2): 23-25+38.

[4] 李文朝. 五里湖富营养化过程中水生生物及生态环境的演变. 湖泊科学, 1996, 8(S1): 37-45.

[5] 伍献文. 五里湖 1951 年湖泊学调查. 水生生物学集刊, 1962, (1): 63-113.

[6] 姜霞, 王书航, 杨小飞, 等. 蠡湖水环境综合整治工程实施前后水质及水生态差异. 环境科学研究, 2014, 27(6): 595-601.

[7] 姜伟立, 吴海锁, 边博. 五里湖水环境治理经验对"十二五"治理的启示. 环境科技, 2011, 24(2): 62-64+69.

[8] 朱喜, 张扬文. 五里湖水污染治理现状及继续治理对策. 水资源保护, 2009, 25(1): 86-89.

[9] 庄严, 汤小健, 盛翼, 等. 蠡湖综合整治十年来水环境变化的研究. 干旱环境监测, 2014, 28(2): 49-54.

[10] 李玲. 蠡湖水生态系统修复的实践与效果. 江苏水利, 2015, (9): 37-39.

[11] 中国科学院南京地理研究所. 太湖综合调查初步报告. 北京: 科学出版社, 1965: 1-84.

[12] 颜昌宙, 许秋瑾, 赵景柱, 等. 五里湖生态重建影响因素及其对策探讨. 环境科学研究, 2004, 17(3): 44-47.

[13] 严国安, 马剑敏, 邱东茹, 等. 武汉东湖水生植物群落演替的研究. 植物生态学报, 1997, 21(4):

319-327.

[14] 邱东茹, 吴振斌. 武汉东湖水生植物生态学研究Ⅲ: 沉水植被重建的可行性研究. 长江流域资源与环境, 1998, 7(1): 42-48.

[15] 水利部上海勘测设计研究院. 五里湖综合整治工程可行性研究报告. 上海: 水利部上海勘测设计研究院, 2002.

[16] 李文朝, 杨清心, 周万平. 五里湖营养状况及治理对策探讨. 湖泊科学, 1994, 6(2): 136-143.

[17] 李英杰, 年跃刚, 胡社荣, 等. 太湖五里湖水生植物群落演替及其驱动因素. 水资源保护, 2008, 24(3): 12-16.

[18] 孟顺龙, 陈家长, 胡庚东, 等. 滤食性动物放流对西五里湖的生态修复作用初探. 中国农学通报, 2009, 25(16): 225-230.

[19] 张红燕, 袁永明, 贺艳辉, 等. 蠡湖鱼类群落结构及物种多样性的空间特征. 云南农业大学学报, 2010, 25(1): 22-28.

[20] 周德勇, 叶佳林, 王卫民, 等. 太湖梅梁湾红鳍原鲌(*Cultrichthys erythropterus*)食性与个体大小的关系: 对生物调控与管理的启示. 湖泊科学, 2011, 23(5): 796-800.

[21] 于谨磊, 何虎, 李宽意, 等. 太湖贡湖湾鲚(*Coilia ectenes taihuensis* Yen et Lin)食物组成的季节变化. 湖泊科学, 2012, 24(5): 765-770.

[22] 代培, 周游, 任鹏, 等. 太湖五里湖仔稚鱼时空分布特征. 水生生物学报, 2020, 44(3): 577-586.

[23] 毛志刚, 谷孝鸿, 曾庆飞, 等. 太湖渔业资源现状(2009～2010 年)及与水体富营养化关系浅析. 湖泊科学, 2011, 23(6): 967-973.

[24] 毛志刚, 谷孝鸿, 龚志军, 等. 洪泽湖鱼类群落结构及其资源变化. 湖泊科学, 2019, 31(4): 1109-1119.

[25] 毛志刚, 谷孝鸿, 曾庆飞. 呼伦湖鱼类群落结构及其渔业资源变化. 湖泊科学, 2016, 28(2): 387-394.

第6章　蠡湖草型生态系统重构的实践

6.1　蠡湖主要生态环境问题及生态系统重构目标

6.1.1　蠡湖的主要生态环境问题

2002 年来，无锡市各级政府部门对蠡湖的水环境开展了系统的整治，包括入湖河流污染拦截、清淤、蓝藻防控等工作。监测数据显示：近年来蠡湖的各项水质指标均较过去有了大幅度的提升，水体中的氮、磷营养盐浓度均呈现出明显的下降趋势，西蠡湖的水质略优于东蠡湖。但由于蠡湖水体相对封闭、水体流动缓慢、交换不充分，加之生态系统结构单一，水生植被尤其是沉水植被的覆盖率较低，使得蠡湖水生态环境仍然存在一些问题。

1. 水质仍处于不稳定的状态

整体而言，生态综合整治工程实施以来，蠡湖的各项水质指标均较过去有大幅度的改善，水体总氮浓度为 0.64～2.07mg/L，均值约为 1.35mg/L，总磷浓度为 0.03～0.25mg/L，均值约为 0.14mg/L。水体营养状况总体呈现出由重度富营养化向轻度富营养化的转变，但由于蠡湖目前仍属于典型的藻型生态系统，受水体中浮游植物种群数量增加和群落结构变化的影响，水体中氮、磷等营养盐浓度随藻类浓度、内源释放等的变化而呈现出明显的季节性波动特征，尤其是总磷浓度，近年来有所反弹。

此外，蠡湖由于实施过大规模的清淤，95%以上区域的水深都已超过 2m。虽然蠡湖的风浪不是很大，但在盛行风条件下，其迎风岸仍然会产生较大的波浪，使得堤岸坍塌后退，影响湖滨带水生植物的生长。与此同时，风浪扰动所导致的沉积物悬浮，不仅增加了上覆水中氮磷和其他颗粒物的浓度，也极大地降低了蠡湖水体的透明度。较深的水深、较低的透明度，使得沉水植物容易受到光照不足的胁迫，而沉水植物的缺乏，又使得底泥非常容易悬浮，水体的透明度也难以得到改善。

2. 底泥污染依然严重

很长一段时间内，蠡湖接纳了来自周边区域的污水，使得蠡湖沉积物中富集了大量的氮、磷等污染物质。相比于西蠡湖，东蠡湖的沉积物污染相对更为严重一些。从沉积物中的有机质含量来看（以总碳计），东蠡湖为 12.12～19.8g/kg，金城湾的最高，为 19.18～21.92g/kg，比蠡湖沉积物的均值高出近 1 倍；沉积物中的 TN 和 TP 也呈现出类似的变化趋势，东蠡湖沉积物中的 TN、TP 分别为 0.85～1.39g/kg、0.61～1.04g/kg，金城湾的分别为 1.39～1.61g/kg、1.04～1.18g/kg，分别比蠡湖沉积物中 TN、TP 的均值高出约 60%（图 4-39～图 4-41）。蠡湖沉积物中 TP 和 TN 的平均含量分别为 0.715g/kg 和 1.081g/kg，根据美国环境保护署制定的沉积物污染标准,蠡湖沉积物中 TP 和 TN 分别处于重污染以上状态和中度污染状态,具有较高的释放风险。

3. 生物群落结构单一,生态系统脆弱

虽然通过采取清淤、入湖河流污染整治等措施后,蠡湖的水质有了显著的改善,但蠡湖的生态系统并没有实现根本性的转变。近年来的监测显示:蠡湖湖滨带中的挺水植物缺失、水体中水生植被的覆盖率较低(低于 10%),沉水植物仅在部分湖湾及沿岸浅水区中偶有发现,开敞水域中基本上已没有沉水植被,且沉水植物的种群较为单一,菹草和金鱼藻占绝对优势,仍属于典型的以浮游植物为主要初级生产者的藻型湖泊生态系统。

此外,蠡湖的底栖生物仍以水丝蚓、摇蚊等耐污种为优势种,鱼类的种群结构也不够合理。目前蠡湖中的鱼类以杂食-浮游动物食性和浮游动物食性鱼类为主,主要为鲢、鳙、湖鲚、鲤、鲫、餐等,这些鱼类的存在,一方面增加了对沉积物的扰动,使得水体中悬浮物的比例增加,减少了水体的透明度;另一方面,减少了水体中的浮游动物数量,降低了浮游动物对水体中藻类的摄食强度,不利于对水体中藻类的控制。值得注意的是:近年来蠡湖水体中浮游植物的种群结构已发生了显著的变化,水体中的藻类数量也有大幅度的增长,蓝藻水华的特征物种微囊藻也已开始有增加的趋势,显示出蠡湖的生态系统正处于一个极不稳定的转变时期。

4. 水位波动小且持续处于高位

湖泊中水位的季节波动是影响湿生、水生植物群落稳定的重要环境因素。由于受人为闸坝的调控,加之管理的需要,蠡湖的水位近年来一直维持在比较高的水平,且变动幅度较小,缺乏天然湖泊不同季节间水位的自然波动节律。持续的高水位不仅制约了湖滨带湿生植物生长,也抑制了敞水区内沉水植物的萌发和幼苗生长。

6.1.2　蠡湖草型生态系统重构的目标

近年来,经过大规模的水环境综合整治,蠡湖的水环境已得到一定程度的改善,已经具备了开展生态修复的条件和基础。因此,迫切需要进一步开展蠡湖水环境的深度治理,重建以沉水植被为主的生态系统,促使蠡湖的水生态系统朝着稳定、健康的草型生态系统转变,以彻底改善蠡湖生态环境、恢复蠡湖生态系统的结构和服务功能、实现蠡湖水环境的根本好转,重现蠡湖山水之美。对于草型生态系统的重构而言,其核心是使湖泊生态系统的结构和功能恢复到退化前的状态,提升水生态系统的稳定性和自我维持能力。基于蠡湖目前生态系统的现状及存在的主要环境问题,结合相关的管理需求,确定蠡湖草型生态系统重构的目标如下:

(1)沉水植被重建区域内的水质稳定达到地表水Ⅲ类的标准;

(2)水体的透明度达到 0.6~0.8m;

(3)沉水植被的覆盖率达到 30%以上,实现从藻型湖泊逐步向草型湖泊的转变;

(4)水生态系统结构合理、稳定,具有抵御一定外界环境压力的能力;

(5)景观优美、水生态系统能够自我维持。

6.2 蠡湖草型生态系统重构策略

6.2.1 蠡湖草型生态系统重构区域概况

大量研究及工程实践表明：水下光照强度是制约区域内沉水植物成活及生长的主要环境因子之一。一般而言，在水体透明度较低、水下光照不足的湖区，即使其他环境条件满足，沉水植物也难以生存和扩张。虽然 2003 年以来，在蠡湖中曾多次尝试恢复沉水植被，但由于受水体中风浪、透明度、浮游植物等环境条件的制约，沉水植被恢复的成效不显著。调查数据显示：目前蠡湖中共发现狐尾藻、黑藻、苦草、金鱼藻、菹草、竹叶眼子菜和大茨藻等 7 种沉水植物，覆盖度仅占 5%左右，主要分布在退渔还湖区的蠡堤、渤公岛附近区域及东蠡湖的金城湾、长广溪等水深较浅的湖滨区域。

事实上，只有在实际水深小于或等于光补偿深度的水域，沉水植物才有可能生长和扩张种群。基于以往的研究经验，在蠡湖草型生态系统重构的实践中，以拟恢复的沉水植物种类（以苦草为参考）的光补偿深度与水体实际深度的比值（Q_i）作为判定的标准，将 $Q_i \geq 1$、$0.75 < Q_i < 1$ 及 $Q_i \leq 0.75$ 的区域，分别定义为：沉水植物恢复的"适宜区"、需通过适当的工程措施改善其水下光合有效辐射的"过渡区"及"暂不适宜区"。基于以上的定义，利用地理信息系统软件 ArcGIS 10.1 的空间分析模块及蠡湖 1∶2000 的水下地形资料，划分了蠡湖中适宜于沉水植物恢复区域的空间分布格局（图 6-1）。同时，结合蠡湖对沉水植被恢复的实际需求，最终确定以蠡湖西北部的"退渔还湖区"，作为蠡湖草型生态系统重构的区域。

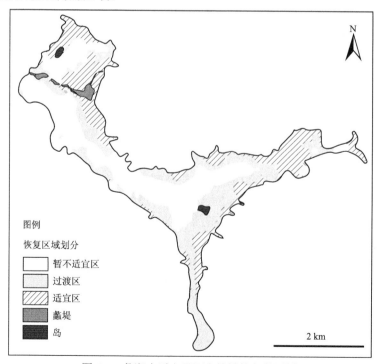

图 6-1　蠡湖中适宜于沉水植被恢复的区域

　　历史上蠡湖三分之一的水面是围湖而建的鱼塘，占据了现渔父岛、蠡堤以北的大部分湖面。"退渔还湖区"位于蠡湖的西北部、环湖路旁，面积约 1.34km² （图 6-2）。在蠡湖综合治理前，这个区域是成片的鱼塘，鱼塘水面面积约 74.7 万 m²（1120.7 亩）。封闭的鱼塘破坏了区域内的生态环境，截断了水陆生态系统间的有机联系，造成区域内水污染，还对周边水环境产生污染。2002 年的调查显示：退渔还湖区的浮游植物以尖尾蓝隐藻、卵形隐藻为优势种，底栖动物以摇蚊和霍甫水丝蚓为主，水生植物仅有少量零星分布的芦苇、菰、香蒲，沉水植物几近绝迹。2003 年综合治理后，鱼塘得到清退，扩大了水面，在沿岸陆地按景观规划布置，建设、改造了蠡湖之光（百米高喷）、沙滩休闲区、人行栈道等一系列景观，同时，对滨岸带的水陆交错带和浅水区域开展了同步的整治，使得这片区域内的景观得到了极大的提升，各项水质指标也得到改善，水体中的透明度为 0.3m，总氮、总磷和叶绿素均值为 1.57mg/L、0.145mg/L 和 100μg/L，但除岸带周边分布有少量的水生植物外，区域水体中的水生植被较少（水生植被的覆盖度小于5%），水生态系统仍属于典型的藻型生态系统。基于区域的生态环境现状，综合考虑地形、水深等环境条件，选择该区域分阶段开展草型生态系统重构，通过生境改善-水生植被恢复-生态系统调控的技术手段，以期在区域内重新恢复草型生态系统的结构和功能，全面提升湖泊生态系统的稳定性，实现所恢复草型生态系统的自我稳定运行（图 6-2）。

图 6-2　蠡湖草型生态系统重构区域位置及恢复时序

6.2.2　蠡湖草型生态系统重构策略

　　蠡湖草型生态系统重构的整体技术途径和恢复策略：以恢复生态系统完整性、生态服务功能提升为核心，在深入分析蠡湖水环境的现状及存在的主要环境问题、明晰蠡湖生态系统退化的程度、合理拟定蠡湖的生态功能及恢复目标的基础上，有针对性地提出适宜的蠡湖生态恢复方案及沉水植被恢复的区域和时序。根据所选定区域的生境特点，通过底质改善、提高水体透明度和水下光照强度，营造有利于沉水植被恢复的生境；合理规划水生植物配置方案（图 6-3），遵循人工种植与自然恢复相结合的原则，通过水生植物物种筛选、高效种植、群落快速稳定等技术手段，恢复和重构以沉水植物为主的稳定草型生态系统；同时，利用食物网调控、水生植物管理、生态系统监控等措施，重塑健康的食物网结构，实时了解所构建生态系统的运行状况及长期变化趋势，促使蠡湖的水生态系统朝着稳定的草型生态系统转变。

图 6-3　草型生态系统重构区中水生植物的配置方案

6.3　蠡湖草型生态系统重构的技术途径

6.3.1　适宜于水生植被恢复的生境营造

1. 湖滨带修复与场地清理

湖滨带是蠡湖的一个重要组成部分，不仅能拦截来自陆域地表径流中所携带的各种污染物质，而且也能防止风浪对蠡湖岸堤的冲刷及岸带的水土流失，还可以有效提升蠡湖的景观效果。由于在所选定的草型生态系统重构区域内，存在着不同程度的岸线被侵蚀、大量杂草侵占湖滨带水生植物生长空间、影响景观效果和水质净化功能等问题，因此，在沉水植被恢复工程实施前，首先对区域内部分侵蚀较为严重的岸线进行地形修复和场地平整，以利于滨岸带挺水植物群落的构建及后续的管理；同时，对实施区域沿岸带及附近水面的杂草、漂浮杂物进行彻底的清理，以防止杂草腐烂后影响沉水植被构建区域的水环境及后期沉水植物群落的构建（图 6-4）。

图 6-4　湖滨带修复与场地清理

2. 生态围隔的布设

根据中国科学院南京地理与湖泊研究所太湖湖泊生态系统研究站多年的观测资料，太湖地区夏季盛行东南风，蠡湖中拟重构沉水植被的区域，在夏季受风浪影响较大，风浪扰动导致的大量底泥再悬浮，严重影响水体的透明度；同时，区域内大量杂食性鱼类的存在，也不利于沉水植被的恢复。因此，在沉水植物群落构建前，首先在工程区域内分片、分段布设生态围隔，以削减区域风浪及蓝藻对生态系统的影响，同时减少杂食性鱼类进入水生植物恢复区域内。

所布设的生态围隔共由两层构成（图 6-5～图 6-7）：外层采用环保、透水的无纺布制作，通过钢管桩固定在水面下方约 15cm 处，根据蠡湖风浪的强度，钢管桩的间距为 2～4m；内层采用拦鱼网制作，上方连接 10～12cm 的透明浮球，使之漂浮于水面，保证所布设的外层围隔及内层拦鱼网可以随水位的波动而升降。双层生态围隔的外层无纺布与内层拦鱼网之间留有一定的间隙，内、外层的底部均连接有沙（石）袋，以确保围隔底部与湖底接触密实。根据水深情况，底部配重沙（石）袋的直径约 8～12cm。此外，为进一步加强防风削浪的效果，在双层生态围隔区域内增设一些纵横交错的拦网进行柔性消浪。拦网采用 1 指左右的尼龙渔网材质，底部用 8～10cm 的沙（石）袋配重，上部通过 10～12cm 的浮球固定于水面。在草型生态系统恢复区域内，共布设双层生态围隔 5 道，每道围隔上均留有导流门，以方便蠡湖中游船的进出。待后期区域内沉水植物群落恢复稳定后，将拆除所布设的双层生态围隔，确保不影响蠡湖的整体景观效果。

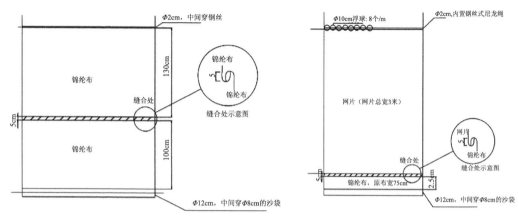

图 6-5　双层生态围隔的结构示意图

图 6-6　沉水植被恢复区域围隔布设示意图

图 6-7　水体中双层生态围隔的布设

3. 水体透明度的提升及底质条件的改善

根据前期的野外原位调查：蠡湖的退渔还湖区在综合整治前曾是成片的鱼塘，长期高密度的养殖和大量饵料的投放，使得区域内表层沉积物中的有机质和氮磷等营养物质的含量较高。在前期的整治过程中，虽然已对底泥进行了疏浚，但区域内仍有部分沉积物存在不同程度的有机质和氨氮浓度高、溶解氧低、理化性状差等问题。同时，风浪扰动所导致的沉积物再悬浮也极大地影响水体的透明度。因此，保障所种植沉水植物的存活率，针对部分底质条件较差、透明度较低的区域，通过在所设置的围隔内，投加一定量的黏土基新型复合功能材料（镧+膨润土）或改良的絮凝剂（PAC 与硅藻土复配）的方式，利用凝絮、吸附、包裹等物理化学作用，使水体中的悬浮物质凝聚成较大的絮体沉降，从而提高水体透明度及改善沉积物的理化性状，增强底质的适生性，为区域内水生植被的恢复创造有利条件。

此外，在水生植被恢复前，为减少水底涌浪对植被根系的破坏及沉积物的再悬浮，利用底基生态纤维草所具有的固定沉积物及其上附着藻类能够快速高效吸收水体营养盐的特性，在沉水植被构建区域的外围及水深较深的区域，配置一定数量的底基生态纤维草（通常配置 2 根/m² 的碳素纤维），以控制沉积物的再悬浮、减少水体中的营养盐和颗粒物、提升水体的透明度。

4. 鱼类群落的调控

鱼类是湖泊生态系统的重要组成，往往位于食物链的顶端，在维持食物网结构与功能稳定中发挥重要作用。鱼类的摄食活动，可显著影响水环境质量，但不同食性（生活习性）的鱼类对生态系统的影响程度和途径不同。一般而言，水体中浮游动物食性的鱼类生物量过多将会削弱浮游动物对浮游植物的下行控制力，导致浮游植物大量增殖；肉食性鱼类偏少也不利于浮游植物的控制；此外，草食性鱼类和杂食性鱼类过多不利于水生植物的恢复。

淡水生态系统中鲢、鳙为典型的滤食性鱼类，鲢的腮耙间距为 33～56μm，而鳙的腮耙间距为57~103μm。研究表明，鲢和鳙均可摄食浮游动植物，但鲢对浮游植物的摄食比例更高，而鳙主要以浮游动物为食。在我国利用鲢、鳙控制水体蓝藻的实践中，虽然在某些水体中对蓝藻生物量的控制效果显著，但对藻类总生物量及水环境质量的改善效果不明显，特别是水体透明度并未显著升高。部分学者的观点认为：鲢、鳙鱼通过滤食，将大大降低浮游动物的生物量，而浮游动物是浮游植物的主要牧食者，鲢、鳙鱼的滤食作用削弱了浮游动物对浮游植物的下行控制，造成浮游植物生物量的上升。另一种观点认为：由于鲢、鳙鱼仅可对大于腮耙间距的浮游植物生物量产生影响，不能摄食体积小于腮耙间距的浮游植物，进而有利于此类浮游植物的快速发展，造成水体藻类生物量和叶绿素a浓度居高不下。

根据蠡湖中现有的鱼类群落结构特点，在进行草型生态系统重构前需要对其进行调控，主要为：

（1）重点去除杂食-底栖动物食性鱼类。去除鲤鱼、鲫鱼和细鳞斜颌鲴等杂食-底栖动物食性鱼类，降低其对沉积物的生物扰动作用，减少水体中无机悬浮物的比例，可提高水体透明度。

（2）重点控制杂食-浮游动物食性鱼类生物量。鲢和鳙在湖泊中很难自然繁殖，其资源主要靠人工投放。因此，合理规划捕捞与投放鲢、鳙鱼的时间和数量，即可有效控制鲢、鳙鱼的种群规模。而鳘、似鳊等杂食性鱼类可在自然水体中大量繁殖，而在湖泊生态系统管理与修复过程中，往往忽略了这类经济价值不高的野杂鱼对湖泊生态系统的影响。蠡湖水体中鳘、似鳊、鲢和鳙等杂食-浮游动物食性鱼类的现存量过高，需要每年冬季定期捕捞。

此外，由于围隔布设区域内存在一定数量的鲤鱼、鲫鱼和其他杂食性鱼类，对水生植物、底泥的侵扰比较大，在水生植物种植初期会严重影响水生植物的存活和水体透明度，为方便水生态系统的构建，在沉水植物种植前，需要对这些鱼类的种群进行控制。受蠡湖相关管理规定的限制，主要采用网捕（图6-8）或赶鱼（图6-9）的方式进行鱼类的清理或驱赶。

图6-8　利用丝网等工具清除水体中的鱼类

图 6-9　利用赶鱼方式驱除水体中鱼类的示意图

赶鱼主要是利用水体中鱼类躲避丝网、怕被扰动的本能，在实施区域密布丝网和赶网，赶网间距 5~10m，丝网的网目约 3~6 指，混合后按一定间隔布设在赶网中间，网的布放长度约 30~50m，利用机械船马达、敲击船体等方式发出声响，扰动水体中鱼类的活动，从而将鱼类赶出丝网区域。赶鱼过程中，通过反复提拉丝网，确认鱼类是否已清理干净。每个区域约清理 3~4 遍，待确认清理干净后，用拦网封死已赶鱼的区域，继续下一区域的赶鱼活动，直至将拟恢复沉水植被区域内的鱼类基本驱除干净。

5. 利用软体动物协同净化水质

系统中的软体动物可滤食水体中的悬浮有机颗粒物、浮游藻类等，从而改善水质、提高水体的透明度、增加水下光照，有助于提高沉水植物的成活率。在蠡湖草型生态系统重构过程中，以用双层生态围隔划分的小区域为单位，逐个区域进行利用软体动物滤食协同提升水质和水体透明度的作业（图 6-10）。在实施过程中，选择投放的软体动物品种主要为环棱螺、三角帆蚌，通过网兜悬挂、模块化立体投放、直接投撒等方式进行投放。为增加所投放软体动物的成活率，在投放三角帆蚌时，选择壳长 6~10cm 的健康个体，以模块化立体投放的方式进行投放，密度控制在 $0.1~0.5kg/m^2$；螺类则以直接投撒的方式进行投放。待该区域内的水体透明度提升以后，将三角帆蚌移至相邻的区域中。

图 6-10　工程区域内软体动物的投放

6.3.2　水生植物群落的构建

1. 水生植物物种的选择

在重构草型生态系统的过程中，将遵循以下的原则选择适宜的水生植物物种：

（1）乡土性和无入侵性：依据蠡湖区域生态特点，选择适应当地气候、土壤、水质，且易生长、成活率高的本地乡土种和适生性水生植物，避免使用入侵水生植物。

（2）功能性：选择具有高效吸收水体营养、吸附重金属、增加溶氧、提高透明度、耐污抗藻的功能性水生植物，进行系统的构建。

（3）多样性：选取不同生活型和生长型的水生植物，增加区域物种多样性、群落多样性，提高生态系统功能和稳定性。

（4）季节交替性：依据不同水生植物的物候期特点，结合蠡湖气候环境，在不同季节合理配置不同物候期的群落，实现沉水植物生态修复的季节交替的长效性。

（5）立体性和景观性：依据不同生态型和生长型的水生植物，结合空间生境梯度，横向沿水陆交错区、近岸浅水区和敞水区配置带状水生植物群落；垂向构建水面层-水中层-水下垫层的立体复合沉水植物群落，在净化水质的同时，达到错落有致的水下景观。

（6）最小风险和最大效益性：所选物种应栽培容易，管理、收获方便，初始投入和维护费用低。

基于上述的选择原则，以及蠡湖中水生植物的现状分布、演替规律，结合草型生态系统重建区域的地形地貌、水质、水深、透明度等环境特征，分别选择莲、梭鱼草、再力花、粉美人蕉、菖蒲、鸢尾等挺水植物，及睡莲、荇菜、萍蓬草等浮叶植物和苦草、微齿眼子菜、竹叶眼子菜和苦草等沉水植物作为构建水生植物群落的主要品种。

2. 水生植物的群落配置及定植方式

蠡湖草型生态系统重构区域的水深从滨岸带向湖心逐渐加深，但大部分区域的水深在 2m 以内。因蠡湖是一个著名的风景名胜区，按照管理的要求，蠡湖中的水位需维持在一个较高的水平，不允许随意降低，因此，在所选定的区域内种植沉水植物具有一定的难度。

根据草型生态系统重构区域的生境条件和水生植物的习性，挺水植物主要配置在水深为 0.8m 以内的水域，采用鲜体移栽的方法，进行单品种片植；浮叶植物也配置在水深为 0.8m 左右的水域，采用扦插的方法，进行单品种片植。沉水植物的配置主要根据恢复区域内的水深情况，在水深<1m 的区域，主要配置草甸型沉水植物功能群落，以矮化密刺苦草为主，植物生长过程中，叶片不易露出水面，景观效果较好；在水深 1~2m 的区域，以草甸型沉水植物功能群落+直立型沉水植物功能群落进行配置，主要以苦草+微齿眼子菜群落为主；在水深 2~2.5m 的区域，以直立型沉水植物功能群落为主进行配置，主要为黑藻+微齿眼子菜+竹叶眼子菜。

沉水植物的种植方式也主要取决于水深，当水深小于 0.5m 时，主要采用人工直接扦插的方式进行；在水深 0.5~2.5m 的区域，大部分采用自主研发的泥球基质抛种的方式，以每平方米 4×4 至 4×5 的泥球种植密度进行沉水植物抛种，小部分采用陶罐、生态布、穴盘和草毯等多种方式进行种植（图 6-11 和图 6-12）。沉水植物的种植周期集中在 5～6 月，种植覆盖度约为建设面积的 70%～80%。蠡湖草型生态系统重构中所涉及的部分常用沉水植物品种的种植方法及种植密度见表 6-1。

| 草毯法 | 陶罐法 | 穴盘法 | 泥球法 | 生态布法 |

图 6-11　沉水植物恢复过程中所采用的定植方法

图 6-12　沉水植物的种植

表 6-1　部分沉水植物品种的种植方法及种植密度

序号	种植方式	种植密度
1	人工扦插	苦草 30～60 株/m²，微齿眼子菜 80～100 芽/m²
2	草坪毯	成品铺设
3	陶罐法	预装培养基为淤泥+壤土+有机堆肥（4:4:2），植株密度 15～25 混合株/m²，苦草+微齿眼子菜+黑藻平均配置；预培育芽苗高度 3～5 cm

续表

序号	种植方式	种植密度
4	穴盘法	植株密度45株/㎡，苦草和微齿眼子菜1:1平均配比；预培育芽苗高度不低于5 cm
5	泥球法	6～8个丛/㎡，配重大小约5 cm×5 cm；苦草为5～6株/丛；微齿眼子菜、竹叶眼子菜10～12芽/丛；黑藻、伊乐藻10～12芽/丛；菹草石芽5～10 kg/亩
6	生态布法	预装培养基为淤泥+壤土+有机堆肥（4:4:2），植株密度20-30混合株/㎡，苦草+微齿眼子菜+黑藻平均配置；预培育芽苗高度不低于5 cm

3. 水生动物群落配置及结构优化

水生态系统构建过程中，为保障所构建生态系统的稳定性，需考虑系统中水生动物群落结构的合理性，通过科学配置、调控生态系统中水生动物的群落结构，以达到改善水质、提高系统中生物多样性的目的。

由于底栖动物具有较好的水质净化能力，且不会对水生植物的生长产生显著影响，因此，在沉水植物种植完成后，在恢复区域内主要配置、调控底栖动物群落结构。

底栖动物选择原则：

（1）乡土性和无入侵性：选择易成活的当地常见物种，避免选取椭圆萝卜螺等牧食沉水植物的种类。

（2）功能性：选择具有较强耐污和强滤食能力、能有效滤除水体中有机颗粒物的底栖动物。

基于蠡湖的生境、水文状况及前期的研究结果，选择双壳类的三角帆蚌和腹足类的铜锈环棱螺作为系统中配置的主要底栖动物物种，采用直接抛投的方式进行底栖动物群落构建。根据蚌、螺类的暂养情况，挑选生长健康的个体，直接抛撒到划定的水域中。抛投的密度见表6-2。

表6-2 系统中底栖动物的投放密度

品种	密度/（g/m³）	投放水深/m
三角帆蚌	10～20	1.5～2.5
铜锈环棱螺	15～30	1.0～1.5

4. 鱼类群落配置及结构优化

鱼类作为水生态系统中的顶级消费者，是水生态系统的一个重要组成部分。在草型生态系统重建过程中，通常待水生植物群落稳定后再进行鱼类群落的构建。

鱼类选择原则：

（1）乡土性和无入侵性：选择易成活的当地常见物种，避免选择外来入侵品种。

（2）多样性：根据水体水生生物、渔产力等现状及草型生态系统构建的需求，选取不同生态习性种类，使所选物种在栖息空间和食性方面能够很好地互补，更好地利用水体空间和饵料资源。

（3）可控制性：在草型生态系统重建过程中，根据蠡湖水体中沉水植物的生长状况、系统中鱼类的现存情况，确定鱼类投放的品种、数量，构建以乌鳢、鳜鱼等肉食性鱼类种群为主的鱼类群落结构，用以控制生活于水体上层及底层的杂食性鱼类。

鱼类的投放主要依据投放量、运输工具、场地条件等，选择适宜的投放方式。一般情况下，采用人工直接倾倒的投放方式。投放的密度见表 6-3。

表 6-3　蠡湖草型生态系统重构中投放的鱼类种类及密度

品种	密度/（g/m³）	规格/（g/条）
乌鳢	5～15	400～800
鳜鱼	5～15	400～800

6.4　蠡湖草型生态系统的维护与管理

6.4.1　工程设施及水环境日常维护与管理

蠡湖中的草型生态系统构建完成后，需定期进行相关的维护和管理。日常的维护与管理主要是通过固定管护人员的定期巡视，以保障工程实施区域内环境的整洁、各项设施的完整及所构建生态系统的正常运转。详细的内容可参见第三章第四节草型生态系统的维护与管理。

6.4.2　草型生态系统长效管护

草型生态系统构建完成后，常常面临生态系统稳定性不高、长效运行难、长期维护成本高等问题，如何保障沉水植被恢复区域的长期稳定运行，已成为草型生态系统重构过程中不可忽视的核心问题之一。在蠡湖草型生态系统重构的过程中，为保证沉水植被恢复后工程区域内水生植物生长、繁殖的稳定，除在生态系统构建初期时，对水生植物种植的最佳植株长度、密度和配置方式等进行优化，以减少沉水植被恢复工程区域后期维护管理的工作量外，聘请专业的生态治理公司对沉水植被恢复工程区域进行专业化的全过程管理，结合在线和定期的水环境、水生态系统监测，根据工程区域内沉水植物的生长状况，及时进行水生动植物生物量、群落结构的调控（图 6-13），以保障草型生态系统重构工程区域的稳定运行。

1. 水生植物生物量的调控

主要根据所构建系统中不同沉水植物物种的生长状况，对沉水植物的生物量进行调控。通常采用人工或机械的方式，收割表层 20%～30%的沉水植物生物量。对沉水植物的调控，主要集中在沉水植物快速生长的季节，如水体中的菹草在 4 月份收割，狐尾藻在春末及夏季收割。两个月左右进行一次沉水植物生物量的调控，采用分区轮换的方式，此外，在冬季水生植物大量死亡的阶段，会进行一次全域的收割、清理，为来年水生植物的生长提供条件。

图 6-13　草型生态系统重构区域的长效管护

2. 水生动物生物量的调控

系统中水生动物生物量的调控,主要是调控鱼类的种群组成和生物量,包括①清鱼方式:以布设刺网和地笼进行草食性和杂食性鱼类生物量移除为主;②清鱼比例:亚热带草型生境湖泊以一次性清除 80% 以上的鱼类生物量为佳;③清鱼频率:亚热带草型生境湖泊以每 2~3 年清鱼一次为佳;④清鱼类别:主要清除草食性鱼类和杂食性鱼类,保留的肉食性鱼类生物量比例要大于 20%。鱼类的捕捞也可以产生一定的经济价值,补贴长效管护的成本。

6.4.3　草型生态系统重构的效果

蠡湖草型生态系统重建工程自 2018 年 5 月开始建设,2020 年 9 月全部建成(图 6-14)。

第三方监测数据显示：建设区域内水体水质稳定维持在地表水环境质量Ⅲ类标准，局部区域达到Ⅱ类，水体平均透明度由原来的 30cm 提高至 70cm 以上，沉水植物覆盖度由原先不足 5% 提升至近 50%，水体中总氮、总磷和叶绿素比蠡湖中未实施生态修复水域分别降低了 43%、55% 和 84%。

图 6-14　草型生态系统重构区实景

本次草型生态系统重构仅在蠡湖中的部分区域开展，2020 年 7 月，蠡湖遭遇了较大的洪水，最高水位达到 4.78m，水体中大量的蓝藻从未实施生态修复的区域倒灌进入草型生态系统重构区域。由于草型生态系统重构区域内的沉水植被群落已较为稳定，沉水植物的生长并未受到显著的影响，在洪水退去后的 10 天左右，工程区域内的蓝藻水华已基本消除，水体恢复清澈，与草型生态系统重构工程区域外的水域形成了鲜明的对比（图 6-15）。

图 6-15　蓝藻水华前后草型生态系统重构区内外效果

　　蠡湖草型生态系统重构区域由江苏江达生态科技有限公司运维部负责进行水体日常维护、水生植物调控和鱼类群落调控等运行、维护工作。通过专业化的全过程管理，确保了草型生态系统重构区内水环境、水生态系统的稳定。截至目前，重构区域已经稳定运行超过了两年，监测数据显示：近一年来水体中的氮、磷、有机污染水平仍保持在较低的水平（图 6-16～图 6-18）；水体透明度年均值为 145cm，远高于蠡湖中未恢复区域藻型生态系统的 42cm（图 6-19）。水质稳定保持在地表水环境质量（GB 3838—2002）中的III类标准。

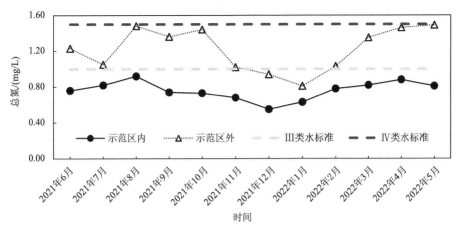

图 6-16　2021 年 6 月～2022 年 5 月重构区域内外的总氮浓度

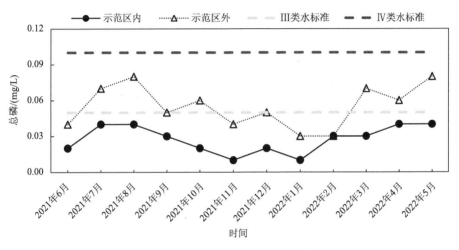

图 6-17　2021 年 6 月～2022 年 5 月重构区域内外的总磷浓度

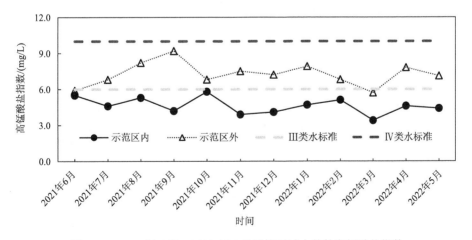

图 6-18　2021 年 6 月～2022 年 5 月重构区域内外的高锰酸盐指数

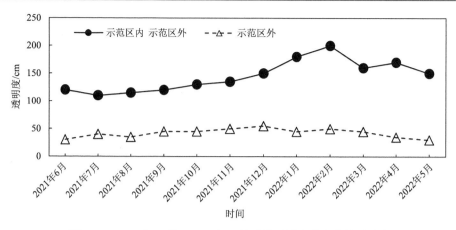

图 6-19 2021 年 6 月～2022 年 5 月重构区域内外水体的透明度

蠡湖草型生态系统重构区域建设完成后，通过专业的运维管理，实现了"湖水清、生物多、景观美"的建设目标，具有良好的社会、经济和环境效益，对蠡湖全湖生态修复具有重要的借鉴意义（图 6-20）。在此基础上，形成了江苏省地方标准《城市湖泊水体草型生态系统重构技术指南》（DB 32/T 4046—2021）。相关技术也在"无锡尚贤湖水体治理""拈花湾鹿鸣谷水环境治理"等项目中得到应用及推广，为城市湖泊水生态修复和水环境管理提供技术支撑[1-2]。

图 6-20　重构区域 2022 年 6 月的现场

参 考 文 献

[1] 高光, 张运林, 邵克强. 浅水湖泊生态修复与草型生态系统重构实践——以太湖蠡湖为例. 科学, 2021, 73(3): 9-12.

[2] 江苏省地方标准. DB 32/T 4046—2021, 城市湖泊水体草型生态系统重构技术指南. 江苏省市场监督管理局, 2021.

后　记

　　城市湖泊水质下降、生态系统退化是湖泊长期演化及多种因素共同影响的结果，虽然目前各地政府都十分重视城市湖泊治理和管理，许多地方的城市湖泊经过水环境的综合整治，水质、水环境也大都得到一定程度的提升，但由于城市湖泊大多为浅水湖泊，生态系统脆弱，极易受到外界环境的干扰和影响，加之湖泊的保护和治理又是一项极为复杂的系统工程，城市湖泊富营养化的控制与治理仍是目前和今后相当长一段时期内面临的重大水环境问题。

　　作为一种具有多种功能的宝贵资源，城市湖泊的保护与所在流域的城市化进程之间始终存在着矛盾。伴随着流域的发展与城市化进程的加速，城市湖泊原有的定位和功能也会随之发生改变，这将不可避免地会对城市湖泊的自然岸线、原始地貌、景观格局、水环境、水生态系统等产生影响。因此，如何在城市化不断发展的前提条件下，明确城市湖泊的功能定位，基于湖泊自身的演变规律，协调城市发展与湖泊保护之间的对立关系，真正实现湖泊水环境的有效改善、恢复城市湖泊生态系统服务功能，这将是未来城市湖泊保护与治理过程中必须解决的核心问题。

　　近 30 年来，国内许多城市通过采用控源截污、底泥疏浚、区域调水、景观改造等工程措施对富营养化的城市湖泊进行了综合治理。实践证明，这些工程措施的实施，在短期内对改善湖泊水质、提高水体透明度具有一定的效果，但从长期来看，并不能从根本上保证所治理湖泊水质的持续稳定改善。因此，在借鉴国内外湖泊治理经验的基础上，许多城市湖泊在外源污染得到有效控制、水体营养盐浓度相对较低的前提条件下，开展了以沉水植物恢复为主的生态修复工作，以期实现湖泊水质的有效改善和湖泊生态系统服务功能的恢复。但遗憾的是，目前许多城市湖泊的治理成效并未达到预期的效果。一方面由于不同城市湖泊的水环境问题成因不尽相同，其采取的治理手段和技术途径也复杂多样，加之现阶段一些技术自身的局限性，许多物理、化学、生物的治理技术远达不到预期的治理效果；另一方面，除经常发生治理资金投入不足外，管理者缺乏对城市湖泊功能定位、水环境演变过程的深入理解也是影响城市湖泊治理效果的一个重要因素，有可能所采用的一个治理工程会给湖泊带来新的环境问题。事实上，伴随着城市的发展，城市湖泊的功能、定位也不断发生变化，因此，城市湖泊的保护和治理也不是简单的"还原"原始的地形、地貌和景观，而是需要恢复其原有的生态系统结构和功能。

　　作为人类"逐水而居"的产物，城市湖泊的保护和治理也需要一种系统的、科学的、法治的理念和方法，不能仅局限于湖泊水体本身，而需要将湖泊流域也置于统一的管理体系之中，处理好湖泊水面与周边陆地、流域上下游、资源利用与生态环境保护等之间的复杂关系。同时，还需要协调与沟通城市水资源、水环境和水生态保护等不同行政部门之间的关系，建立一种跨越行政区域的综合管理体系。此外，城市湖泊水生态环境演化过程的长期性和复杂性，决定了湖泊的保护和治理也是一个长期的过程，不是一朝一夕就可以完成的。首先，必须对城市湖泊水生态环境问题的形成和演变过程进行深入系统的研究和长期的系统监测，在此基础上，根据城市湖泊的现状、退化程度和功能定位，科学设立阶段性的保护和治理目标，分阶段进行湖泊环境的综合治理；其次，城市湖泊的保护和治理需要采用多种的途径和措施，包括技术、法律、经济以及文化等诸多方面，结合合理的湖泊及流域规划、科学的流域和湖泊管理以及精细化的水环境、水生态系统演变预测和调控才能实现；最后，城市湖泊的保护和治理工作不是一劳永逸的，需要常态化的科学管控。在完成构建健康湖泊生态系统的基础上，辅以生物调控和长效管理，才能实现水质有效改善，真正恢复城市湖泊生态系统服务功能，最终实现城市发展与湖泊生态系统保护的和谐共存。